教科書ぴったりトレーニング

はなまるシール

- ふろくの「がんばり表」に使おう！
- はじめに、キミのおとも犬を選んで、がんばり表にはろう！
- 学習が終わったら、がんばり表に「はなまるシール」をはろう！
- 余ったシールは自由に使ってね。

キミのおとも犬

元気いっぱい
お肉大好き！
つっこみ役
みんなの世話係
ちょっとこわがり
最年少
おっとり
読書好き
やさしくて物知り
みんなの先生

はなまるシール

すごい！
いいね！
集中!!
その調子！
できる！
ナイス！
むずかしい…
がんばろう！
もう1回!!
よく
できたね！

国語
理科
英語
算数
社会

ごほうびシール

よくできました

教科書ぴったりトレーニング 理科 4年 がんばり表

いつも見えるところに、この「がんばり表」をはっておこう。
この「ぴたトレ」を学習したら、シールをはろう！
どこまでがんばったかわかるよ。

★ 夏の生き物
❶ 夏の生き物のようす ❷ 植物を育てよう ❸ 夏の記録をまとめよう

22〜23ページ ぴったり3 できたらシールをはろう
20〜21ページ ぴったり12 できたらシールをはろう

4. 電気のはたらき
❶ かん電池のはたらき ❷ かん電池のつなぎ方

18〜19ページ ぴったり3 できたらシールをはろう
16〜17ページ ぴったり12 できたらシールをはろう

3. 地面を流れる水のゆ
❶ 水の流れとかたむき ❷ 水のしみこみ方と土

14〜15ページ ぴったり3 できたらシールをはろう
12〜

★ 夏の夜空

24〜25ページ ぴったり12 できたらシールをはろう
26〜27ページ ぴったり3 できたらシールをはろう

5. 月や星
❶ 月の位置 ❷ 星の位置

28〜29ページ ぴったり12 できたらシールをはろう
30〜31ページ ぴったり12 できたらシールをはろう
32〜33ページ ぴったり3 できたらシールをはろう

9. もののあたたまり方
❶ 金ぞくのあたたまり方 ❷ 水のあたたまり方 ❸ 空気のあたたまり方

66〜67ページ ぴったり3 できたらシールをはろう
64〜65ページ ぴったり12 できたらシールをはろう
62〜63ページ ぴったり12 できたらシールをはろう

★ 冬の生き物
❶ 冬の生き物のようす ❷ 植物を育てよう ❸ 冬の記録をまとめよう

60〜61ページ ぴったり3 できたらシールをはろう
58〜59ページ ぴったり12 できたらシールをはろう

★ 冬の夜空

56〜57ページ ぴったり3 できたらシールをはろう

10. 水のすがた
❶ 水を熱したときの変化 ❷ 水を冷やしたときの変化 ❸ 水の3つのすがた

68〜69ページ ぴったり12 できたらシールをはろう
70〜71ページ ぴったり12 できたらシールをはろう
72〜73ページ ぴったり3 できたらシールをはろう

11. 水のゆくえ
❶ 消えた水のゆくえ ❷ 空気中の水

74〜75ページ ぴったり12 できたらシールをはろう
76〜77ページ ぴったり3 できたらシールをはろう

★ 生き物

78〜

(キリトリ線)

すきななまえをつけてね！

なまえ

ぴた犬（おとも犬）シールをはろう

シールの中からすきなぴた犬をえらぼう。

おうちのかたへ

がんばり表のデジタル版「デジタルがんばり表」では、デジタル端末でも学習の進捗記録をつけることができます。1冊やり終えると、抽選でプレゼントが当たります。「ぴたサポシステム」にご登録いただき、「デジタルがんばり表」をお使いください。LINE または PC・ブラウザを利用する方法があります。

LINE用

PC・ブラウザ用

ぴたサポシステムご利用ガイドはこちら
https://www.shinko-keirin.co.jp/shinko/news/pittari-support-system

スタート

1. 春の生き物

● 1年間の観象のしかた
❶ 生き物のようす
❷ 植物を育てよう
❸ 春の記録をまとめよう

2~3ページ	4~5ページ	6~7ページ
ぴったり12	ぴったり12	ぴったり3
できたらシールをはろう	できたらシールをはろう	できたらシールをはろう

2. 天気と1日の気温

❶ 1日の気温の変化

8~9ページ	10~11ページ
ぴったり12	ぴったり3
できたらシールをはろう	できたらシールをはろう

…くえ

…~13ページ
…ったり12
…きたら…ールを…ろう

6. とじこめた空気や水

❶ とじこめた空気のせいしつ
❷ とじこめた水のせいしつ

34~35ページ	36~37ページ
ぴったり12	ぴったり3
できたらシールをはろう	できたらシールをはろう

7. ヒトの体のつくりと運動

❶ 体のつくり
❷ 体の動くしくみ
❸ 動物の体のつくりとしくみ

38~39ページ	40~41ページ	42~43ページ
ぴったり12	ぴったり12	ぴったり3
できたらシールをはろう	できたらシールをはろう	できたらシールをはろう

★ 秋の生き物

❶ 秋の生き物のようす
❷ 植物を育てよう
❸ 秋の記録をまとめよう

44~45ページ	46~47ページ
ぴったり12	ぴったり3
できたらシールをはろう	できたらシールをはろう

8. ものの温度と体積

❶ 空気の温度と体積
❷ 水の温度と体積
❸ 金ぞくの温度と体積

48~49ページ	50~51ページ	52~53ページ
ぴったり12	ぴったり12	ぴったり3
できたらシールをはろう	できたらシールをはろう	できたらシールをはろう

…4~55ページ
…ったり12
できたらシールをはろう

…物の1年間

…79ページ	80ページ
…り12	ぴったり3
…きたら…ールを…ろう	できたらシールをはろう

ゴール

さいごまでがんばったキミは「ごほうびシール」をはろう！

ごほうびシールをはろう

（キリトリ線）

バッチリポスター

自由研究にチャレンジ！

「自由研究はやりたい，でもテーマが決まらない…。」
そんなときは，この付録《ふろく》を参考《さんこう》に，自由研究を進めてみよう。
この付録では，『豆電球2この直列つなぎとへい列つなぎ』というテーマを例《れい》に，説明《せつめい》していきます。

①研究のテーマを決める

「小学校で，かん電池2こを直列つなぎにしたときと，へい列つなぎにしたときのちがいを調べた。それでは，豆電球2こを直列つなぎにしたときとへい列つなぎにしたときで，明るさはどうなるか調べたいと思った。」など，学習したことや身近なぎもんから，テーマを決めよう。

②予想・計画を立てる

「豆電球，かん電池，どう線，スイッチを用意する。豆電球1ことかん電池をつないで明かりをつけて，明るさを調べたあと，豆電球2こを直列つなぎやへい列つなぎにして，明るさをくらべる。」など，テーマに合わせて調べる方法《ほうほう》とじゅんびするものを考え，計画を立てよう。わからないことは，本やコンピュータで調べよう。

③調べたりつくったりする

計画をもとに，調べたりつくったりしよう。結果《けっか》だけでなく，気づいたことや考えたことも記録《きろく》しておこう。

④まとめよう

「豆電球2こを直列つなぎにしたときは，明るさは～だった。豆電球2こをへい列つなぎにしたときは，明るさは～だった。」など，調べたりつくったりした結果から，どんなことがわかったかをまとめよう。

豆電球のかわりに，
モーターを使っても
いいね。

右は自由研究を
まとめた例だよ。
自分なりに
まとめてみよう。

豆電球２この直列つなぎとへい列つなぎ

年　　組

研究のきっかけ

学校で，かん電池２こを直列つなぎにしたときと，へい列つなぎにしたとき
がいを調べた。それでは，豆電球２こを直列つなぎにしたときと，へい列つ
にしたときで，明るさはどうなるか調べたいと思った。

調べ方

電球(２こ)，かん電池，どう線，スイッチを用意する。
電球１ことかん電池をどう線でつないで，豆電球の明るさを調べる。
電球２こを直列つなぎにして，
電球の明るさを調べる。
電球２こをへい列つなぎに変えて，
電球の明るさを調べる。

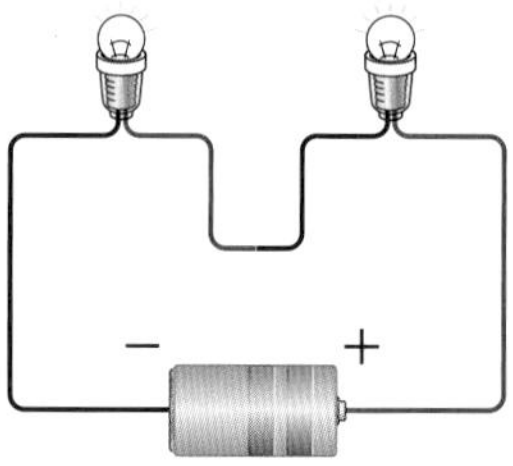

直列つなぎ

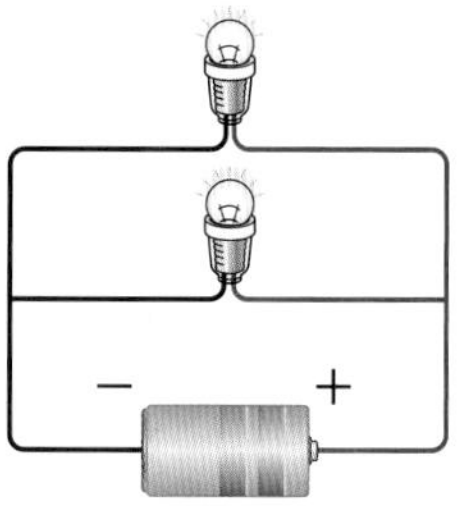

へい列つなぎ

結果

電球２こを直列つなぎにしたときは，豆電球１このときとくらべて，
さは，～だった。
電球２こをへい列つなぎにしたときは，豆電球１このときとくらべて，
さは，～だった。

わかったこと

電球２こを直列つなぎにしたときと，へい列つなぎにしたときでは，
さがちがって，～だった。

\ きょうみを広げる・深める！ /

観察・実験カード

4年

生き物

どの季節《きせつ》のようすかな？

生き物

どの季節《きせつ》のようすかな？

生き物

どの季節《きせつ》のようすかな？

生き物

どの季節《きせつ》のようすかな？

生き物

どの季節《きせつ》のようすかな？

生き物

どの季節《きせつ》のようすかな？

生き物

どの季節《きせつ》のようすかな？

生き物

どの季節《きせつ》のようすかな？

星

図の大きい三角形を何というかな？

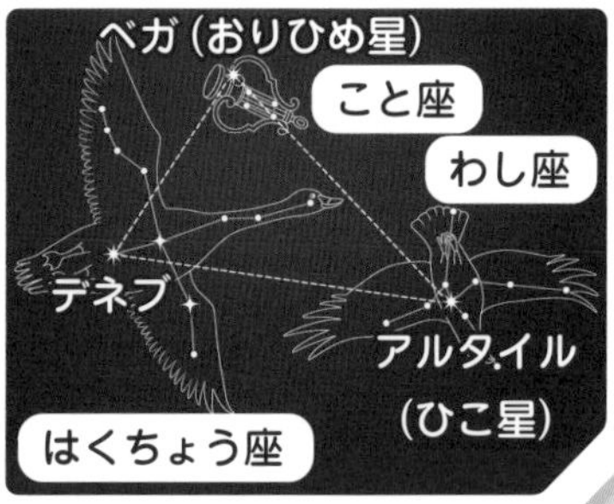
ベガ（おりひめ星）
こと座
わし座
デネブ
アルタイル
（ひこ星）
はくちょう座

星

図の大きい三角形を何というかな？

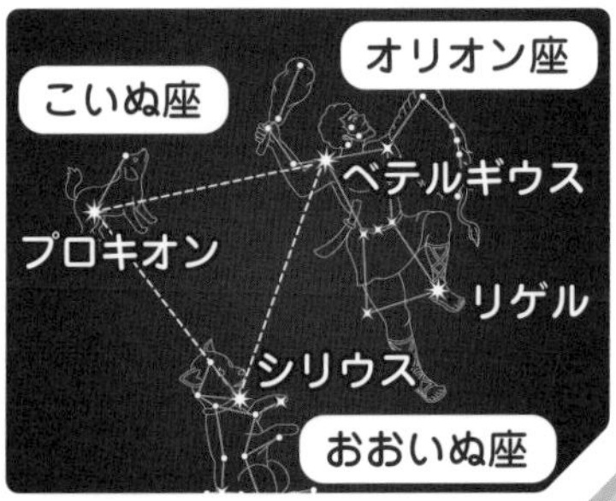
オリオン座
こいぬ座
ベテルギウス
プロキオン
リゲル
シリウス
おおいぬ座

星

何という星座《せいざ》かな？

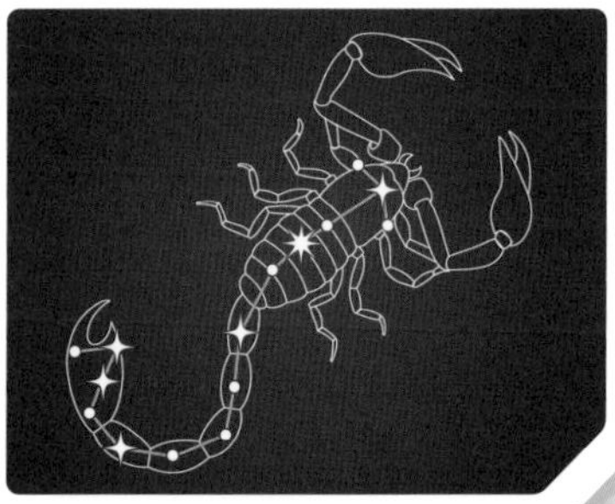

春

春になると、植物が芽《め》を出したり、花をさかせたりする。
サクラは、その代表の一つ。

使い方

●切り取り線にそって切りはなしましょう。

説《せつ》明《めい》

●「生き物」「星」「器具《きぐ》等」の答えはうら面に書いてあります。

夏

夏になると、植物は大きく成長《せいちょう》する。
ヒマワリは、花をさかせる。

春

春になると、ツバメのようなわたり鳥が南の方から日本へやってくる。ツバメは、春から夏にかけて、たくさんの虫を自分やひなの食べ物にする。

秋

秋になると、実をつける木がたくさんある。
その代表がどんぐり（カシやコナラなどの実）で、日本には約《やく》20種類《しゅるい》のどんぐりがある。

夏

夏になり、気温が高くなると、生き物の動きや成長《せいちょう》が活発になる。セミは、種類《しゅるい》によって鳴き声や鳴く時こくにちがいがある。

冬

冬になると、植物は葉がかれたり、くきがかれたりする。
ナズナは、葉を残《のこ》して冬ごしする。

秋

秋になると、コオロギなどの鳴き声が聞こえてくるようになる。鳴くのはおすだけで、めすに自分のいる場所《ばしょ》を知らせている。

夏の大三角

こと座《ざ》のベガ（おりひめ星）、わし座のアルタイル（ひこ星）、はくちょう座のデネブの３つの一等星をつないでできる三角形を、夏の大三角という。

冬

気温が低《ひく》くなると、北の方からわたり鳥が日本へやってくる。その一つであるオオハクチョウは、おもに北海道や東北地方で冬をこす。

さそり座《ざ》

夏に南の空に見られる。
さそり座の赤い一等星をアンタレスという。

冬の大三角

オリオン座《ざ》のベテルギウス、おおいぬ座のシリウス、こいぬ座のプロキオンの３つの一等星をつないでできる三角形を、冬の大三角という。

星

何という星のならびかな?

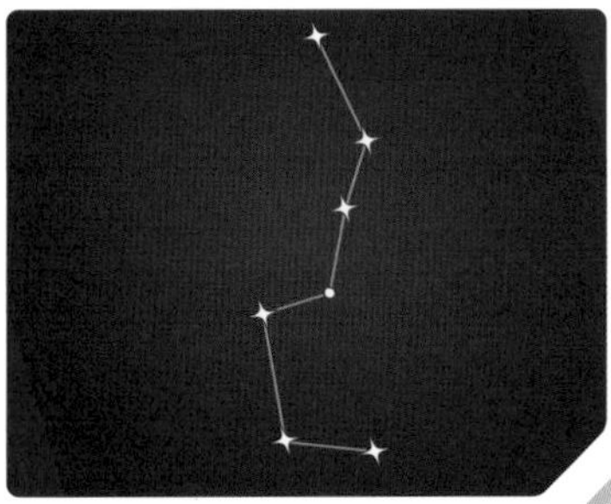

器具等

何というものかな?

器具等

何という器具《きぐ》かな?

器具等

何という器具《きぐ》かな?

器具等

写真の上側《がわ》にある器具《きぐ》は何かな?

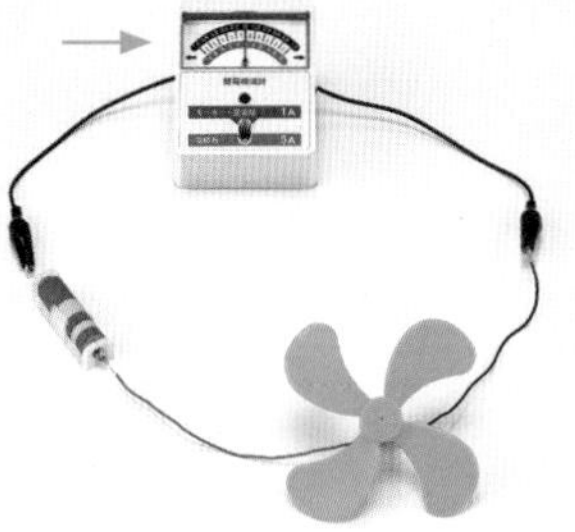

器具等

それぞれ何の電気用図記号かな。

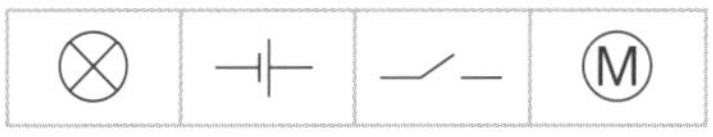

器具等

何という器具《きぐ》かな?

器具等

何という器具《きぐ》かな?

器具等

何という器具《きぐ》かな?

器具等

写真の中央にある器具《きぐ》は何かな?

器具等

急に湯がわき立つのをふせぐために、何を入れるかな?

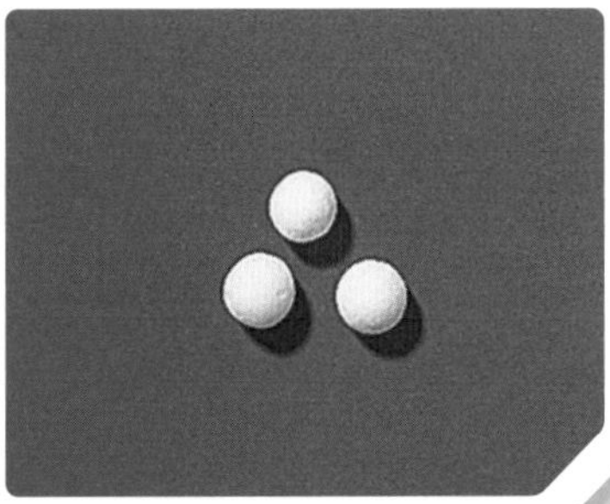

器具等

温度によって色が変化《へんか》するえきを何というかな?

百葉箱《ひゃくようばこ》

風通しがよく、日光や雨が入りこまないなど、気温をはかるじょうけんに合わせてつくられている。

北斗七星《ほくとしちせい》

北の空に見えるひしゃくの形をした星のならび。

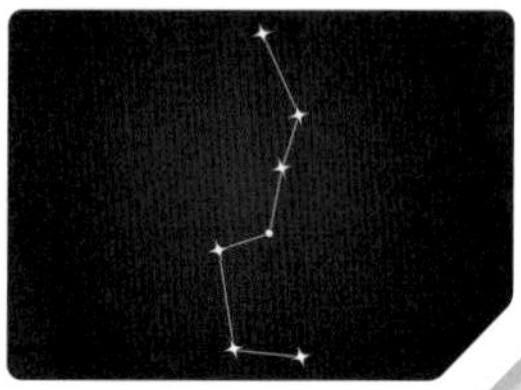

方位《ほうい》じしん

方位を調べるときに使う。はりは、北と南を指して止まる。色がついているほうのはりが北を指す。

温度計

ものの温度をはかるときに使う。
目もりを読むときは、真横から読む。

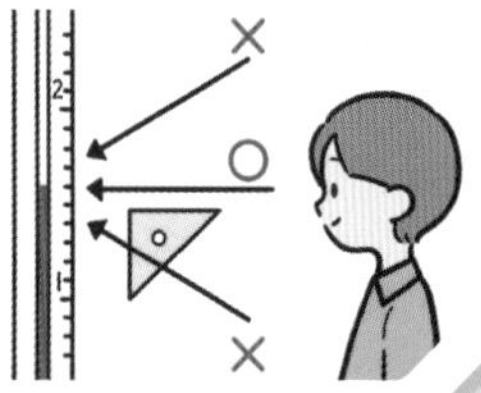

	豆電球	かん電池	スイッチ	モーター
記号	⊗	−極 ＋極		M

電気用図記号を使うと、回路を図で表すことができる。このような記号を使って表した回路の図のことを回路図という。

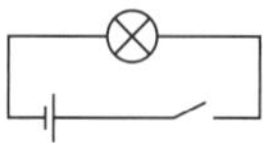

かんいけん流計

電流の流れる向きや大きさを調べるときに使う。はりのふれる向きで電流の向きをしめし、ふれぐあいで電流の大きさをしめす。

実験《じっけん》用ガスコンロ

ものを熱《ねっ》するときに使う。調節《ちょうせつ》つまみを回すだけでほのおの大きさを調節できる。転とうやガスもれのきけんが少ない。

星座《せいざ》早見

星や星座をさがすときに使う。観察《かんさつ》する時こくの目もりを、月日の目もりに合わせ、観察する方位《ほうい》を下にして、夜空の星とくらべる。

ガスバーナー

ものを熱《ねっ》するときに使う。空気調節《ちょうせつ》ねじをゆるめるときは、ガス調節ねじをおさえながら、空気調節ねじだけを回すようにする。

アルコールランプ

ものを熱《ねっ》するときに使う。マッチやガスライターで火をつけ、ふたをして火を消す。使用する前に、ひびがないか、口の部分がかけていないかなどかくにんする。

示温《しおん》インク

温度によって色が変化《へんか》することから、水のあたたまり方を観察《かんさつ》することができる。

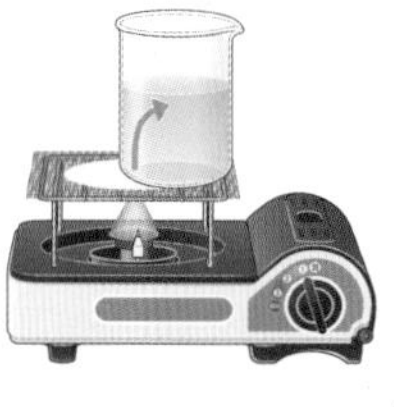

ふっとう石

急に湯がわき立つのをふせぐ。ふっとう石を入れてから、熱《ねっ》し始める。一度使ったふっとう石をもう一度使ってはいけない。

もくじ

理科４年
啓林館版
わくわく理科

教科書ぴったりトレーニング
▶ 3分でまとめ動画

巻末	夏のチャレンジテスト／冬のチャレンジテスト／春のチャレンジテスト／学力しんだんテスト	取りはずしてお使いください。
別冊	丸つけラクラクかいとう	

【写真提供】
アフロ／アマナイメージズ／NNP／コーベット・フォトエージェンシー

ぴったり1 じゅんび

3分でまとめ

1. 春の生き物

●1年間の観察《かんさつ》のしかた

①春の生き物のようす

学習日　　月　　日

めあて　春に見られる植物や動物のようすをかくにんしよう。

教科書 10～15ページ　答え 2ページ

下の(　　)にあてはまる言葉をかこう。

1 季節《きせつ》によって植物の成長《せいちょう》や、動物の活動はどのように変《か》わるのだろうか。

教科書 10～11ページ

▶ 1年間観察する計画を立てよう。

- 1年間調べる植物や動物、調べる(①　　　　)、どんなことを調べるかを決める。
- 記録《きろく》の方法を決める。

▶ 空気の温度を(②　　　　)といい、水の温度を(③　　　　)という。

▶ 気温のはかり方

- (④　　　　)のよいところをさがす。
- (⑤　　　　)から1.2～1.5 mの高さではかる。
- 温度計にちょくせつ(⑥　　　　)が当たらないようにしてはかる。

▶ 水温のはかり方

- (⑦　　　　)から10 cmほどの深さにえきだめがくるように、温度計を水の中に入れる。
- 温度計にちょくせつ(⑧　　　　)が当たらないようにしてはかる。

2 校庭などで見られる植物や動物は、どんなようすだろうか。

教科書 12～15ページ

ナナホシテントウの(②　　　　)

オオカマキリの(①　　　　)

トノサマガエルの(③　　　　)

▶ 春には、植物が(④　　　　)をさかせたり、動物が活動を始めたりする。

ここが だいじ!　①春には、植物が花をさかせたり、動物が活動を始めたりする。

ぴたトリビア　春になると、ツバメが南の国から日本にやってきて、巣《す》をつくり、たまごを産《う》んで子育てをします。

1. 春の生き物

●1年間の観察のしかた

①春の生き物のようす

教科書 10～15ページ　答え 2ページ

1 生き物を観察《かんさつ》する前に、気温を調べました。

(1) 気温とは、何の温度ですか。

（　　　　）

(2) 気温は、地面からどのぐらいの高さではかりますか。正しいものに○をつけましょう。

①（　　）0.2～0.5 m

②（　　）1.2～1.5 m

③（　　）2.2～2.5 m

(3) 写真のように、気温をはかるとき、温度計の前に紙をかざしているのは何のためですか。正しいほうに○をつけましょう。

①（　　）風が温度計に当たらないようにするため。

②（　　）ちょくせつ日光が当たらないようにするため。

2 春の生き物のようすを観察しました。

(1) 観察したことを記録《きろく》カードにまとめました。

①～③は何をかいていますか。

①（　　　　　　）

②（　　　　　　）

③（　　　　　　）

ナナホシテントウとたまご

4月14日　4年3組（よしざき大地）

（①）（②）（③）　花だん

ナナホシテントウが花だんにいた。

葉のうらには黄色いたまごがあった。

小さいつぶで30こぐらいあった。

(2) ナナホシテントウはこん虫です。この記録カードにかかれているものは、どれですか。すべてに○をつけましょう。

①（　　）たまご

②（　　）よう虫

③（　　）さなぎ

④（　　）せい虫

(3) 春になると、多くの生き物が見られるようになります。春の生き物のようすについて、（　　）にあてはまる言葉をかきましょう。

春には、（　　　　　）が芽《め》を出したり、花をさかせたりする。また、動物が（　　　　　）を始めたりする。

ヒント 1 (1)温度計は、えきだめにふれている土や水、空気の温度をはかることができます。

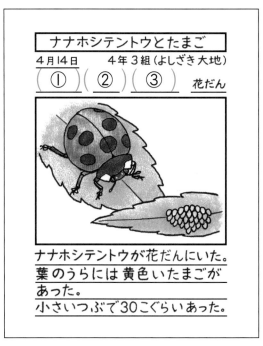

ぴったり1 じゅんび

1.春の生き物

②植物を育てよう

③春の記録《きろく》をまとめよう

学習日　　月　　日

めあて
植物が季節とともにどのように成長していくか、かくにんしよう。

教科書 16～18ページ　答え 3ページ

下の(　)にあてはまる言葉をかこう。

1 植物は、季節《きせつ》とともにどのように成長《せいちょう》していくのだろうか。 教科書 16～18ページ

▶ヒョウタンなどのたねをまき、(①　　　)をやる。

ヒョウタンのたね

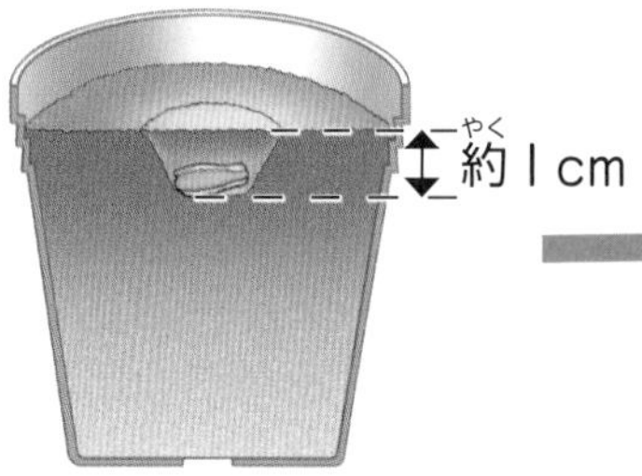

約《やく》1cm

(②　　　)

▶芽《め》が出て、(　②　)のほかに(③　　　)が3～4まいになったころ、花だんなどに植えかえる。

葉

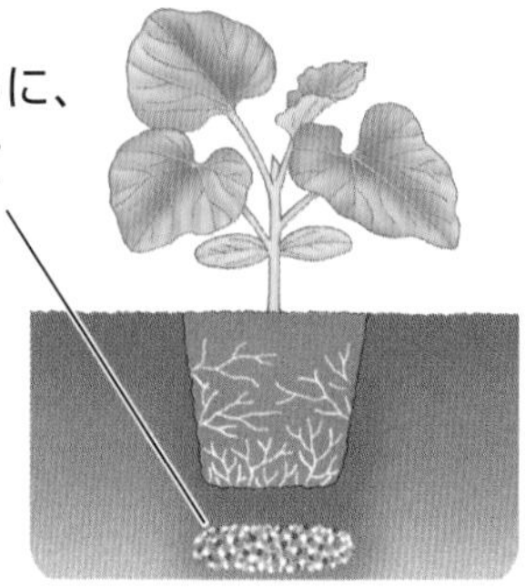

根にふれないように、ひりょうを入れておく。

▶芽が出たら、1週間ごとに成長のようすを調べ、そのときの(④　　　)ののびもはかる。

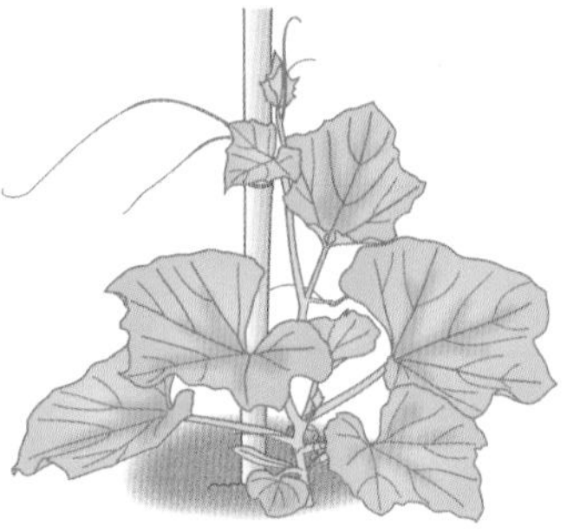

ヒョウタン
5月7日　4年3組(高橋 はると)
午前10時　晴れ　気温 21℃　畑
植えかえたときより 7cmのびていた。
葉の数も多くなっていた。

▶ヒョウタンなどの植物のようすを観察《かんさつ》し続《つづ》けていくと、(⑤　　　)の数はふえ、(⑥　　　)は少しずつのびていることがわかる。

ここがだいじ! ①たねをまいた植物は、葉の数がふえ、くきがのびていく。

ぴたトリビア　ヒョウタン、ヘチマ、ツルレイシ(ニガウリ)はどれも、ウリ科という植物のなかまです。

ぴったり2
練習

1. 春の生き物

②植物を育てよう

③春の記録《きろく》をまとめよう

学習日　　月　　日

教科書　16〜18ページ　答え　3ページ

1 植物のたねをまいて育て、１年間観察《かんさつ》していきます。

⑴ ヒョウタンのたねはどれですか。正しいものに○をつけましょう。

①(　　)　②(　　)　③(　　)

⑵ ヒョウタンのたねをまく深さは、どれくらいがよいですか。正しいものに○をつけましょう。

①(　　)0cm　②(　　)１cm　③(　　)5cm　④(　　)10cm

⑶ 植えかえるのにちょうどよいヒョウタンはどれですか。正しいものに○をつけましょう。

①(　　)　②(　　)　③(　　)

子葉が出たころ

葉が出たころ

子葉のほかに、葉が3〜4まいになったころ

⑷ ヒョウタンなどの植物を観察すると、どんなことがわかりますか。正しいものに○をつけましょう。

①(　　)葉の数がふえ、子葉の数もふえている。

②(　　)くきはのびていないが、葉の数がふえている。

③(　　)葉の数がふえ、くきがのびている。

④(　　)葉の数はふえていないが、くきがのびている。

ヒョウタン
5月7日
４年３組（高橋 はると）
午前10時
晴れ
気温 21℃
畑
植えかえたときより 7cmのびていた。
葉の数も多くなっていた。

ぴったり3

たしかめのテスト

1.春の生き物

時間 30 分

／100

合格 70 点

教科書 8～19ページ　答え 4ページ

1 春のサクラのようすを観察《かんさつ》しました。

1つ5点(35点)

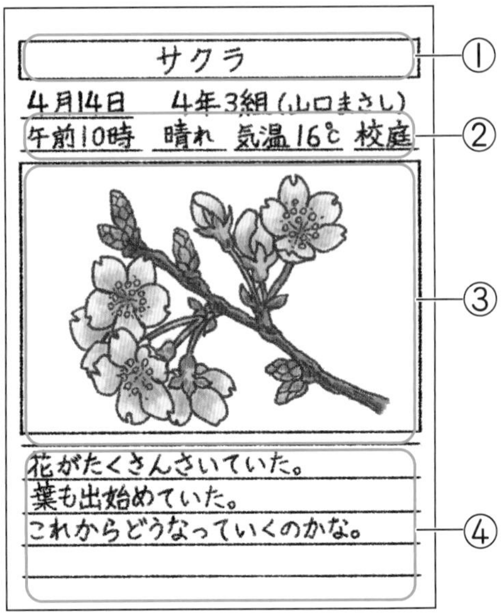

サクラ
4月14日　4年3組(山口まさし)
午前10時　晴れ　気温16℃　校庭
花がたくさんさいていた。
葉も出始めていた。
これからどうなっていくのかな。
①
②
③
④

(1) サクラのようすを観察して、カードに記録《きろく》しました。次の**ア**～**ウ**は、①～④のどれですか。

ア　調べたことやぎ問に思ったこと

イ　観察したもののスケッチ

ウ　題名(調べたもの)

ア(　　　)　**イ**(　　　)　**ウ**(　　　)

(2) 記録カードの②には、4つのことをかいています。そのうちの1つは気温です。残《のこ》りの3つは何ですか。

(　　　　　　)
(　　　　　　)
(　　　　　　)

(3) 花や芽《め》など、小さいものをくわしく観察するためには何を使えばよいですか。

(　　　　　　)

よく出る

2 生き物を観察する前に、気温をはかりました。

技能

(1)、(2)、(4)は1つ5点、(3)は10点(25点)

(1) 気温は、何を使ってはかりますか。

(　　　　　　)

(2) 気温は、地面からどのぐらいの高さではかるとよいですか。

(　　　　　　)

(3) 記述 温度計の前に紙をかざしているのはなぜですか。

(　　　　　　)

(4) 写真のようにして、気温をはかっているとき、太陽は写真の左側《がわ》、右側のどちらにあると考えられますか。

(　　　　　　)

❸ 春になって多くの生き物が見られるようになりました。

1つ5点(20点)

①
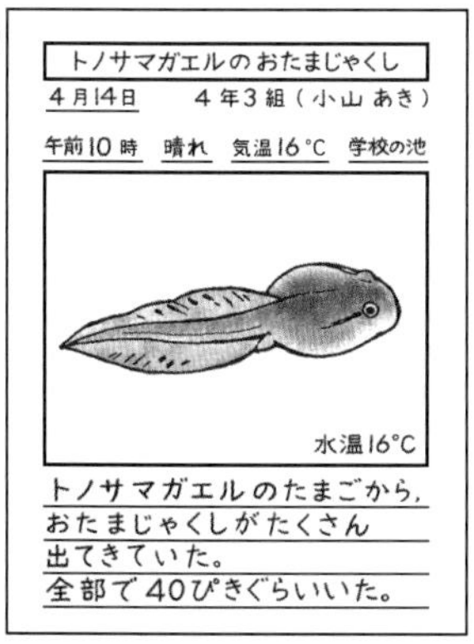
トノサマガエルのおたまじゃくし
4月14日　4年3組（小山 あき）
午前10時　晴れ　気温16°C　学校の池
水温16°C
トノサマガエルのたまごから，
おたまじゃくしがたくさん
出てきていた。
全部で40ぴきぐらいいた。

②

イチョウ
4月14日　4年3組（田中 りょうま）
午前10時　晴れ　気温16°C　プールの横
えだから緑色の葉がたくさん
出ていた。近づいてよく見ると，折り
たたまれたような葉があった。

③

ナナホシテントウとたまご
4月14日　4年3組（よしざき大地）
午前10時　晴れ　気温16°C　花だん
ナナホシテントウが花だんにいた。
葉のうらには黄色いたまごが
あった。
小さいつぶで30こぐらいあった。

(1) ①～③のうち、動物を観察した記録カードと植物を観察した記録カードは、それぞれどれですか。すべてかきましょう。

動物（　　　　　）
植物（　　　　　）

(2) ヒョウタンを観察しました。
ア、**イ**は何ですか。名前をかきましょう。

ア（　　　　　）
イ（　　　　　）

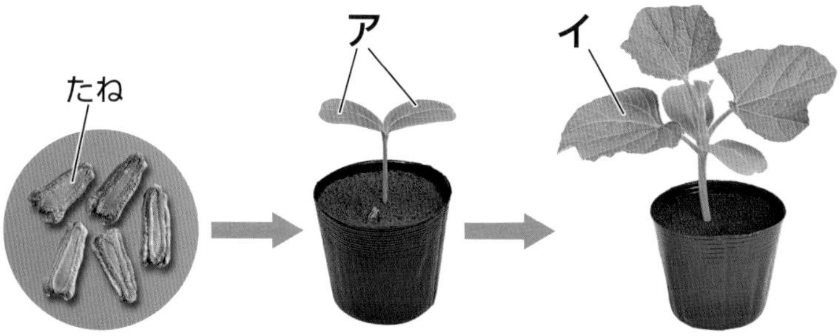
たね
ア
イ

できたらスゴイ！

❹ 春の生き物のようすについてあてはまるものには○を、あてはまらないものには×をつけましょう。

1つ5点(20点)

葉の色が緑色から黄色や赤色に変《か》わったよ。

①（　）

サクラの花がさいて、野原の植物も芽を出して育ち始めたよ。

②（　）

あたたかくなって、見られる動物が少なくなったね。

③（　）

気温が低《ひく》くなり、植物がかれていったよ。

④（　）

ふりかえり
❷がわからないときは、2ページの❶にもどってかくにんしてみましょう。
❹がわからないときは、2ページの❷にもどってかくにんしてみましょう。

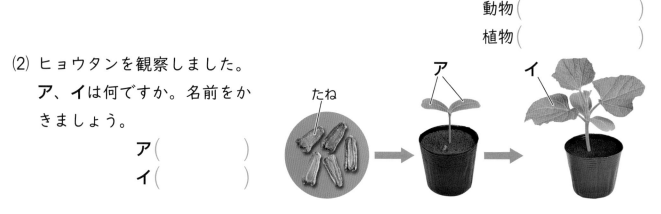

ぴったり1
じゅんび

3分でまとめ

2. 天気と1日の気温

①天気による気温の変化《へんか》

学習日　　月　　日

めあて
天気による1日の気温の変化のちがいをかくにんしよう。

教科書　22～24ページ　　答え　5ページ

下の(　)にあてはまる言葉をかくか、あてはまるものを○でかこもう。

1　1日の気温の変化は、天気によってどのようにちがうのだろうか。　教科書　22～24ページ

▶天気の決め方

・雲があっても、青空が見えているときを(①　　　　)とする。

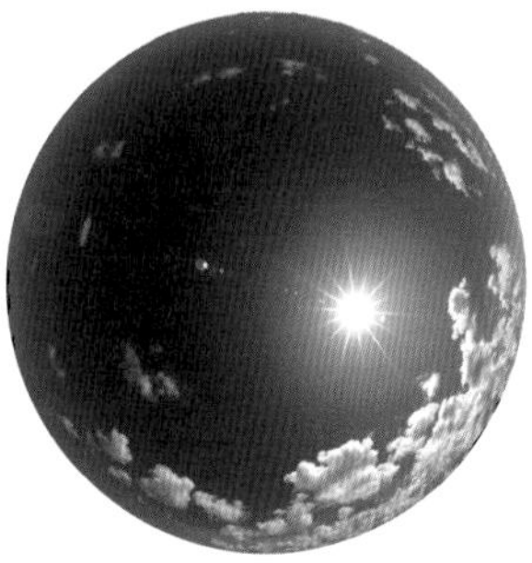

・雲が広がって、青空がほとんど見えないときを(②　　　　)とする。

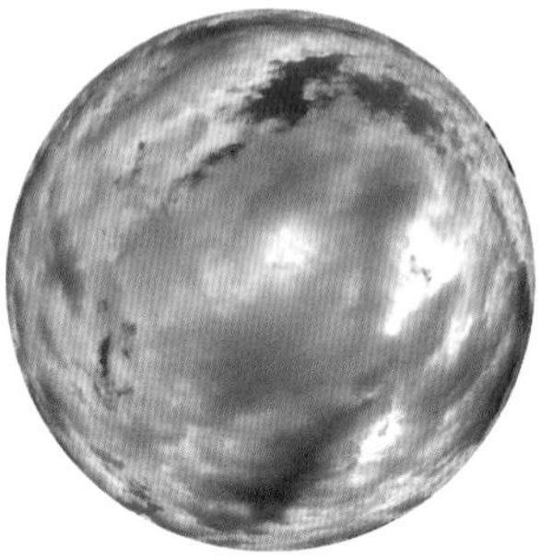

▶気温のはかり方

・(③　　　　　　)のよい場所で、地面から1.2～1.5 mの(④　　　　)のところではかる。

・温度計に(⑤　　　　　)がちょくせつ当たらないようにしてはかる。

▶(⑥　　　　　　)は、気温をはかるじょうけんに合わせてつくられている。

▶晴れの日は気温の変化が(⑦　　　　)く、くもりや雨の日は気温の変化が(⑧　　　　)い。

▶折《お》れ線グラフの読み取り方

・ふえているときは、(⑨　右上がり　・　右下がり　)になる。

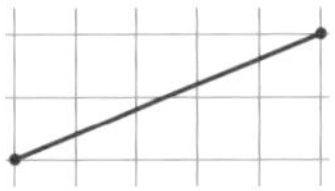

・へっているときは、(⑩　右上がり　・　右下がり　)になる。

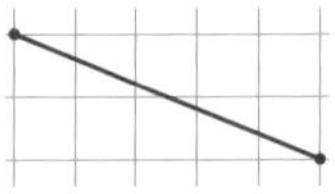

・変《か》わらないときは、水平になる。

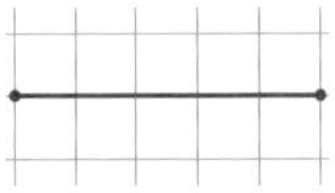

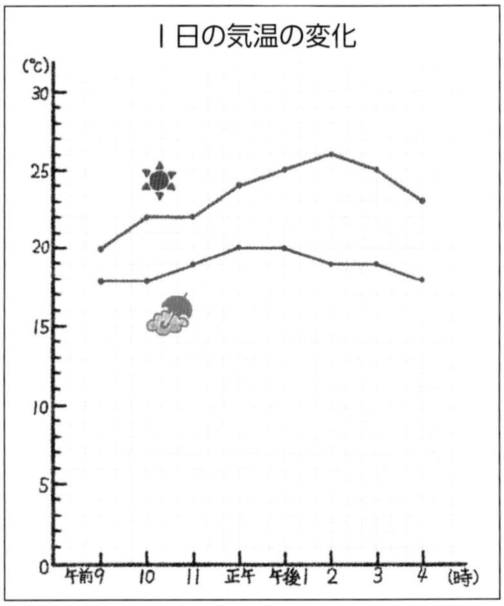

ここが、だいじ!
①天気によって、1日の気温の変化のしかたにちがいがある。
②晴れの日は気温の変化が大きく、くもりや雨の日は気温の変化が小さい。

ぴたトリビア
晴れの日は、日光をさえぎる雲が少ないため、地面はよくあたためられます。よくあたためられた地面が、さらに空気をあたためるため、晴れの日は気温の変化が大きくなります。

2. 天気と１日の気温

①天気による気温の変化《へんか》

1 天気と気温を調べました。

(1) くもりのときの空は、㋐と㋑のどちらですか。　(　　)

(2) (　　)にあてはまる言葉や数をかきましょう。

・気温は、(　　　　)のよい場所で、地面から(　　　　)～(　　　　)mの高さのところではかる。

(3) 記録《きろく》温度計などが入っている、気温をはかるじょうけんに合わせてつくられた箱は何ですか。

(　　　　)

㋐

㋑

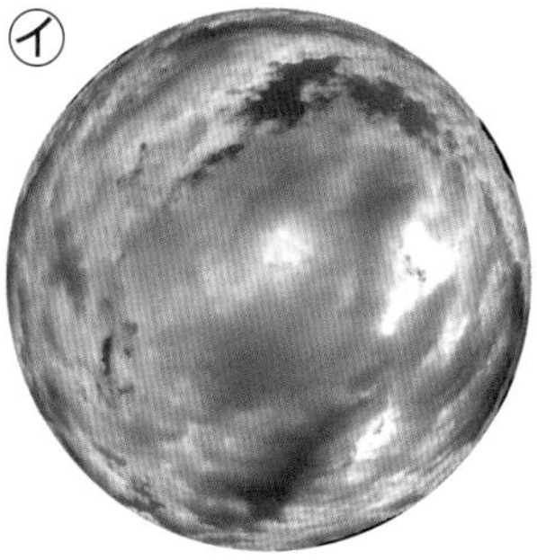

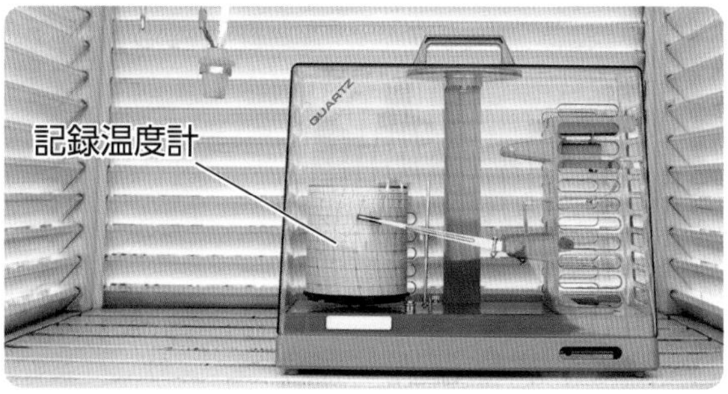

2 晴れの日の１日の気温の変化を調べて、グラフにしました。

(1) 図のようなグラフを何といいますか。

(　　　　)

(2) たてのじくには気温をとっています。横のじくには何をとっていますか。

(　　　　)

(3) たてのじくの□にあてはまる単位《たんい》は何ですか。

(　　　　)

(4) 気温の変化が大きいのは、㋐と㋑のどちらですか。　(　　)

(5) くもりの日に気温を調べると、１日の気温の変化は晴れの日とくらべてどうなりますか。正しいものに○をつけましょう。

①(　　)大きくなる。

②(　　)小さくなる。

③(　　)変《か》わらない。

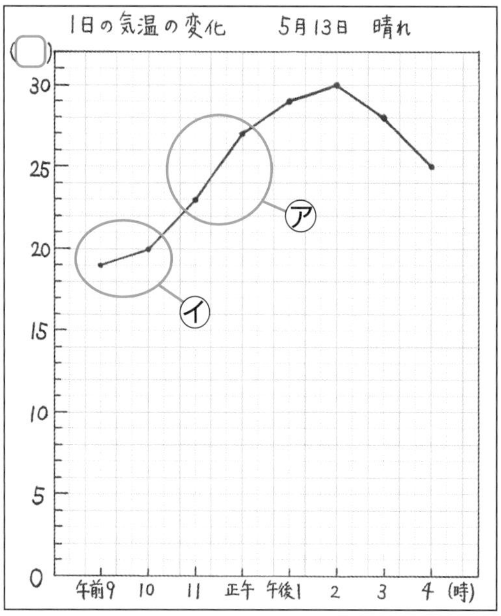

ヒント　2　(4)折《お》れ線グラフでは、線のかたむきが急なところほど、変化のしかたが大きいことを表しています。

2. 天気と１日の気温

時間 30 分

／100

合格 70 点

教科書 20〜27ページ　答え 6ページ

よく出る

1 天気と気温を調べました。

技能　(1)は1つ5点、(2)、(3)は1つ10点(30点)

ア

イ

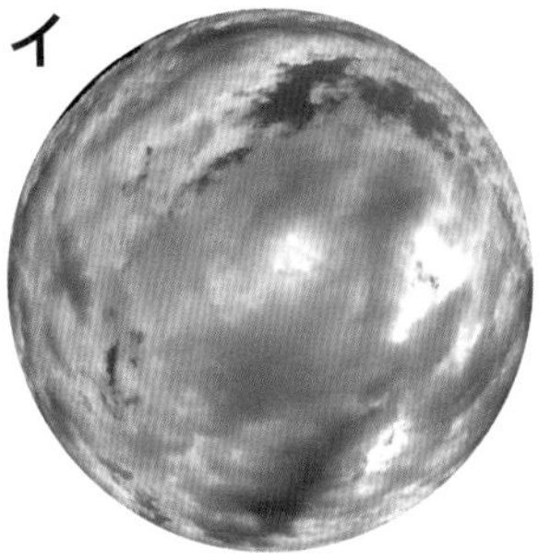

(1) 空がア、イのようなときの天気はそれぞれ何ですか。ただし、雨はふっていません。

ア(　　　　　　)

イ(　　　　　　)

(2) 記述 右の写真で、温度をはかるとき、温度計の前に紙をかざしているのは何のためですか。

(　　　　　　　　　　　　　　　　　　　)

(3) 温度計で気温をはかるときは、地面からどのぐらいの高さではかるとよいですか。

(　　　　～　　　　)m

2 作図 ある１日の気温をはかって、表にまとめました。これを折《お》れ線グラフに表しましょう。

20点(20点)

時こく	気温
午前９時	21℃
午前 10 時	22℃
午前 11 時	24℃
正午	26℃
午後１時	27℃
午後２時	28℃
午後３時	27℃
午後４時	25℃

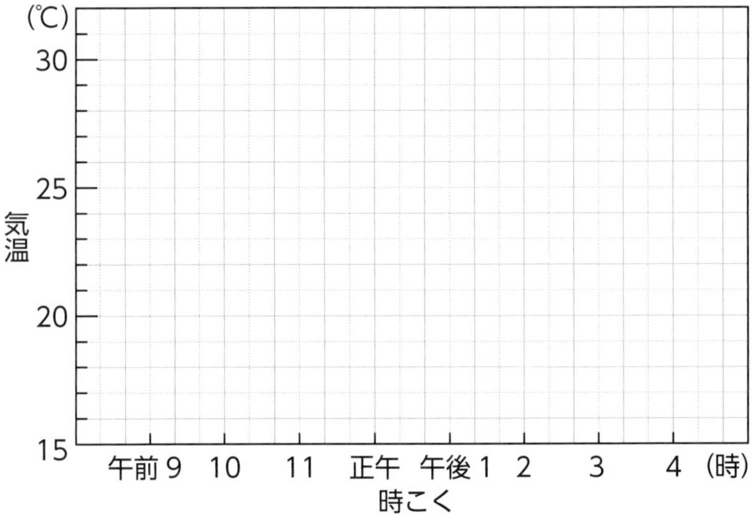

よく出る

3 晴れの日と、くもりの日の1日の気温を調べて、それぞれグラフにしました。

(1)、(2)は1つ5点、(3)は10点(20点)

㋐
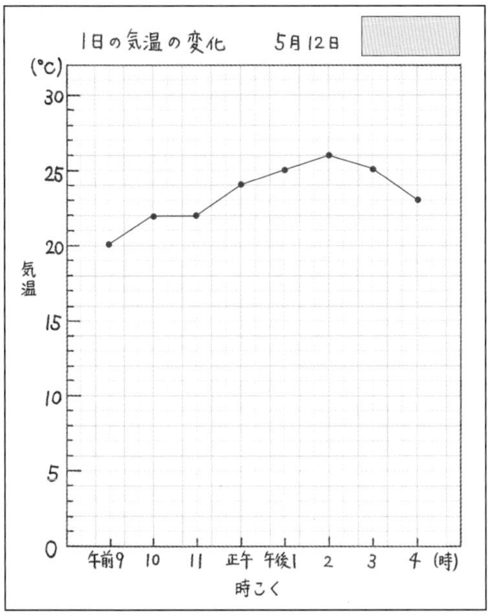

㋑
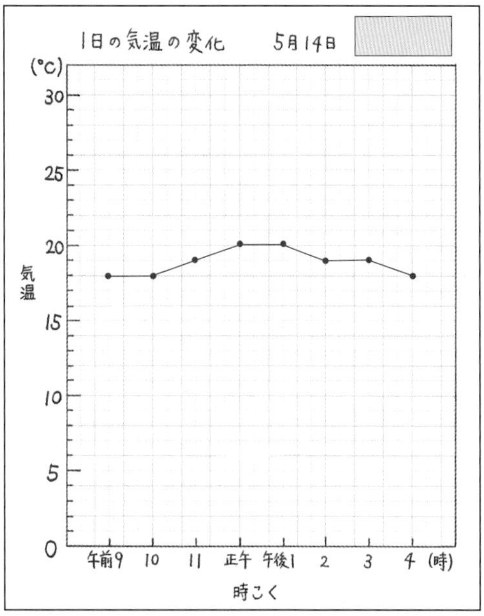

(1) ㋐と㋑のグラフで、1日の気温の変化《へんか》が小さいのはどちらですか。 (　　　)

(2) 晴れの日のグラフは、㋐と㋑のどちらですか。 (　　　)

(3) 記述 (2)のように答えた理由をかきましょう。 思考・表現

(　　　　　　　　　　)

できたらスゴイ!

4 1日の気温を調べました。ア、イの一方が晴れの日、もう一方がくもりの日です。

(1)、(2)、(3)は1つ5点、(4)は10点(30点)

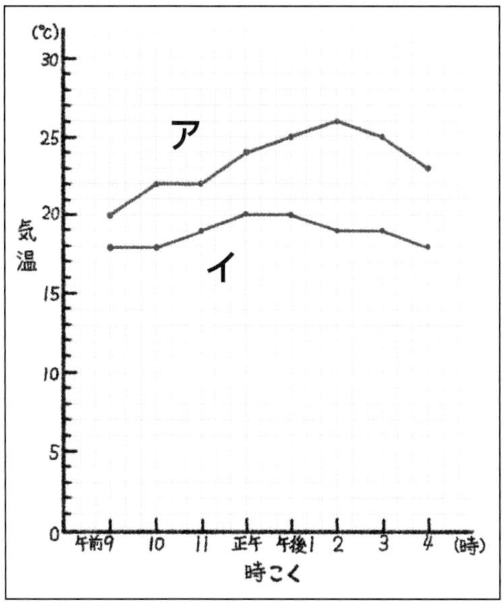

(1) 晴れの日で、いちばん気温が高かったのは何時ですか。また、そのときの気温は何℃ですか。

時こく(　　　)

気温(　　　)

(2) くもりの日で、いちばん気温が高いときと、いちばん気温が低《ひく》いときの差《さ》は何℃ですか。

(　　　)

(3) どちらがくもりの日と考えられますか。

(　　　)

(4) 記述 (3)のように考えた理由をかきましょう。

(　　　　　　　　　　)

ぴったり1
じゅんび

3分でまとめ

3. 地面を流れる水のゆくえ

①水の流れとかたむき

②水のしみこみ方と土

学習日　　月　　日

めあて

地面にふった雨水の流れやそのゆくえについて、かくにんしよう。

教科書　30〜34ページ　答え　7ページ

下の(　　)にあてはまる言葉をかくか、あてはまるものを○でかこもう。

1 水の流れと地面のかたむきには、どんな関係《かんけい》があるのだろうか。 教科書 30〜32ページ

▶雨がふると、地面に川のような水の流れができることがある。水が流れるところでは、地面が(①　　　　　　)いる。

▶地面を流れる水は、地面の(②　　　　)ところから、(③　　　　)ところに向かって流れる。

ビー玉が集まっている方向が、地面が低くなっている方向だよ。

2 土の種類《しゅるい》と水のしみこみ方には、どんな関係があるのだろうか。 教科書 33〜34ページ

▶土のつぶの大きさと水のしみこみ方

・いろいろな場所の土のつぶの大きさをくらべて、水のしみこみ方を調べる。

校庭の土	すな場のすな	じゃり

小さいつぶが多い。	校庭の土より大きいつぶが多かった。	ほかの土より大きいつぶでできていた。

▶土のつぶの大きさが(①　大きく　・　小さく　)なるほど、土に水がしみこみやすくなる。

ここが だいじ!

①地面を流れる水は、地面の高いところから低《ひく》いところに向かって流れる。

②土のつぶの大きさが大きくなるほど、土に水がしみこみやすくなる。

ぴたトリビア　校庭にしみこまず、はい水口《すいこう》に流れこんだ雨水は、地下のパイプを通り、水路や川などに流れこみます。

ぴったり2
練習

学習日　　月　　日

3. 地面を流れる水のゆくえ
①水の流れとかたむき
②水のしみこみ方と土

教科書　30～34ページ　答え　7ページ

1 雨の日に、地面を流れる水のようすを観察《かんさつ》しました。

(1) 水が流れているところはどのようなところですか。正しいほうに○をつけましょう。

①(　　)地面がかたむいているところ。

②(　　)地面が平らなところ。

(2) 写真のようにして、水の流れの近くにビー玉を入れたトレーを置《お》きました。このとき、水はどのように流れていると考えられますか。正しいほうに○をつけましょう。

①(　　)**ア**→**イ**の向きに流れている。

②(　　)**イ**→**ア**の向きに流れている。

(3) 写真のビー玉は、何のために置いているか説明《せつめい》しましょう。

(　　　　　　　　　　　　　　　　　　　　)

2 いろいろな土を集めてきて、水のしみこみやすさをくらべました。

(1) じゃり、すな場のすな、校庭の土を集めてきました。このうち、つぶがいちばん小さいのは校庭の土でした。どれが校庭の土ですか。正しいものに○をつけましょう。

①(　　)　②(　　)　③(　　)

同じ量《りょう》の水を同時に注いで、しみこむようすや時間をくらべる。

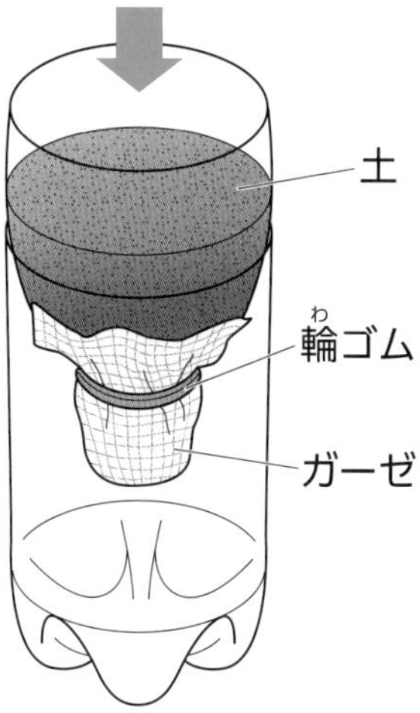

(2) 右の図のようなそうちで水のしみこみやすさを調べたところ、つぶの大きさが大きいほど、短い時間で水が出終わりました。(1)の①～③を、水がしみこみやすい順《じゅん》にならべましょう。

(　　→　　→　　)

ヒント ② ①～③の写真のつぶの大きさをくらべて、答えましょう。

ぴったり3
たしかめのテスト
3. 地面を流れる水のゆくえ

時間 30 分

／100

合格 70 点

教科書 28〜37ページ　答え 8ページ

1 雨の日に公園で地面のようすを観察《かんさつ》したところ、水が流れているところと水がたまっているところがありました。水たまりには、矢印《やじるし》の向きに水が流れこんでいました。

⑴、⑵は1つ7点、⑶は10点（24点）

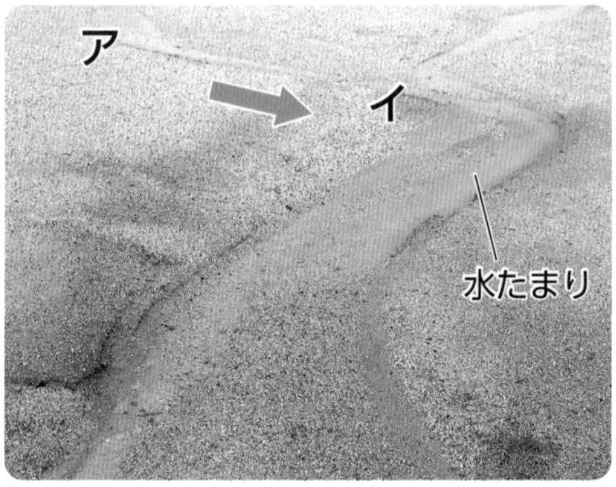

⑴ 水たまりはどんなところにできますか。正しいほうに○をつけましょう。

①（　　）まわりより高いところ

②（　　）まわりより低《ひく》いところ

⑵ **ア**と**イ**では、どちらのほうが高いところですか。

（　　　）

⑶ 記述 地面を流れる水はどのように流れますか。地面の高さと関係《かんけい》づけて説明《せつめい》しましょう。

思考・表現

（　　　）

よく出る

2 校庭の土とすな場のすなで、水のしみこみやすさをくらべました。

⑴、⑵は1つ7点、⑶は10点（24点）

校庭の土　　すな場のすな

⑴ 校庭の土の山と、すな場のすなの山に、同じ量《りょう》の水を注いだところ、校庭の土の山からは水があふれてきました。校庭の土と、すな場のすなでは、どちらが水がしみこみやすいといえますか。

（　　　）

⑵ 校庭の土と、すな場のすなで、つぶの大きさが小さいのはどちらと考えられますか。

（　　　）

⑶ 記述 土の種類《しゅるい》によって、水のしみこみやすさはどのようにちがいますか。土のつぶの大きさと関係づけて説明しましょう。

思考・表現

（　　　）

3 いろいろな場所の土を使って、水のしみこみやすさを調べました。　1つ8点(32点)

ア	イ	ウ

大きいつぶが多い。	アより小さいつぶが多かった。	アやイの土より小さいつぶでできていた。

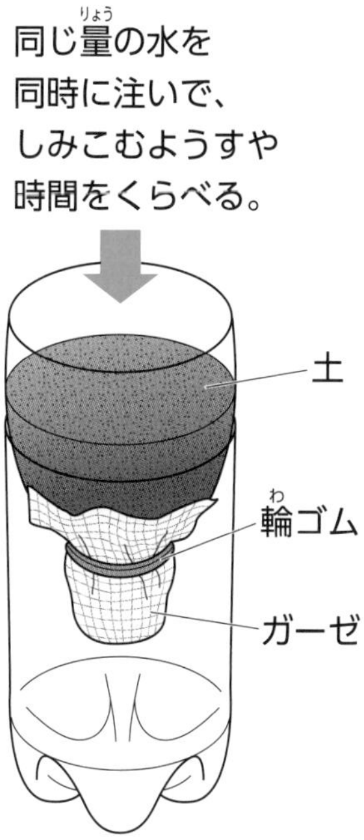
同じ量《りょう》の水を
同時に注いで、
しみこむようすや
時間をくらべる。
土
輪《わ》ゴム
ガーゼ

(1) 右の図のようなそうちを使って、水のしみこみやすさを調べました。**ア**～**ウ**のどれについての結果《けっか》か、記号で答えましょう。

①水を注いでいるとちゅうから、水がにごって出てきた。

②水を注ぎ始めてすぐに、とうめいな水が出てきた。いちばんはやく水が出終わった。

③しみこむのにいちばん時間がかかり、なかなか水が出てこなかった。

①(　　) ②(　　) ③(　　)

(2) 水がいちばんしみこみやすかったのはじゃりでした。じゃりは**ア**～**ウ**のどれですか。　(　　)

できたらスゴイ!

4 地面を流れる水のようすやゆくえについて学習したことから考えて、正しいもの2つに○をつけましょう。　1つ10点(20点)

広場や公園のはい水口《すいこう》は、
低いところにつくったほうが、
水が流れこみやすくていいね。

①(　　)

土のつぶが小さいほうが、
水とまざりやすくて、
はやく水がしみこむよね。

②(　　)

校庭でも花だんでも、そのうち
水たまりがなくなるから、
水がしみこむはやさは同じだね。

③(　　)

イネを育てているところでは
水がたまっているから、水が
しみこみにくい土ということだね。

④(　　)

ふりかえり
2がわからないときは、12ページの**2**にもどってかくにんしてみましょう。
4がわからないときは、12ページの**1**や**2**にもどってかくにんしてみましょう。

4. 電気のはたらき

①かん電池のはたらき
②かん電池とつなぎ方

学習日　　月　　日

めあて
かん電池でモーターを回して、回り方や速さをかくにんしよう。

教科書 40〜46ページ　答え 9ページ

下の(　)にあてはまる言葉をかこう。

1 かん電池をつなぐ向きとモーターの回る向きには、関係《かんけい》があるのだろうか。

教科書 40〜42ページ

▶下のような、電気用図記号を使って表した回路の図のことを(①　　　　　)という。

	豆電球	かん電池	スイッチ	モーター
記号	⊗	＋極《プラスきょく》　－極《マイナスきょく》		Ⓜ

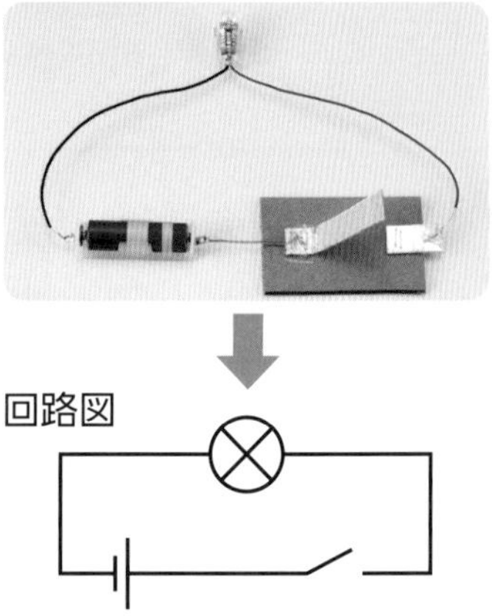

▶かん電池で回路をつくると、かん電池の(②　　　　　)から(③　　　　　)へ電気が流れる。この電気の流れを(④　　　　　)という。

▶かん電池をつなぐ向きを変《か》えると、回路に流れる電流の(⑤　　　　　)が変わり、モーターの(⑥　　　　　)も変わる。

2 モーターをもっと速く回すには、どうすればよいのだろうか。

教科書 43〜46ページ

▶かん電池２このつなぎ方

かん電池の(①　　　　　)つなぎ　　かん電池の(②　　　　　)つなぎ

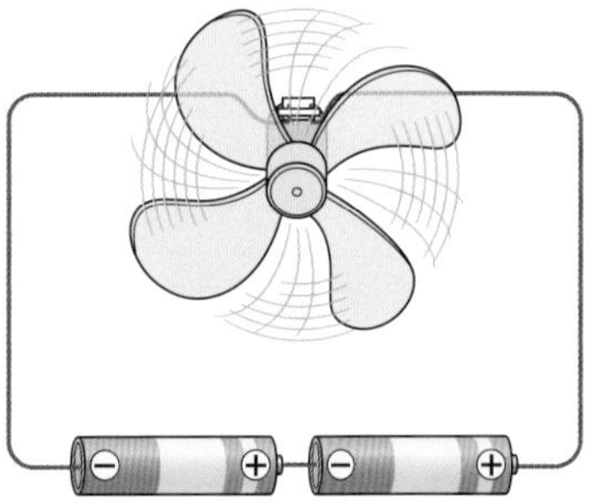

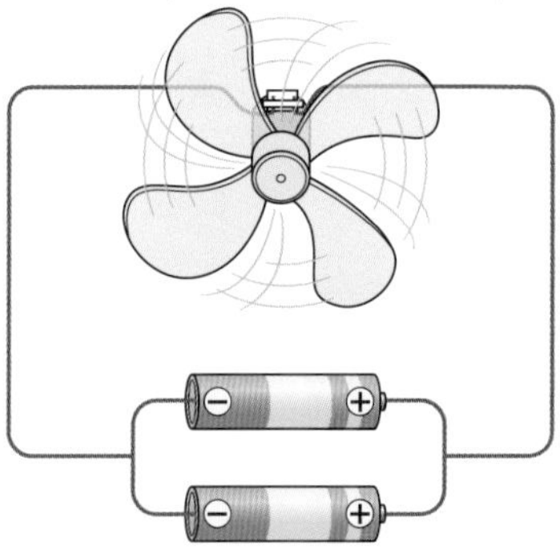

▶かん電池２こを(　①　)つなぎにすると、１このときよりも回路に流れる電流は大きくなり、モーターは(③　　　　　)回る。

▶かん電池２こを(　②　)つなぎにすると、１このときと回路に流れる電流は変わらず、モーターは同じぐらいの(④　　　　　)で回る。

ここが、だいじ！
①回路を流れる電気の流れを電流という。
②２このかん電池を直列つなぎにすると、電流は１このときより大きくなる。
③２このかん電池をへい列つなぎにすると、電流は１このときと変わらない。

ぴたトリビア 直列つなぎでは、かん電池を１つはずすと回路は切れてしまいますが、へい列つなぎだと、かん電池を１つはずしても回路はつながっています。

4. 電気のはたらき

①かん電池のはたらき
②かん電池とつなぎ方

学習日　月　日

教科書 40〜46ページ　答え 9ページ

1 かん電池と豆電球、スイッチをどう線でつなぎました。

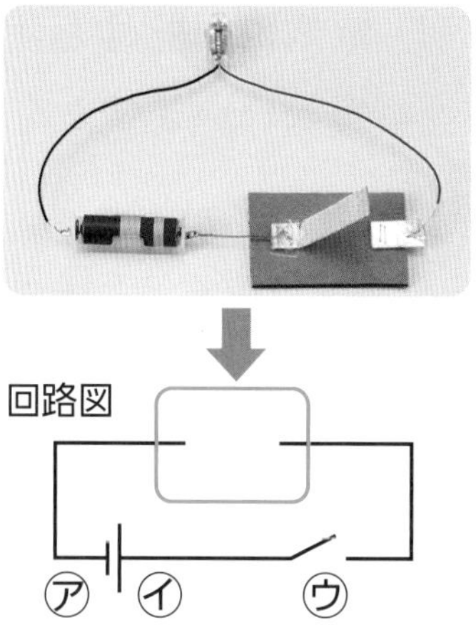

(1) かん電池の㋐は、＋極《プラスきょく》と－極《マイナスきょく》のどちらですか。

（　　　　　　）

(2) スイッチを入れたときに、どう線に流れる電気の向きは、㋑から㋒、㋒から㋑のどちらですか。

（　　　　　　）

(3) 回路を流れる電気の流れのことを何といいますか。

（　　　　　　）

(4) 回路図の▭に、豆電球の電気用図記号をかきましょう。

2 かん電池とモーターをどう線でつなぎました。

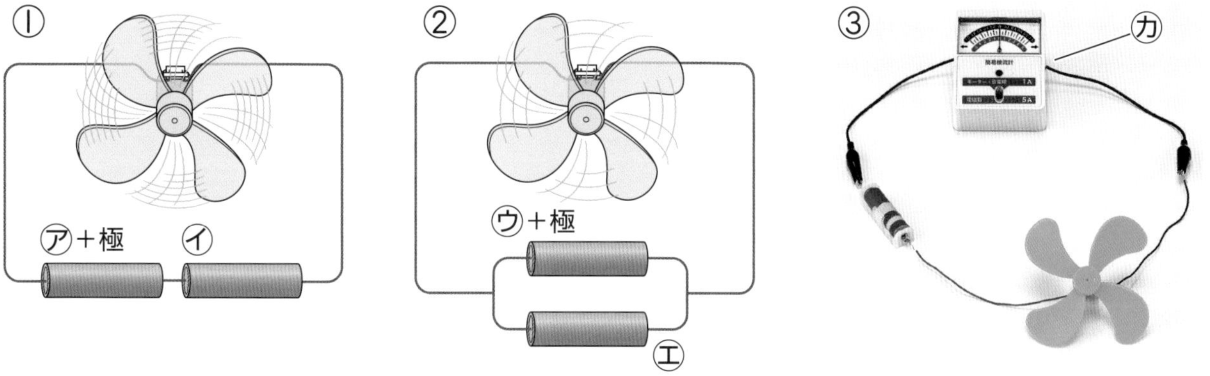

(1) ①と②はかん電池を２こつないでいます。それぞれかん電池の何つなぎといいますか。

①（　　　　　　）つなぎ　②（　　　　　　）つなぎ

(2) ①の㋐と②の㋒は、どちらもかん電池の＋極です。①の㋑と、②の㋓は、それぞれかん電池の＋極、－極のどちらですか。　㋑（　　　　）　㋓（　　　　）

(3) ③の器具《きぐ》㋕は、電流の向きや大きさを調べるためのものです。これを何といいますか。

（　　　　　　）

(4) モーターに流れる電流の大きさはどうでしたか。正しいものに○をつけましょう。

ア（　　）①のほうが②よりも大きい。　**イ**（　　）①と②は同じ。
ウ（　　）②のほうが①よりも大きい。

(5) モーターの回る速さはどうでしたか。正しいものに○をつけましょう。

ア（　　）①のほうが②より速い。　**イ**（　　）①と②は同じ。
ウ（　　）②のほうが①より速い。

4. 電気のはたらき

時間 30 分
／100
合格 70 点

教科書 38～49ページ　答え 10ページ

1 図は、電気用図記号を使って、ある回路を表したものです。

1つ5点(20点)

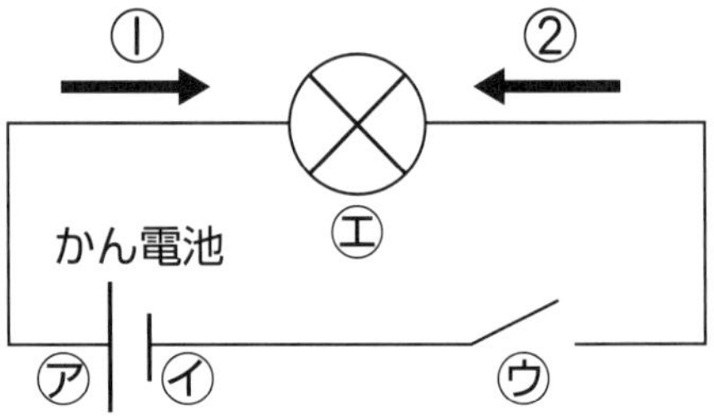

(1) 電気用図記号を使って表した回路の図のことを、何といいますか。

(　　　　　　　)

(2) かん電池の＋極《プラスきょく》は、㋐と㋑のどちらですか。

(　　　)

(3) ㋒が表しているものは何ですか。

(　　　　　　　)

(4) この回路に電流を流したとき、㋓に流れる電流の向きは、①と②のどちらですか。

(　　　)

2 かん電池、モーター、かんいけん流計をどう線でつなぎ、回路をつくりました。

1つ5点(30点)

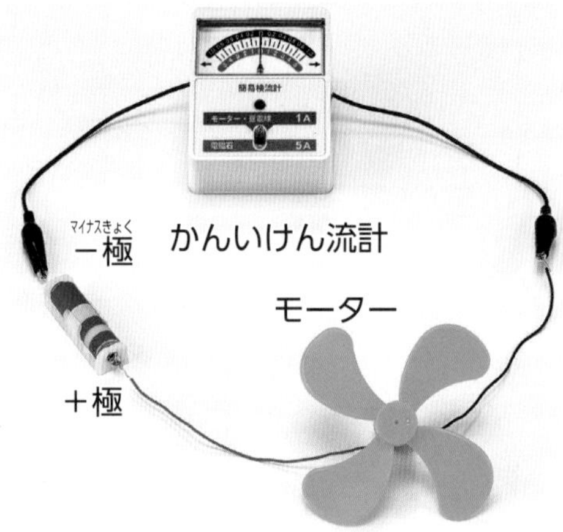

(1) かんいけん流計を使うと、何を調べることができますか。2つかきましょう。　技能

(　　　　　　　　　)

(　　　　　　　　　)

(2) かん電池のつなぐ向きを変えて、モーターを回しました。

①かんいけん流計のはりのふれる向きはどうなりますか。

(　　　　　　　)

②かんいけん流計のはりのふれぐあいはどうなりますか。

(　　　　　　　)

③モーターの回る向きはどうなりますか。

(　　　　　　　)

④モーターの回る速さはどうなりますか。

(　　　　　　　)

よく出る

❸ かん電池２ことモーターをどう線でつなぎ、モーターの回る速さを調べました。

⑴、⑵、⑶は1つ5点、⑷は全部できて15点(35点)

①
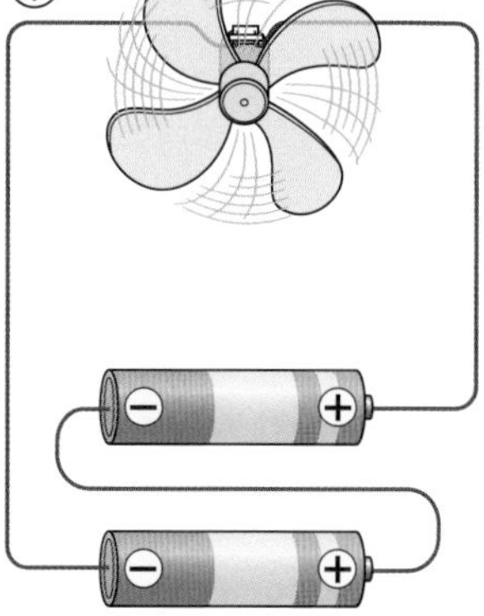

②
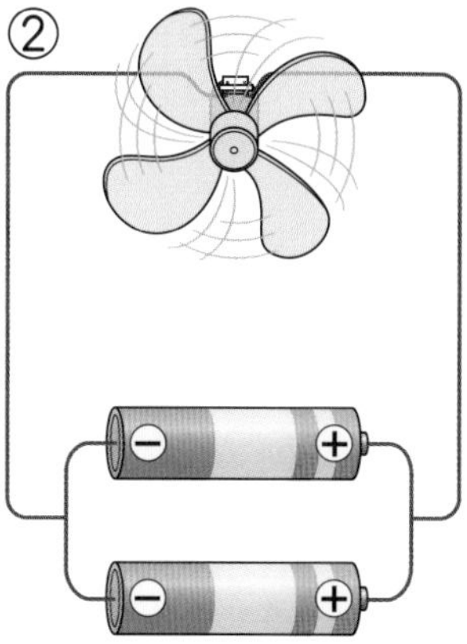

⑴ ①、②のようなかん電池のつなぎ方を、それぞれ何つなぎといいますか。

①(　　　　　　　　)

②(　　　　　　　　)

⑵ ①の回路について、かん電池１こを使ってモーターを回したときくらべると、モーターの回る速さはどうなりますか。(　　　　　　　　)

⑶ ②の回路について、かん電池１こを使ってモーターを回したときとくらべると、モーターの回る速さはどうなりますか。(　　　　　　　　)

⑷ 記述 かんいけん流計を使って、①と②の回路に流れる電流を調べました。ア、イのうち、どちらが①の回路を調べた結果《けっか》ですか。選《えら》んだ理由もかきなさい。

思考・表現

ア
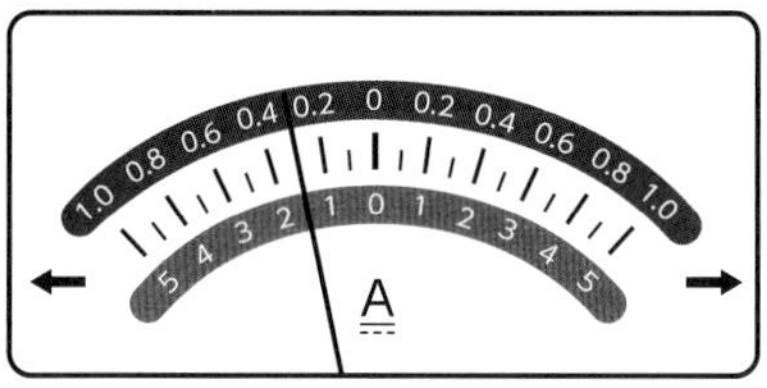

イ
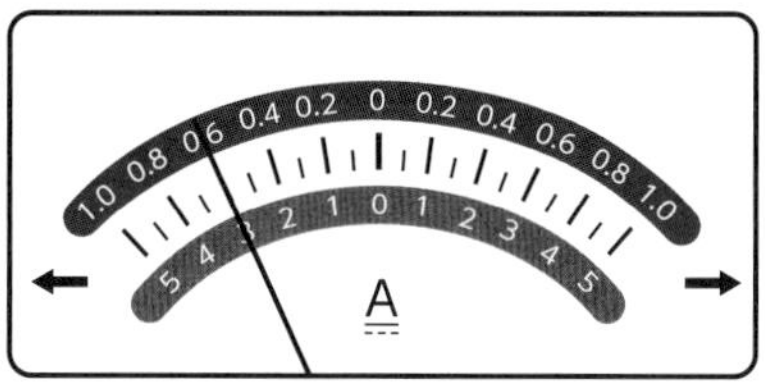

①の回路(　　　)

理由(　　　　　　　　　　　　　　　　)

できたらスゴイ！

❹ かん電池とモーター、かんいけん流計をつないで、電流を流しました。

1つ5点(15点)

㋐
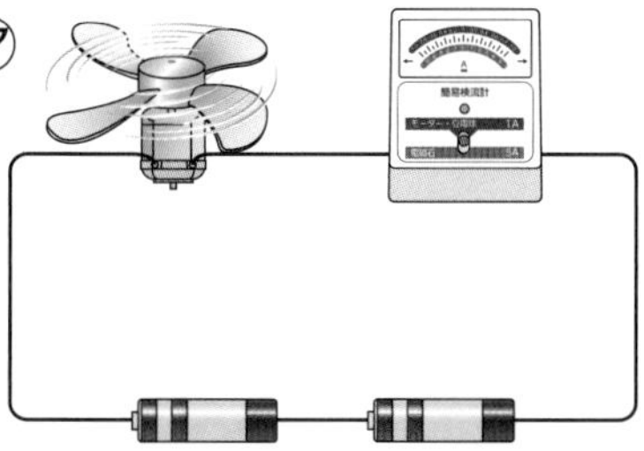

㋑
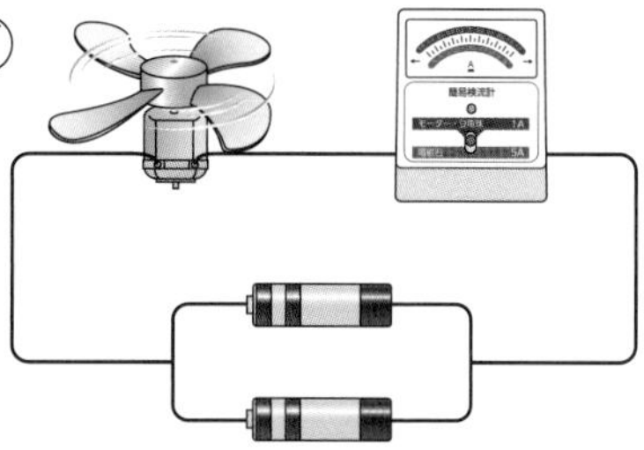

㋒
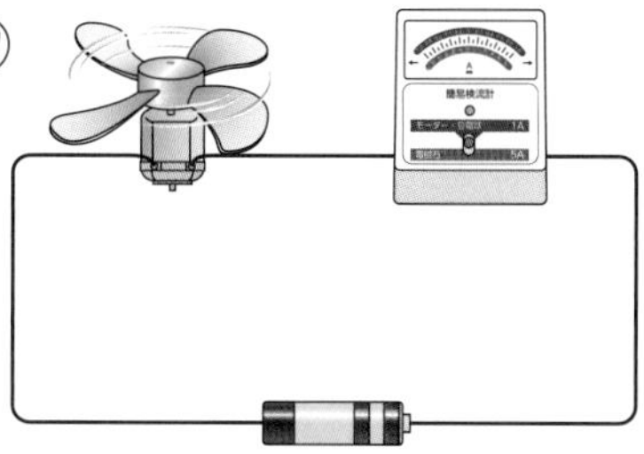

⑴ かんいけん流計のはりのふれぐあいがいちばん大きいのは、㋐～㋒のうちのどれですか。(　　)

⑵ モーターの回る向きがちがうのは、㋐～㋒のうちのどれですか。(　　)

⑶ モーターの回る速さがちがうのは、㋐～㋒のうちのどれですか。(　　)

ふりかえり
❸がわからないときは、16ページの❷にもどってかくにんしてみましょう。
❹がわからないときは、16ページの❶や❷にもどってかくにんしてみましょう。

★ 夏の生き物

①夏の生き物のようす　②植物を育てよう　③夏の記録《きろく》をまとめよう

学習日　　月　　日

めあて
夏に見られる植物や動物のようすをかくにんしよう。

教科書　51〜56ページ　答え　11ページ

下の（　）にあてはまる言葉をかこう。

1 春とくらべて、生き物のようすはどうなっているのだろうか。

教科書　51〜53ページ

▶春とくらべたときの夏のようす

・気温や水温が（①　　　　）なる。

・植物が大きく（②　　　　）し、動物が（③　　　　）に活動するようになる。

オオカマキリ

7月6日　4年3組（山本 ひな）

午前10時　晴れ　気温27℃　校庭のすみ

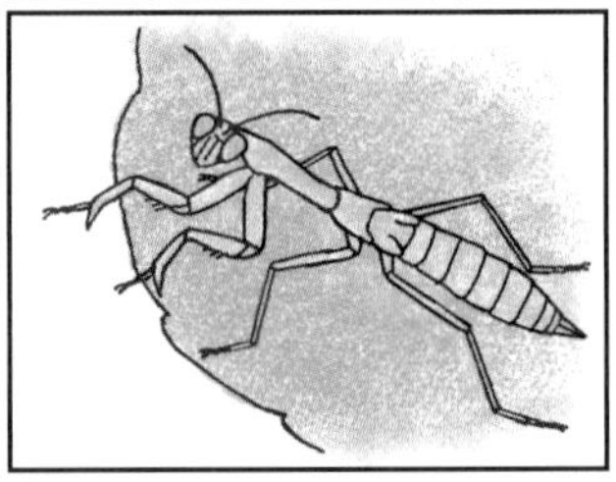

春に見つけたオオカマキリより大きくなっていた。体は緑色をしていて、葉の色とにていたので、少し見つけにくかった。

サクラ

7月6日　4年3組（山口まさし）

午前10時　晴れ　気温27℃　校庭

花はすべて散っていて、たくさんの葉がついていた。

秋になると、葉の色は変わるのかな。

夏になって暑い日が続《つづ》くようになり、植物は葉がしげり、緑が多くなるよ。

2 春にたねをまいた植物は、夏になり、どうなっているのだろうか。

教科書　54〜56ページ

▶夏には、春とくらべて、ヒョウタンなどの植物は、（①　　　　）がよくのび、（②　　　　）がふえ、花もさくなど、大きく成長《せいちょう》する。

ヒョウタンの花

ヒョウタンのわかい実

7月9日　4年3組（小じまゆう実）

午前10時　晴れ　気温28℃　畑

ヒョウタンに実ができていた。6cmぐらいだった。これからどんどん大きくなるのかな。

ヒョウタンののび

7月9日　4年3組　（高橋はると）

午前10時　晴れ　気温28℃　畑

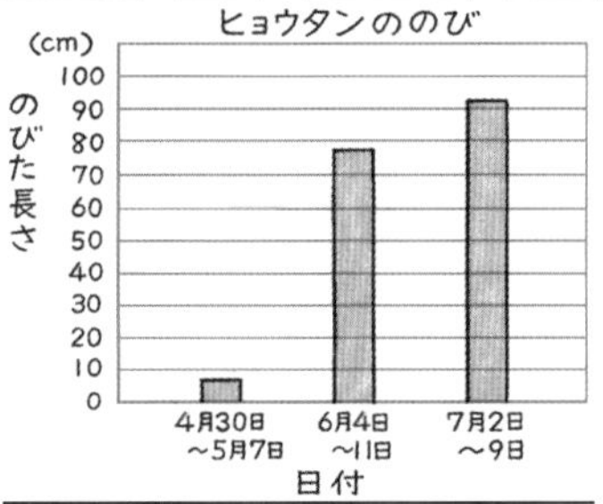

ヒョウタンののび
(cm)
100
90
80
70
60
50
40
30
20
10
0
のびた長さ
4月30日〜5月7日
6月4日〜11日
7月2日〜9日
日付

月初めの1週間ののびを、ぼうグラフにした。

暑くなると、たくさんのびた。

ここがだいじ！

①夏には、春とくらべて、気温や水温が高くなる。

②夏には、植物が大きく成長し、動物が活発に活動するようになる。

ぴたトリビア　植物が花をさかせるじょうけんには、気温変化《へんか》や夜の長さの変化なども関係《かんけい》しています。

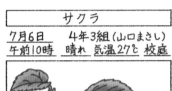

ぴったり2
練習

★ 夏の生き物

①夏の生き物のようす　②植物を育てよう　③夏の記録《きろく》をまとめよう

学習日　　月　　日

教科書 51〜56ページ　答え 11ページ

1 夏の生き物のようすを観察《かんさつ》しました。

(1) 春に観察したサクラとオオカマキリを夏にも観察して、カードに記録しました。次のカードのうち、夏の生き物のようすを記録したものすべてに○をつけましょう。

①(　　)　②(　　)　③(　　)　④(　　)

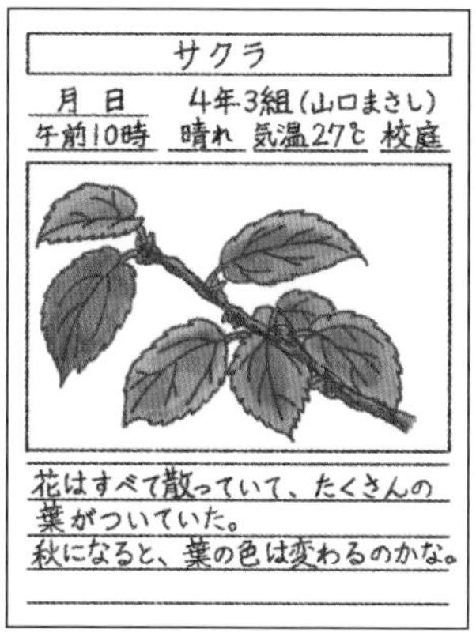

サクラ
月 日
4年3組(山口まさし)
午前10時 晴れ 気温27℃ 校庭
花はすべて散っていて、たくさんの
葉がついていた。
秋になると、葉の色は変わるのかな。

サクラ
月 日
4年3組(山口まさし)
午前10時 晴れ 気温16℃ 校庭
花がたくさんさいていた。
葉も出始めていた。
これからどうなっていくのかな。

オオカマキリのよう虫
月 日
4年3組(山本 ひな)
午前10時 晴れ 気温16℃ 校庭のすみ
オオカマキリのたまごから,
よう虫が出てきていた。
よう虫は黄色で,たくさんいた。

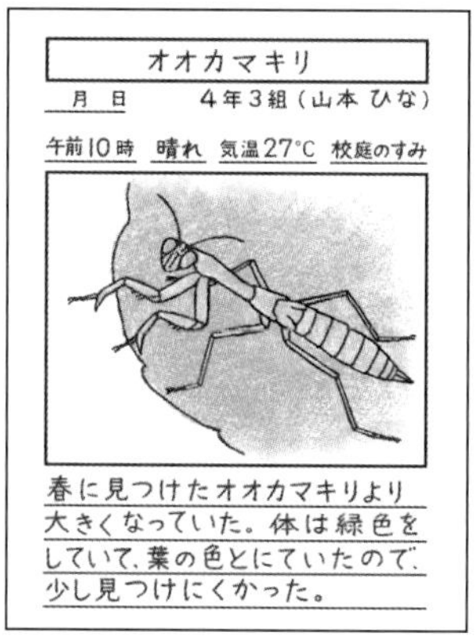

オオカマキリ
月 日
4年3組(山本 ひな)
午前10時 晴れ 気温27℃ 校庭のすみ
春に見つけたオオカマキリより
大きくなっていた。体は緑色を
していて,葉の色とにていたので,
少し見つけにくかった。

(2) 夏の生き物のようすについて、(　　)にあてはまる言葉をかきましょう。

夏になると日ざしが強くなり、気温や水温が(　　　　)なる。そして、植物はくきがのび、緑の葉がしげり、大きく(　　　　)する。また、見られる動物の数はふえ、春より活発に(　　　　)する。

2 ヒョウタンの月初《はじ》めの1週間のくきののびを調べて、グラフにしました。

(1) このようなグラフを何といいますか。

(　　　　　　　　)

(2) ヒョウタンがいちばんのびたのはいつですか。正しいものに○をつけましょう。

①(　　)4月30日〜5月7日

②(　　)6月4日〜11日

③(　　)7月2日〜9日

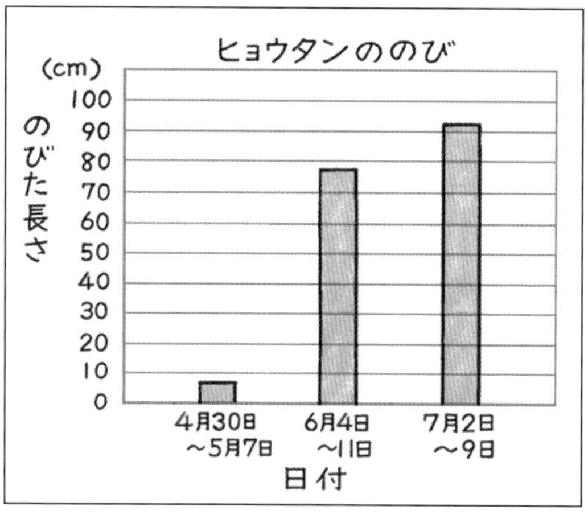

ヒョウタンののび
(cm)
100
90
80
70
60
50
40
30
20
10
0
のびた長さ
4月30日 〜5月7日
6月4日 〜11日
7月2日 〜9日
日付

ぴったり3

たしかめのテスト ★ 夏の生き物

時間 30 分

/100

合格 70 点

教科書 50〜57ページ　答え 12ページ

よく出る

1 春に調べた生き物が、夏になってどうなっているか観察《かんさつ》しました。

(1)は全部できて5点、(2)、(3)は1つ5点(20点)

(1) 春と夏で、調べるときに変《か》えないものはどれですか。あてはまるものすべてに○をつけましょう。

ア(　　)調べる時こく

イ(　　)気温

ウ(　　)観察する場所と生き物

(2) 春と夏の記録《きろく》カードを見くらべました。夏の記録カードは、①、②のどちらですか。

(　　)

①

オオカマキリのよう虫
月　日　4年3組(山本 ひな)
午前10時　晴れ　気温16℃　校庭のすみ
オオカマキリのたまごから、よう虫が出てきていた。よう虫は黄色で、たくさんいた。

②

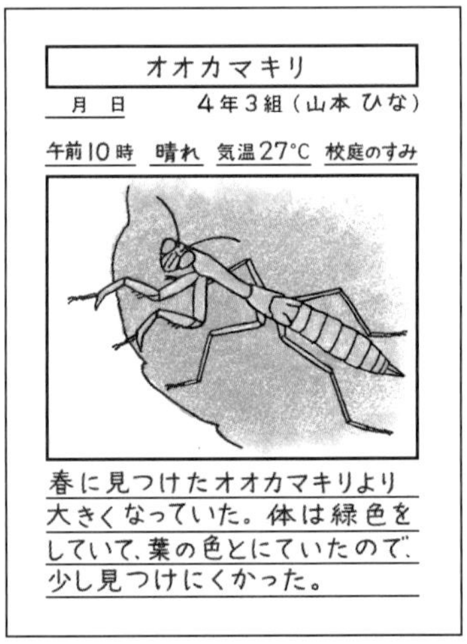

オオカマキリ
月　日　4年3組(山本 ひな)
午前10時　晴れ　気温27℃　校庭のすみ
春に見つけたオオカマキリより大きくなっていた。体は緑色をしていて、葉の色とにていたので、少し見つけにくかった。

(3) 夏の生き物のようすについて、(　　)にあてはまる言葉をかきましょう。

夏には、春とくらべて、動物が活発に(　　　　)したり、植物が大きく(　　　　)したりする。

2 4月から、毎月20日の午前10時に気温をはかりました。

1つ10点(20点)

はかった日	4月20日	5月20日	6月20日	7月20日
気温	18℃	22℃	26℃	28℃

(1) 作図 表は、はかった気温をまとめたものです。これを折《お》れ線グラフに表しましょう。

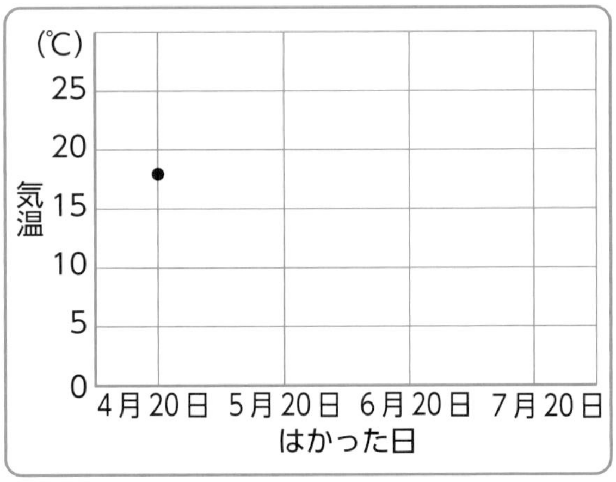

(℃)
25
20
気温 15
10
5
0
4月20日
5月20日
6月20日
7月20日
はかった日

(2) 気温について、表からわかることは何ですか。正しいものに○をつけましょう。

①(　　)春は夏より気温が高い。

②(　　)春は夏より気温が低《ひく》い。

③(　　)春も夏も気温は同じぐらいである。

3 ヒョウタンのくきののびを調べて、表にしました。

1つ10点(40点)

日付《ひづけ》	4月30日～5月7日	6月4日～6月11日	7月2日～7月9日
ヒョウタンののびた長さ	7cm	76cm	92cm

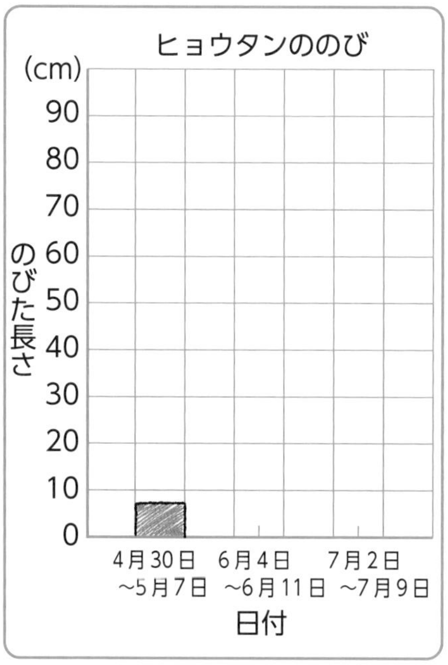

(1) 作図 ヒョウタンのくきののびをはかった結果《けっか》を、ぼうグラフに表しましょう。

(2) 調べた結果から、ヒョウタンののびは、何と関係《かんけい》があると考えられますか。あてはまるものに○をつけましょう。

①(　　)天気

②(　　)風の向きや強さ

③(　　)気温

(3) 記述 (2)で選《えら》んだものがどのように変わると、ヒョウタンのくきののびが大きくなりますか。(　　)にあてはまる言葉をかきましょう。　思考・表現

(　　　　　)が(　　　　　)なると、ヒョウタンのくきののびが大きくなる。

できたらスゴイ!

4 夏の生き物のようすについてあてはまるものには○を、あてはまらないものには×をつけましょう。

1つ5点(20点)

暑くなって、植物も大きく育っているよ。

①(　　)

見られる動物の数がふえて、活発に活動しているね。

②(　　)

あたたかくなって、サクラの花がさいたよ。

③(　　)

気温が低くなり、植物はくきがのび、緑の葉がしげったね。

④(　　)

ふりかえり
❶がわからないときは、20ページの❶にもどってかくにんしてみましょう。
❹がわからないときは、20ページの❶や❷にもどってかくにんしてみましょう。

ぴったり1 じゅんび

3分でまとめ

★ 夏の夜空

学習日　月　日

めあて
夏の夜空に見られる星の色や明るさ、星座をかくにんしよう。

教科書　59～63ページ　答え　13ページ

下の(　)にあてはまる言葉をかこう。

1 夜空にかがやく星には、どんなちがいがあるのだろうか。 教科書 59～63ページ

▶こと座《ざ》、わし座、はくちょう座のように、星の集まりをいろいろな動物や道具などに見立てて名前をつけたものを(①　　　　)という。

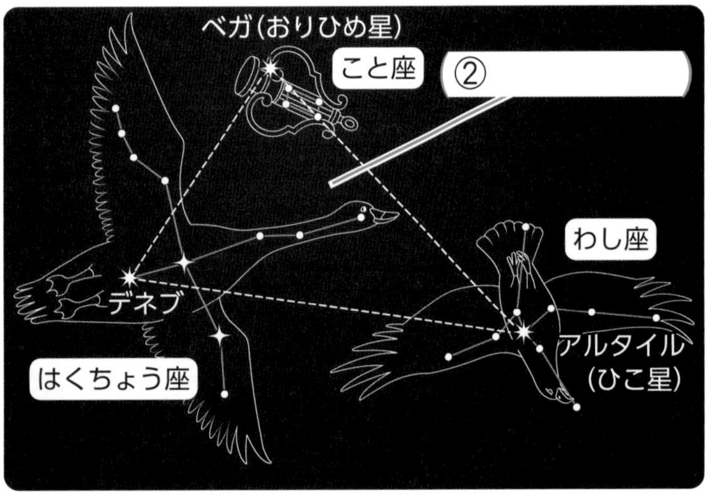

ベガ(おりひめ星)
こと座
②
わし座
デネブ
アルタイル(ひこ星)
はくちょう座

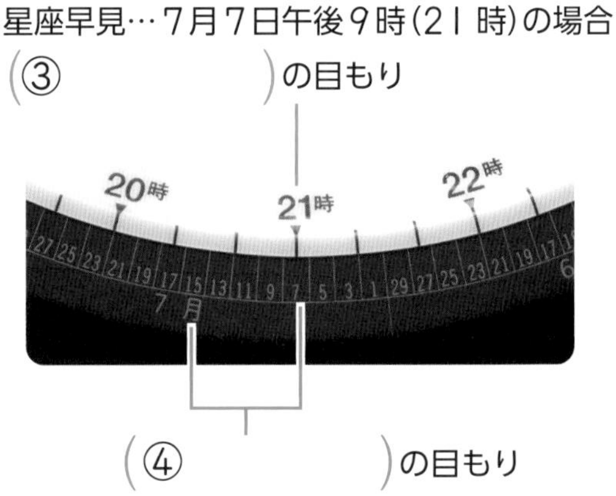

星座早見…7月7日午後9時(21時)の場合
(③　　　　)の目もり
20時
21時
22時
7月
(④　　　　)の目もり

▶星座《せいざ》早見の使い方

• 観察《かんさつ》する(　③　)の目もりを、(　④　)の目もりに合わせる。

• 観察する方位《ほうい》を(⑤　　　)にして、星座早見を空へかざし、夜空の星とくらべる。

▶ベガ、アルタイル、デネブの3つの星はとても(⑥　　　　)星である。

▶星は(　⑥　)ものから1等星、2等星、3等星、…と分けられている。

▶夏の大三角をつくる星の色は(⑦　　　)っぽいが、さそり座のアンタレスの色は(⑧　　　)っぽい。

▶星によって、(⑨　　　　)や(⑩　　　　)にちがいがある。

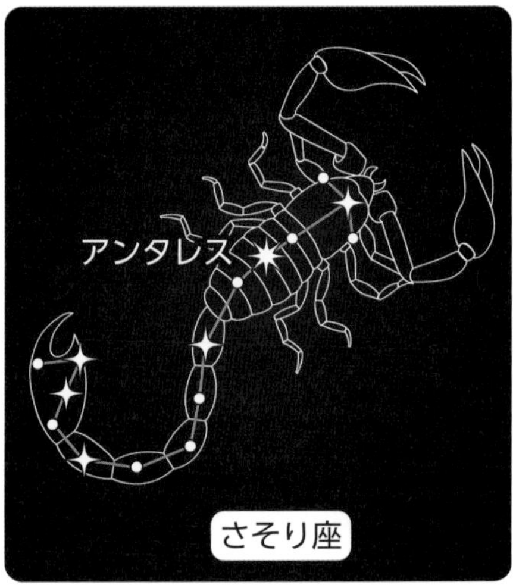

アンタレス
さそり座

夏の大三角のベガ、デネブ、アルタイル、さそり座のアンタレスは1等星だよ。

ここがだいじ!
①夜空には、たくさんの星や星座が見られる。
②星によって、明るさや色にちがいがある。

ぴたトリビア 「デネブ」はアラビア語で「(めんどりの)尾《お》」という意味で、はくちょう座のちょうど尾の位置《いち》にあります。

★ 夏の夜空

学習日　　月　　日

教科書 59〜63ページ　答え 13ページ

1 夏の夜空を観察《かんさつ》しました。

(1) 星の集まりを動物や道具などに見立てて名前をつけたものを何といいますか。

(　　　　　　)

(2) 21時は何時ですか。正しいものに○をつけましょう。

ア(　　)午前3時　　イ(　　)午前9時

ウ(　　)午後3時　　エ(　　)午後9時

(3) 図の星(北斗七星《ほくとしちせい》)を観察するとき、星座早見《せいざはやみ》は、**イ**のように持ちます。東の空を見る場合、どの向きに持ちますか。正しいものに○をつけましょう。

ア(　　)

イ(　　)

ウ(　　)

エ(　　)

2 7月7日の午後9時ごろ、南の空を見て、さそり座《ざ》を観察しました。

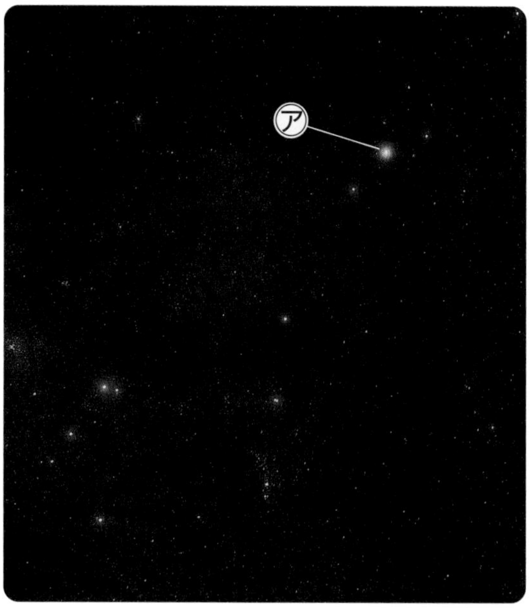

(1) ㋐の星を何といいますか。

(　　　　　　)

(2) ㋐の星は1等星です。1等星と2等星はどのようにちがいますか。正しいものに○をつけましょう。

ア(　　)1等星は2等星より赤っぽい。

イ(　　)1等星は2等星より白っぽい。

ウ(　　)1等星は2等星より明るい。

エ(　　)1等星は2等星より暗い。

ヒント
1 (3)北斗七星は、北の空に見えるので、**イ**のように北を下にして星座早見を持ちます。
2 (2)明るい星から、1等星、2等星、3等星、…と分けられています。

ぴったり3

たしかめのテスト ★ 夏の夜空

時間 30 分

／100

合格 70 点

教科書 58〜63ページ　答え 14ページ

よく出る

1 夏の大三角を観察《かんさつ》しました。

1つ5点(30点)

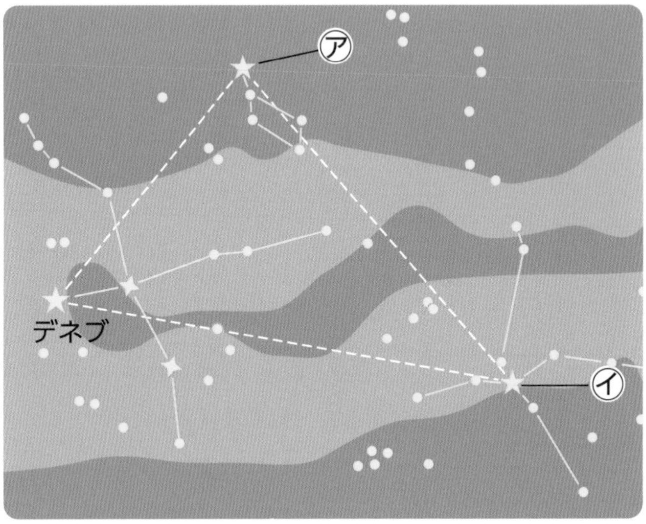

(1) デネブは、何という星座《せいざ》の星ですか。

(　　　　　　　　)

(2) ㋐の星は何ですか。また、何という星座の星ですか。

星の名前(　　　　　　　　)

星座の名前(　　　　　　　　)

(3) ㋑の星は何ですか。また、何という星座の星ですか。

星の名前(　　　　　　　　)

星座の名前(　　　　　　　　)

(4) デネブ、㋐、㋑の3つの星は、何等星ですか。

(　　　　　　　　)

2 9月15日の午後7時に星を観察するとき、星座早見を使って星座をさがしました。

技能 1つ7点(14点)

(1) 観察する時こくの目もりを正しく合わせているものはどれですか。○をつけましょう。

ア(　　)

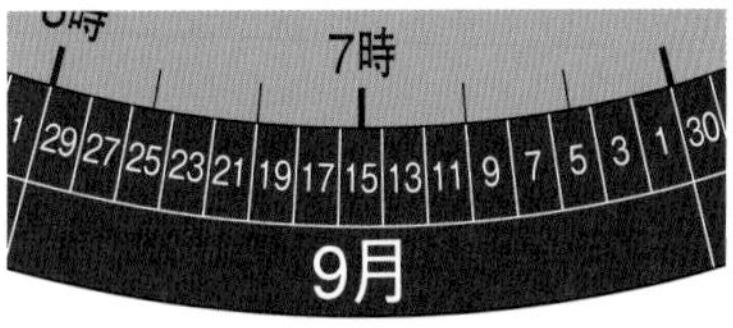

イ(　　)

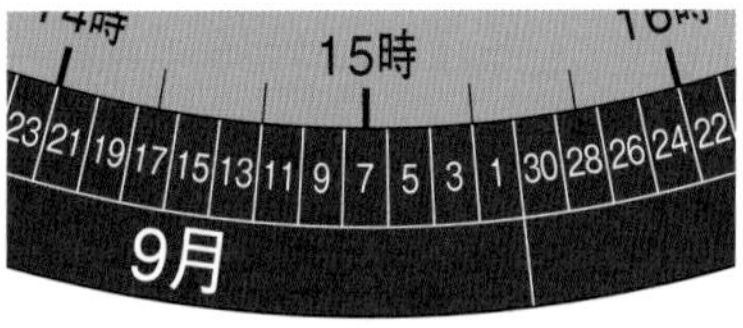

ウ(　　)

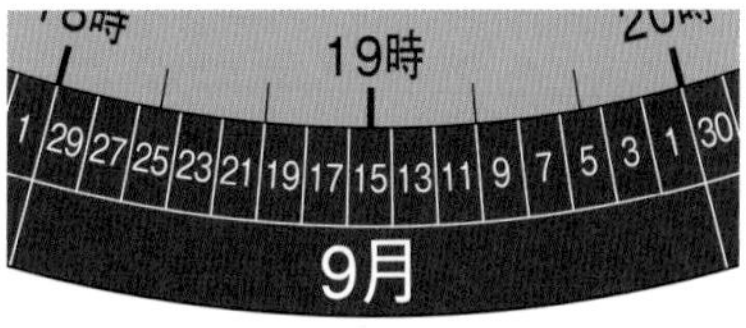

(2) 夜空の星を観察する方位《ほうい》を調べるときには、何を使えばよいですか。正しいものに○をつけましょう。

ア(　　)方位じしん
イ(　　)望遠鏡《ぼうえんきょう》
ウ(　　)温度計
エ(　　)時計

③ 夏の夜空に見られるさそり座《ざ》を観察しました。

1つ7点(21点)

(1) ①は、さそり座でいちばん明るい星です。何といいますか。

(　　　　　　　　)

(2) ①は何等星ですか。

(　　　　　　　　)

(3) ①の星は、どのような色の星ですか。正しいものに○をつけましょう。

ア(　　)白っぽい星

イ(　　)青っぽい星

ウ(　　)赤っぽい星

エ(　　)黄色っぽい星

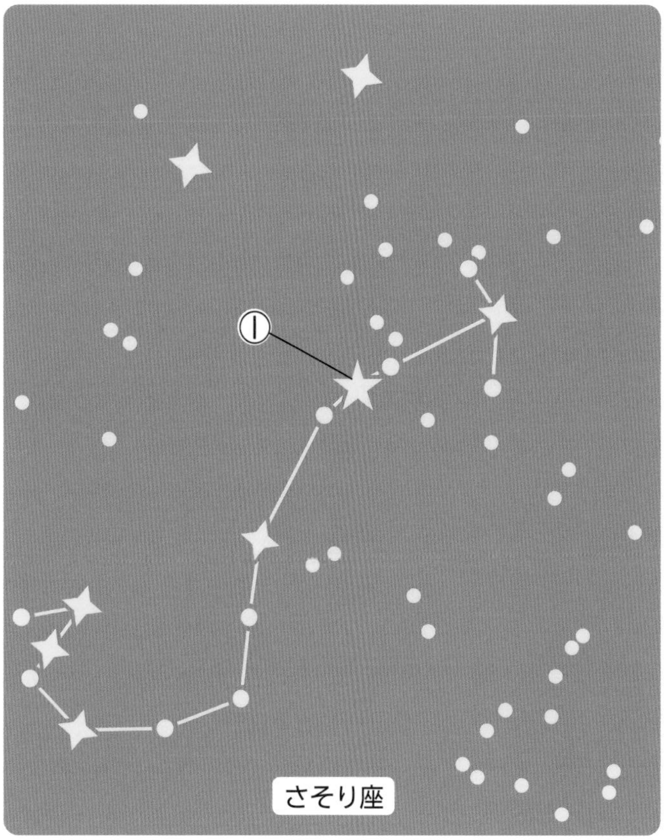

この本の終わりにある「夏のチャレンジテスト」をやってみよう！

できたらスゴイ！

④ 夜空に見える星のベガ、アルタイル、デネブ、アンタレスのうち、(1)〜(5)にあてはまるものをすべて選《えら》んでかきましょう。あてはまるものがないときは×をかきましょう。

1つ7点(35点)

(1) 夏の大三角をつくる星

(　　　　　　　　　　　　　　　　)

(2) 北斗七星《ほくとしちせい》の星

(　　　　　　　　　　　　　　　　)

(3) わし座の星

(　　　　　　　　　　　　　　　　)

(4) 1等星

(　　　　　　　　　　　　　　　　)

(5) 赤っぽい星

(　　　　　　　　　　　　　　　　)

ふりかえり
❶がわからないときは、24ページの❶にもどってかくにんしてみましょう。
❹がわからないときは、24ページの❶にもどってかくにんしてみましょう。

5. 月や星

①月の位置《いち》

学習日　　月　　日

めあて
月の形や見られる方位、動きをかくにんしよう。

教科書 68〜71ページ　答え 15ページ

下の(　　)にあてはまる言葉をかこう。

1 月も太陽と同じように、時こくとともに位置が変《か》わるのだろうか。 教科書 68〜71ページ

▶月の位置の調べ方

月の高さは
(①　　　　　)で表す。

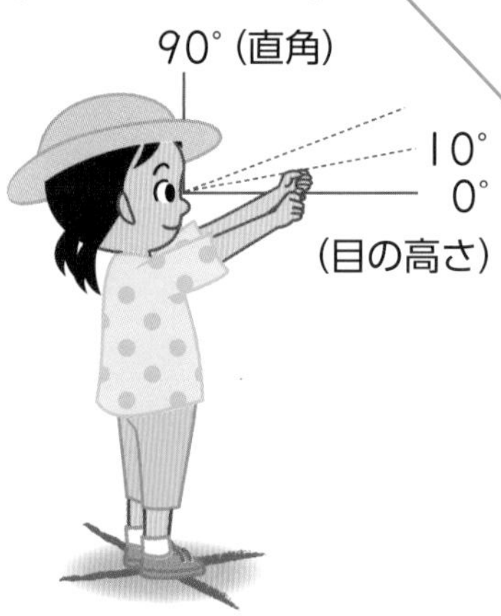
90°(直角)
10°
0°
(目の高さ)

うでをのばしたとき、
にぎりこぶし１つ分が
約《やく》(②　　　　　)となる。

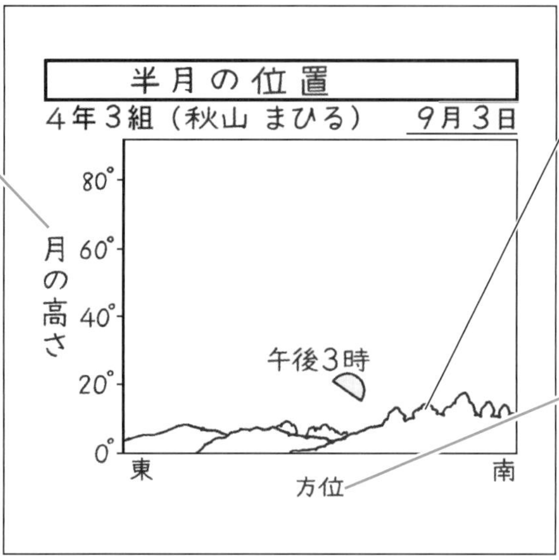
半月の位置
4年3組（秋山 まひる）　9月3日
月の高さ
80°
60°
40°
20°
0°
午後3時
東
方位
南

建物《たてもの》などを目印《めじるし》にして、約１時間ごとに、同じ場所で３回以上《いじょう》調べる。

月が見える方位《ほうい》は
(③　　　　　　　　)
を使って調べる。

▶月の位置は、(④　　　　　)と同じように、時こくとともに、(⑤　　　)から(⑥　　　)の空の高いところを通り、(⑦　　　)へと変わる。

▶半月《はんげつ》や満月《まんげつ》など、月の(⑧　　　)はちがっても位置の変わり方は同じである。

半月

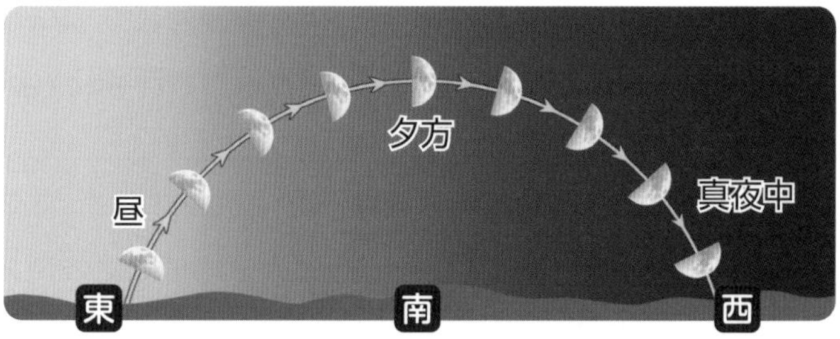
昼
夕方
真夜中
東
南
西

満月

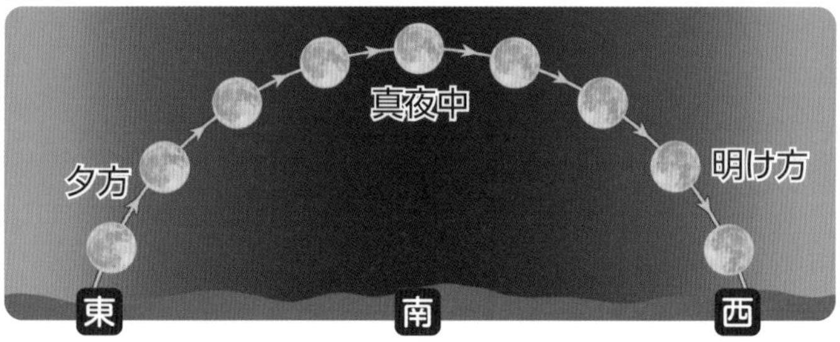
夕方
真夜中
明け方
東
南
西

ここが だいじ！
①月の位置は、太陽と同じように、時こくとともに、東から南の空の高いところを通り、西へと変わる。
②月の形がちがっても、位置の変わり方は同じである。

ぴたトリビア　月の形は毎日少しずつ変《か》わり、およそ１か月でもとの形にもどります。

1 ある日の午後3時に見えた月を観察《かんさつ》しました。

(1) 月が見える方位《ほうい》を右のように調べました。

①方位を調べるときに使った道具は何ですか。　(　　　　)

②このとき、月が見えた方位は何ですか。　(　　　　)

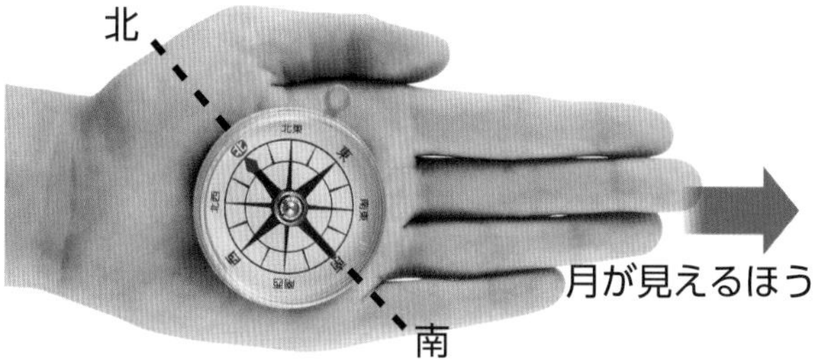
北
南
月が見えるほう

(2) 観察した月を右の記録《きろく》カードにかきました。このときの形の月は何ですか。正しいものに○をつけましょう。

ア(　　)三日月《みかづき》　　イ(　　)半月《はんげつ》

ウ(　　)満月《まんげつ》

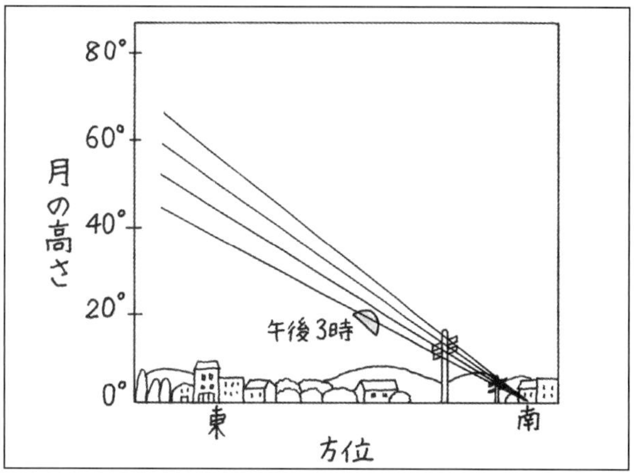
80°
60°
40°
20°
0°
月の高さ
午後3時
東
南
方位

(3) 午後3時の月の高さは何度ですか。

(　　　　)

(4) 月の高さは、何をもとにして調べるとよいですか。正しいものに○をつけましょう。

ア(　　)身長　　イ(　　)手のひらのはば　　ウ(　　)にぎりこぶし1つ分

2 月の位置の変わり方をまとめました。

半月

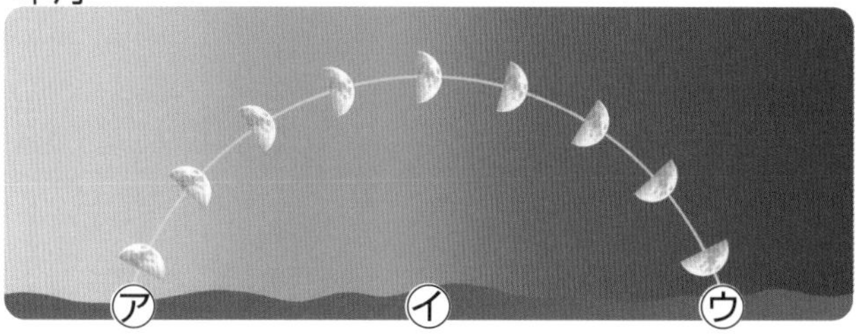
㋐
㋑
㋒

満月

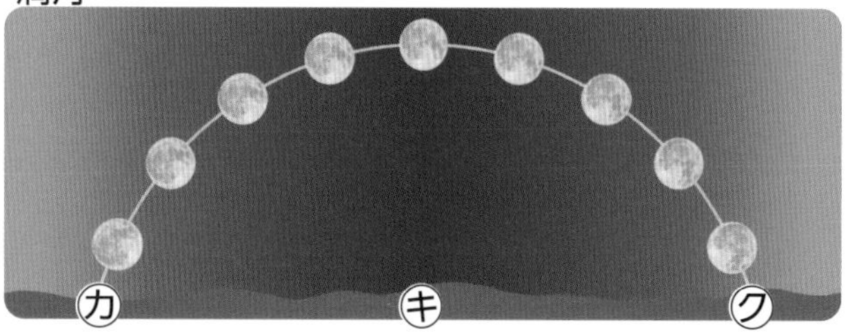
㋕
㋖
㋗

(1) 図で、東はどちらですか。㋐㋑㋒、㋕㋖㋗からそれぞれ1つずつ選《えら》びましょう。

半月(　　　)　満月(　　　)

(2) 月が見える方位はどう変《か》わりますか。それぞれ正しいほうに○をつけましょう。

①半月　ア(　　)㋐→㋑→㋒　　イ(　　)㋒→㋑→㋐

②満月　ア(　　)㋕→㋖→㋗　　イ(　　)㋗→㋖→㋕

(3) 南の空の高いところを通るのは、いつごろですか。それぞれ正しいものを○でかこみましょう。

半月(　明け方　昼　夕方　真夜中　)　　満月(　明け方　昼　夕方　真夜中　)

ヒント ❷ 見える時こくはちがいますが、半月も満月も、太陽と同じように見える位置が変わります。

ぴったり1 じゅんび

5. 月や星

②星の動き

学習日　　月　　日

めあて
星の位置やならび方、動きをかくにんしよう。

教科書　72〜75ページ　答え　16ページ

下の(　　)にあてはまる言葉をかこう。

1 星も時こくとともに位置《いち》が変《か》わるのだろうか。

教科書　72〜75ページ

▶夏の大三角は、時間がたつと、(①　　　　)のほうへと位置を変える。

▶夏の大三角の位置やならび方

・星の見える位置
…時こくとともに(②　　　　　　　　)。

・星のならび方
…時こくとともに(③　　　　　　　　)。

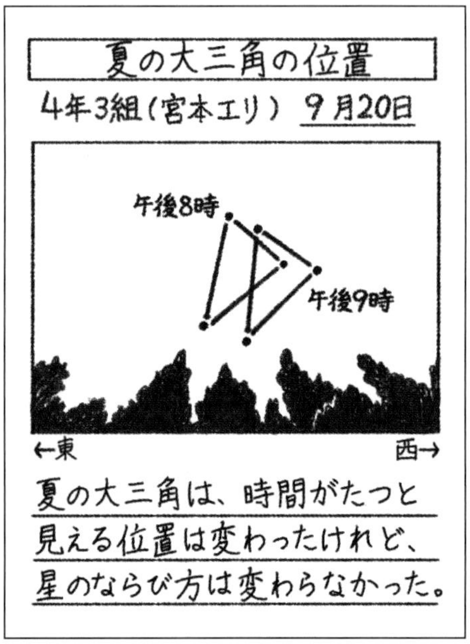

夏の大三角の位置
4年3組(宮本エリ)　9月20日
午後8時
午後9時
←東
西→
夏の大三角は、時間がたつと
見える位置は変わったけれど、
星のならび方は変わらなかった。

▶カシオペヤ座《ざ》は、時間がたつと、(④　　　　)のほうへと位置を変える。

▶カシオペヤ座の位置やならび方

・星の見える位置
…時こくとともに(⑤　　　　　　　　)。

・星のならび方
…時こくとともに(⑥　　　　　　　　)。

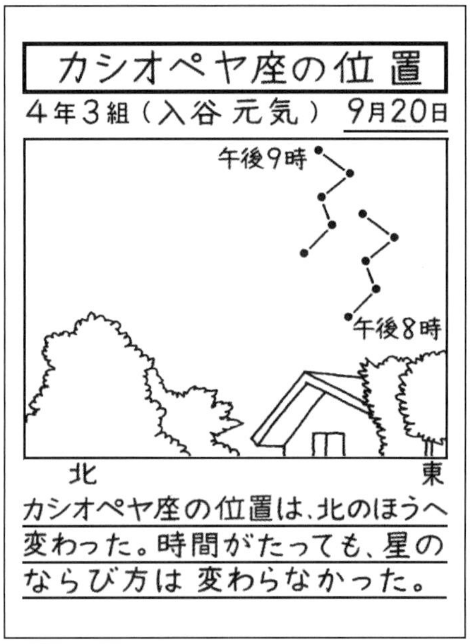

カシオペヤ座の位置
4年3組(入谷元気)　9月20日
午後9時
午後8時
北
東
カシオペヤ座の位置は、北のほうへ
変わった。時間がたっても、星の
ならび方は変わらなかった。

▶星の見える位置は(⑦　　　　　　　　)とともに動いていく。
しかし、星のならび方は時間がたっても変わらない。

ここがだいじ!　①時こくとともに、星の見える位置は変わるが、星のならび方は変わらない。

ぴたトリビア　星の色と温度は関係《かんけい》していて、青白い星は温度が高く 10000℃以上《いじょう》、赤い星は温度が低《ひく》く、それでも 3000℃ほどはあります。

1 真上の空に見える夏の大三角を、午後８時と午後９時に観察《かんさつ》しました。

(1) ㋐の方位《ほうい》はどれですか。正しいものに〇をつけましょう。

ア(　　)北　　イ(　　)東

ウ(　　)西

(2) 夏の大三角の星の見える位置《いち》とならび方は、時こくとともにどうなりますか。それぞれ正しいほうに〇をつけましょう。

①星の見える位置

ア(　　)時こくとともに変《か》わる。

イ(　　)時こくとともに変わらない。

②星のならび方

ア(　　)時こくとともに変わる。

イ(　　)時こくとともに変わらない。

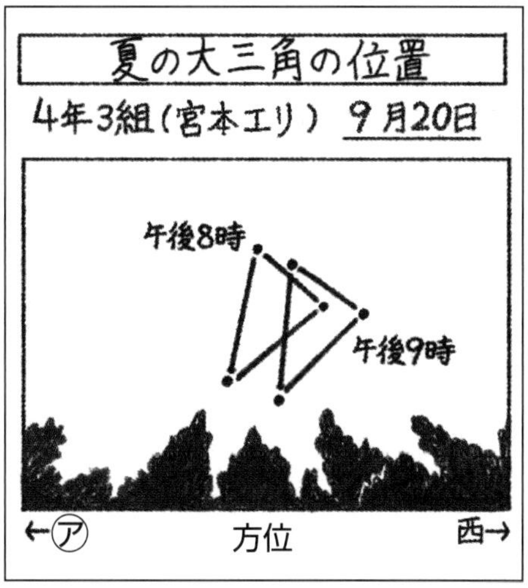

2 カシオペヤ座《ざ》を、午後８時と午後９時に観察しました。

(1) ㋐の方位はどれですか。正しいものに〇をつけましょう。

ア(　　)西　　イ(　　)南

ウ(　　)東

(2) カシオペヤ座の星の見える位置とならび方は、時こくとともにどうなりますか。それぞれ正しいほうに〇をつけましょう。

①星の見える位置

ア(　　)時こくとともに変わる。

イ(　　)時こくとともに変わらない。

②星のならび方

ア(　　)時こくとともに変わる。

イ(　　)時こくとともに変わらない。

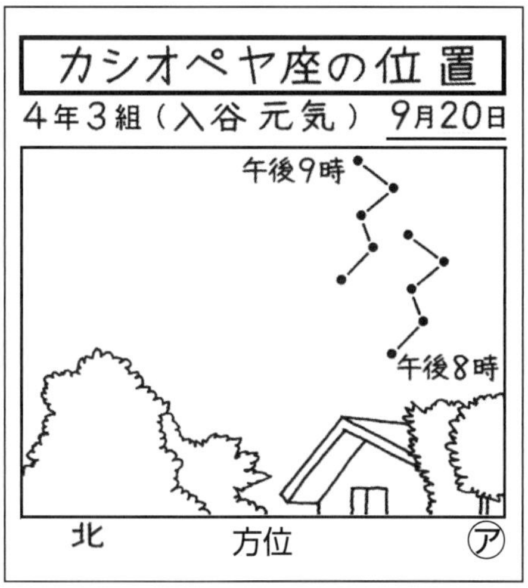

ぴったり3
たしかめのテスト

5. 月や星

時間 30 分

／100

合格 70 点

教科書 66〜79ページ　答え 17ページ

1 月の位置《いち》を調べました。

技能　1つ5点(15点)

(1) 月の位置を調べるとき、どの向きを向くとよいですか。
正しいものに○をつけましょう。

ア(　　)東から西の位置を調べられるように北を向く。
イ(　　)東から西の位置を調べられるように南を向く。
ウ(　　)北から南の位置を調べられるように東を向く。
エ(　　)北から南の位置を調べられるように西を向く。

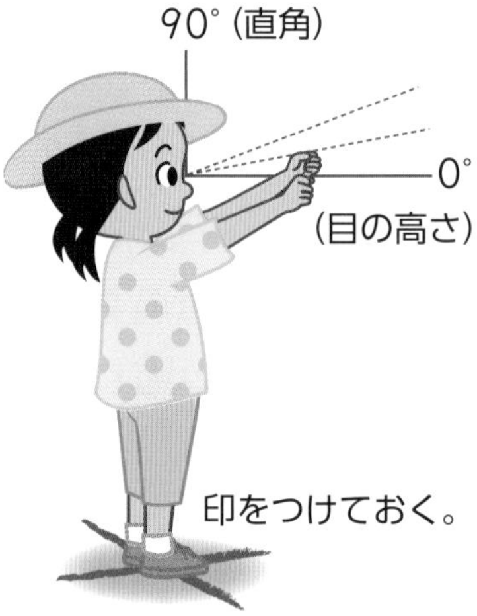

(2) うでをのばしたとき、にぎりこぶし１つぶんは約《やく》何度になりますか。正しいものに○をつけましょう。

ア(　　)約１°　イ(　　)約5°　ウ(　　)約10°

(3) 月の位置を調べるとき、立つ位置に印《しるし》をつけておくのはなぜですか。正しいほうに○をつけましょう。

ア(　　)すべってころばないようにするため。
イ(　　)同じ位置から月を観察《かんさつ》するため。

よく出る

2 月の形と位置の変《か》わり方を調べました。

1つ5点(25点)

(1) ①〜③の形の月を何といいますか。それぞれ名前をかきましょう。

①(　　　　　　)
②(　　　　　　)
③(　　　　　　)

(2) 月の動き方について、正しいものを２つ選《えら》んで、○をつけましょう。

ア(　　) 月は太陽と同じような位置の変わり方をする。

イ(　　) 月の形によって、位置の変わり方はちがう。

ウ(　　) 月は、東からのぼる。

エ(　　) 月の位置は、南の空を通り、北へと変わる。

よく出る

3 真上の空に見える夏の大三角を、午後８時と午後９時に観察しました。

⑴、⑵は1つ5点、⑶は全部できて12点（27点）

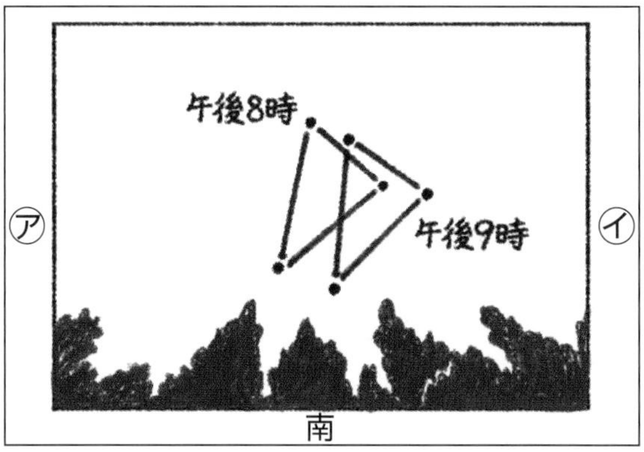

⑴ ㋐の方位《ほうい》はどれですか。正しいものに〇をつけましょう。

ア（　　）北　イ（　　）東　ウ（　　）西

⑵ 夏の大三角の星の見える位置とならび方は、時こくとともにどうなるといえますか。それぞれ正しいほうに〇をつけましょう。

①星の見える位置

ア（　　）時こくとともに変《か》わる。　イ（　　）時こくとともに変わらない。

②星のならび方

ア（　　）時こくとともに変わる。　イ（　　）時こくとともに変わらない。

⑶ 星の位置とならび方について、あてはまる言葉をかきましょう。　思考・表現

時こくとともに、星の（　　　　　　　　）は変わるが、星の（　　　　　　　　）は変わらない。

できたらスゴイ！

4 月や星の動き方を調べました。

⑴、⑶は1つ7点、⑵は12点（33点）

⑴ 満月《まんげつ》がいちばん高く見える方位はどれですか。正しいものに〇をつけましょう。

ア（　　）東　イ（　　）西　ウ（　　）南　エ（　　）北

⑵ 記述 満月と半月《はんげつ》の位置の変わり方をくらべるとどうなりますか。説明《せつめい》しましょう。　思考・表現

（　　　　　　　　　　　　　　　　　　　　）

⑶ ある日の夜に、デネブとベガを観察しました。１時間後にもう一度観察したところ、デネブは矢印《やじるし》の向きに動いていました。

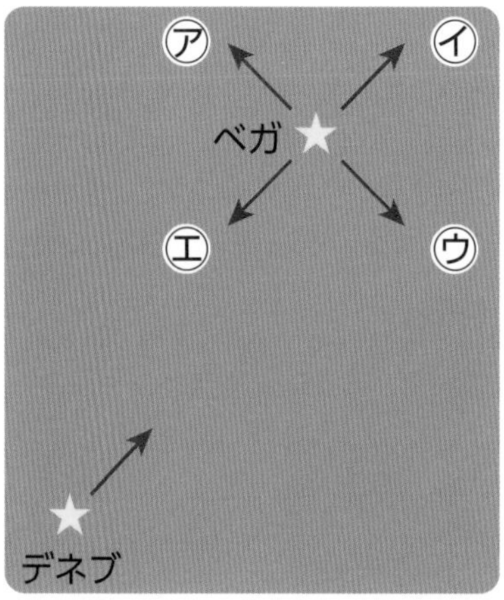

①ベガはどの向きに動いていましたか。図の㋐～㋓から選びましょう。（　　）

② 記述 ①で、その向きを選んだ理由をかきましょう。　思考・表現

（　　　　　　　　　　　　　　　　　　　　）

ふりかえり
❷がわからないときは、28ページの❶にもどってかくにんしてみましょう。
❹がわからないときは、28ページの❶や30ページの❶にもどってかくにんしてみましょう。

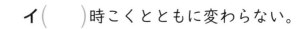

ぴったり1 じゅんび
3分でまとめ

6. とじこめた空気や水

①とじこめた空気のせいしつ
②とじこめた水のせいしつ

学習日　　月　　日

めあて
とじこめた空気や水をおしたときの体積や手ごたえをかくにんしよう。

教科書 80～86ページ　答え 18ページ

下の(　　)にあてはまる言葉をかこう。

1 とじこめた空気をおしたとき、空気はどうなっているのだろうか。　教科書 80～84ページ

▶空気でっぽう
- つつに玉をつめて、おしぼうで位置《いち》を調節《ちょうせつ》する。その後、つつの前から、もう１つの玉をつめる。
- おしぼうで後ろの玉をおすと、前の玉が飛《と》ぶ。

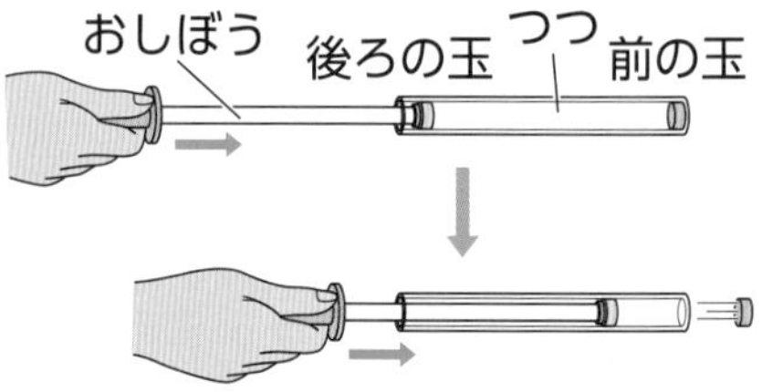

おしぼう
後ろの玉
つつ
前の玉

▶とじこめた空気をおすと、体積《たいせき》が(①　　　　　)なる。

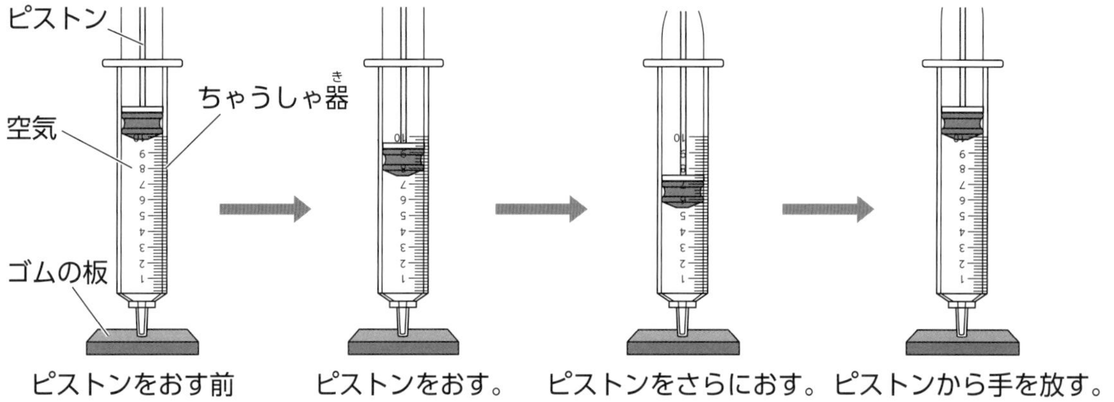

ピストン
空気
ちゃうしゃ器《き》
ゴムの板
ピストンをおす前
ピストンをおす。
ピストンをさらにおす。
ピストンから手を放す。

▶空気の体積が小さくなるほど、空気におし返される手ごたえが(②　　　　　)なる。
▶体積が(　①　)なった空気は、もとの(③　　　　　)にもどろうとする。

2 水も空気と同じように、おしちぢめることができるのだろうか。　教科書 85～86ページ

▶とじこめた水をおしても、おしちぢめることは(①　　　　　)。
▶とじこめた水をおしても、体積は(②　　　　　)。

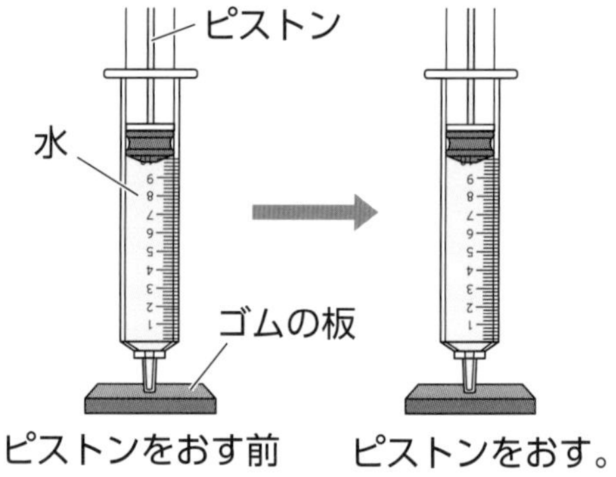

ピストン
水
ゴムの板
ピストンをおす前
ピストンをおす。

ここがだいじ!
①とじこめた空気をおすと体積が小さくなり、もとの体積にもどろうとする。
空気の体積が小さくなるほど、空気におし返される手ごたえは大きくなる。
②とじこめた水をおしても、体積は変《か》わらない。

ぴたトリビア
自転車や自動車では、空気入りのタイヤを使うことで、地面からのしんどうやしょうげきが伝《つた》わるのをやわらげています。

ぴったり2 **練習**

学習日　月　日

6. とじこめた空気や水

①とじこめた空気のせいしつ

②とじこめた水のせいしつ

教科書 80〜86ページ　答え 18ページ

1 ちゅうしゃ器《き》に空気をとじこめて、ピストンをおしました。

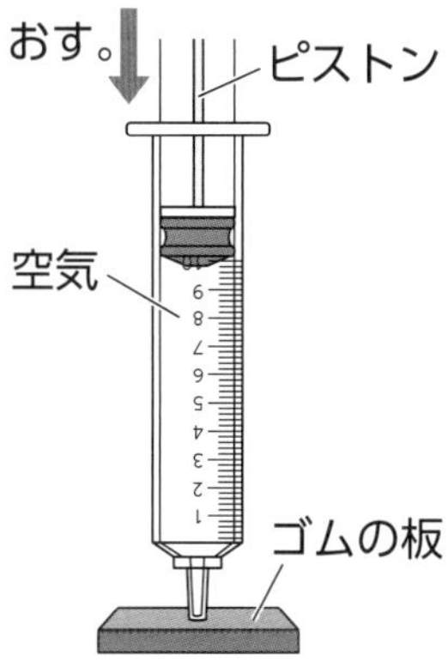

おす。
ピストン
空気
ゴムの板

(1) ちゅうしゃ器のピストンをおすと、中の空気の体積《たいせき》はどうなりますか。正しいものに○をつけましょう。

ア(　　)大きくなる。

イ(　　)小さくなる。

ウ(　　)変《か》わらない。

(2) ちゅうしゃ器のピストンを強くおすと、その手ごたえはどうなりますか。正しいものに○をつけましょう。

ア(　　)大きくなる。

イ(　　)小さくなる。

ウ(　　)変わらない。

(3) ピストンから手を放すと、ピストンはどうなりますか。正しいものに○をつけましょう。

ア(　　)もとの位置《いち》にもどろうとする。

イ(　　)さらに下がろうとする。

ウ(　　)手を放した位置から動かない。

2 ちゅうしゃ器に水をとじこめて、ピストンをおしました。

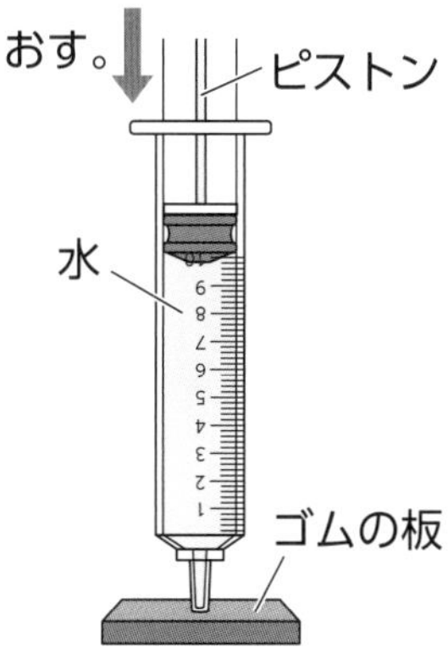

おす。
ピストン
水
ゴムの板

(1) ちゅうしゃ器のピストンをおすと、中の水の体積はどうなりますか。正しいものに○をつけましょう。

ア(　　)大きくなる。

イ(　　)小さくなる。

ウ(　　)変わらない。

(2) ピストンから手を放すと、ピストンはどうなりますか。正しいものに○をつけましょう。

ア(　　)上に上がろうとする。

イ(　　)さらに下がろうとする。

ウ(　　)手を放した位置から動かない。

6. とじこめた空気や水

時間 30分

／100

合格 70点

教科書 80〜89ページ　答え 19ページ

よく出る

1 ちゅうしゃ器《き》に空気をとじこめて、ピストンをおしたときの手ごたえや体積《たいせき》の変《へん》化《か》を調べました。

(1)、(2)、(4)は1つ7点、(3)は8点、(5)は全部できて8点(44点)

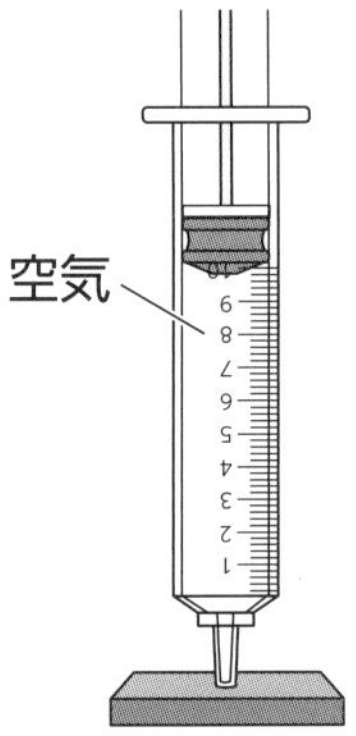

(1) ちゅうしゃ器のピストンを手でおすと、中の空気の体積はどうなりますか。（　　　　　　）

(2) おしていたピストンから手を放すと、ピストンはどうなりますか。（　　　　　　）

(3) 記述 (2)のように答えた理由を説明《せつめい》しましょう。　思考・表現

（　　　　　　）

(4) ピストンをおして手を放し、もう一度ピストンをおしました。2回目におしたときのほうが、1回目より中の空気の体積が小さくなりました。

①ピストンを強くおしたのは、1回目と2回目のどちらですか。（　　　　）

②おし返される手ごたえが大きいのは、1回目と2回目のどちらですか。（　　　　）

(5) とじこめた空気の体積と手ごたえについて、（　）にあてはまる言葉をかきましょう。

空気の体積が（　　　　　）なるほど、空気におし返される手ごたえが（　　　　　）なる。

2 空気でっぽうで、玉を飛《と》ばしました。おしぼうで後ろの玉をおして前の玉が飛び出すときのようすはどちらですか。正しいほうに○をつけましょう。

7点(7点)

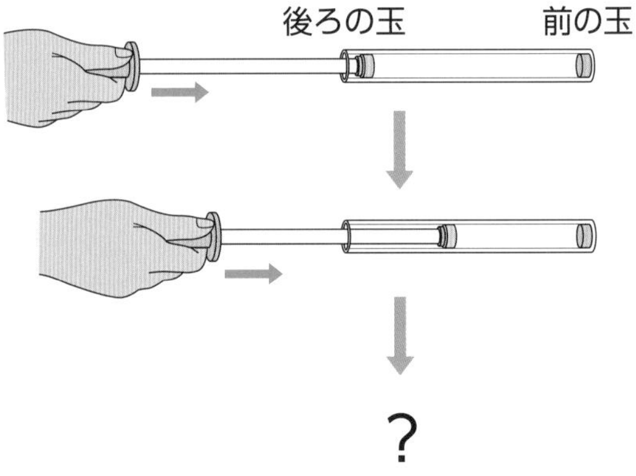

ア（　　）後ろの玉が前の玉をちょくせつおすことで、前の玉が飛び出す。

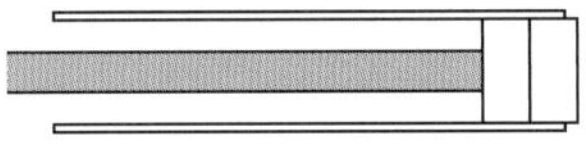

イ（　　）後ろの玉が前の玉にふれる前に前の玉が飛び出す。

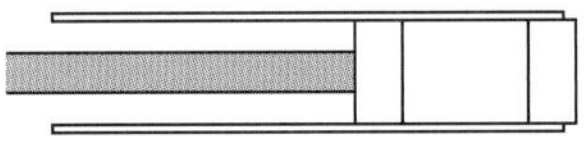

よく出る

3 **ちゅうしゃ器に水をとじこめて、ピストンをおしたときの手ごたえや体積の変化を調べました。**

1つ7点(14点)

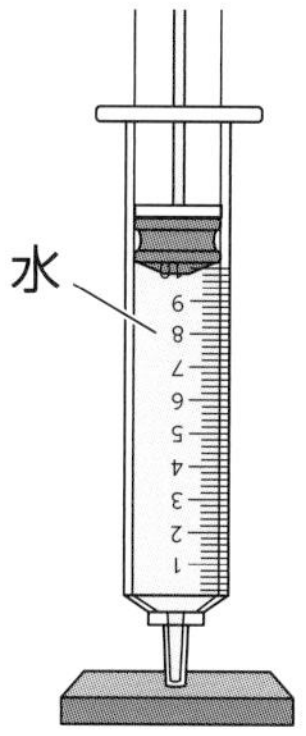

(1) ちゅうしゃ器のピストンを手でおすと、中の水の体積はどうなりますか。

(　　　　　　　)

(2) 1回目にピストンをおしてから手を放し、2回目は1回目よりも強くピストンをおしました。中の水の体積はどうなりますか。

(　　　　　　　)

できたらスゴイ!

4 **ちゅうしゃ器に水と空気を半分ずつ入れて、ピストンをおしました。**

1つ7点(35点)

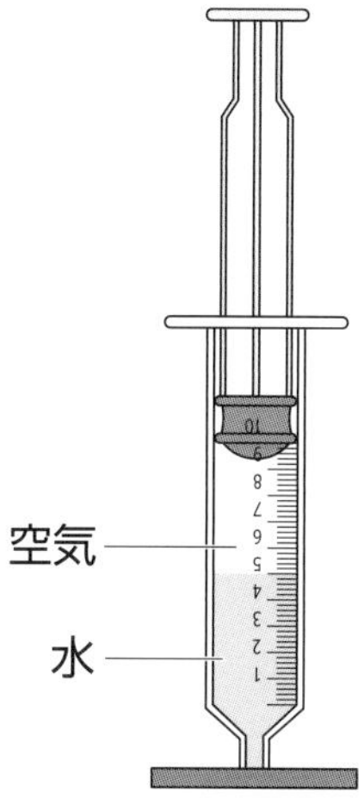

(1) ピストンをおすと、ちゅうしゃ器の中の空気の体積と水の体積はどうなりましたか。それぞれ正しいほうに○をつけましょう。

①空気の体積

ア(　　)変《か》わらなかった。　　**イ**(　　)小さくなった。

②水の体積

ア(　　)変わらなかった。　　**イ**(　　)小さくなった。

(2) 1回目にピストンをおしてから手を放し、2回目は1回目よりも強くピストンをおしました。ちゅうしゃ器の中の空気の体積と水の体積はどうなりましたか。それぞれ正しいものに○をつけましょう。

①空気の体積

ア(　　)変わらなかった。　　**イ**(　　)1回目と同じだけ、小さくなった。

ウ(　　)1回目より小さくなった。

②水の体積

ア(　　)変わらなかった。　　**イ**(　　)1回目と同じだけ、小さくなった。

ウ(　　)1回目より小さくなった。

(3) 1回目にピストンをおしてから手を放し、2回目は1回目よりも強くピストンをおしました。手ごたえはどうなりましたか。正しいものに○をつけましょう。

ア(　　)1回目も2回目も、おし返される手ごたえはなかった。

イ(　　)おし返される手ごたえはあったが、1回目も2回目も同じだった。

ウ(　　)おし返される手ごたえがあり、1回目より2回目のほうが大きかった。

ふりかえり
❶がわからないときは、34ページの❶にもどってかくにんしてみましょう。
❸がわからないときは、34ページの❷にもどってかくにんしてみましょう。

ぴったり1 じゅんび

3分でまとめ

7. ヒトの体のつくりと運動

①体のつくり

学習日　月　日

めあて

ヒトの体がほねと筋肉でできていることをかくにんしよう。

教科書 92〜94ページ　答え 20ページ

下の(　　)にあてはまる言葉をかこう。

1 体が曲がるところはどこだろうか。

教科書 92〜94ページ

▶ヒトの体には、かたくてじょうぶな(①　　　　　)と、やわらかい(②　　　　　)がある。

手の指のつくり

4年2組（ひめ野海人）

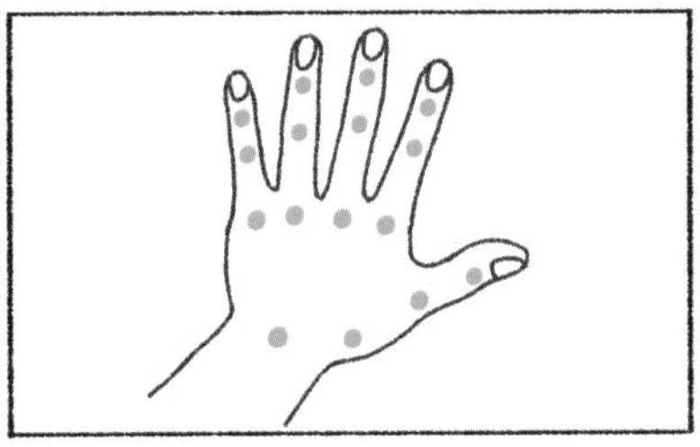

曲げられるところに印をつけた。
手には曲げられるところと
曲げられないところがあった。
手以外も調べたいな。

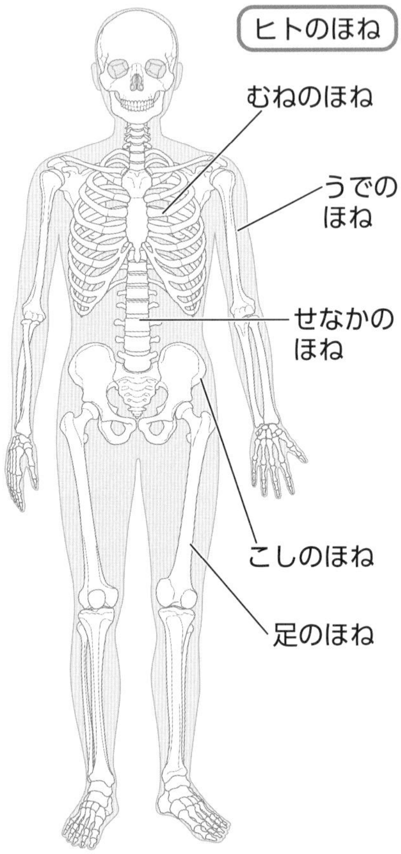
ヒトのほね
むねのほね
うでの
ほね
せなかの
ほね
こしのほね
足のほね

▶体の中には、曲がるところと曲がらないところがある。曲がるところはどこも、ほねと(③　　　　　)のつなぎ目である。このつなぎ目を(④　　　　　)という。

▶図の⑤〜⑦の部分の名前をかきましょう。

(⑤　　　　　)
(⑥　　　　　)
(⑦　　　　　)

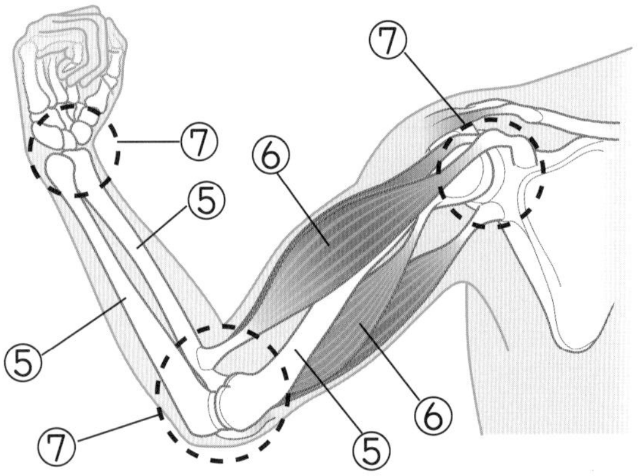
⑦
⑦
⑥
⑤
⑤
⑦
⑤
⑥

▶ヒトの体には、たくさんの(⑧　　　　　)があり、わたしたちの体をささえている。

ここがだいじ！

①ヒトの体には、かたくてじょうぶなほねと、やわらかいきん肉がある。
②体を曲げられるところは、ほねとほねのつなぎ目で、関節《かんせつ》という。

ぴたトリビア　ふだん食べている肉や魚は、きん肉であることが多いです。

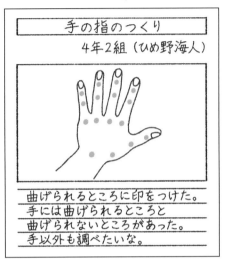

学習日　　月　　日

7. ヒトの体のつくりと運動

①体のつくり

教科書 92〜94ページ　答え 20ページ

1 図の㋐〜㋒は、ヒトのほねを表したものです。

㋐

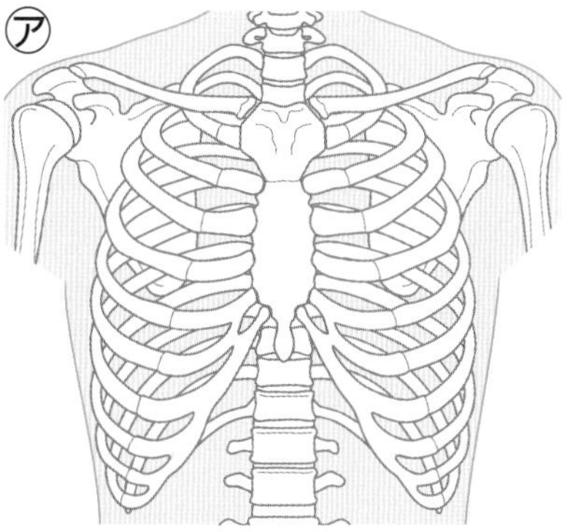

㋑

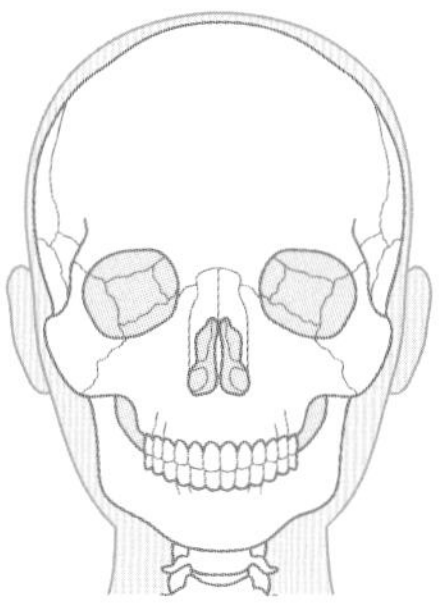

㋒

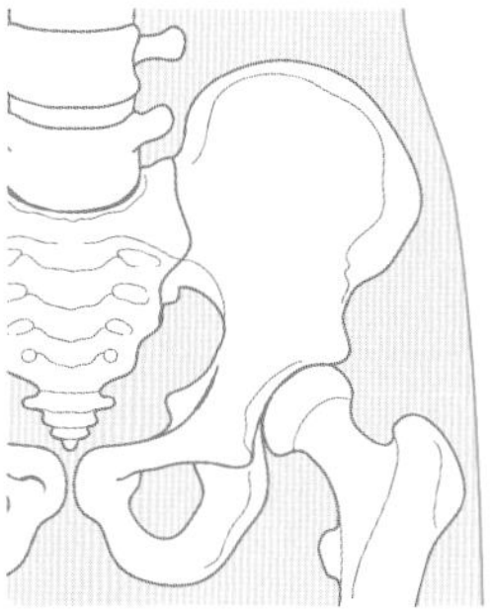

(1) 次のほねは、それぞれ㋐〜㋒のどれですか。

①こしのほね(　　)　②むねのほね(　　)

(2) ヒトの体をさわると、かたいほねの部分のほかに、やわらかい部分があります。やわらかい部分にあるものは何ですか。(　　　　)

2 ヒトが体を曲げるしくみを調べました。

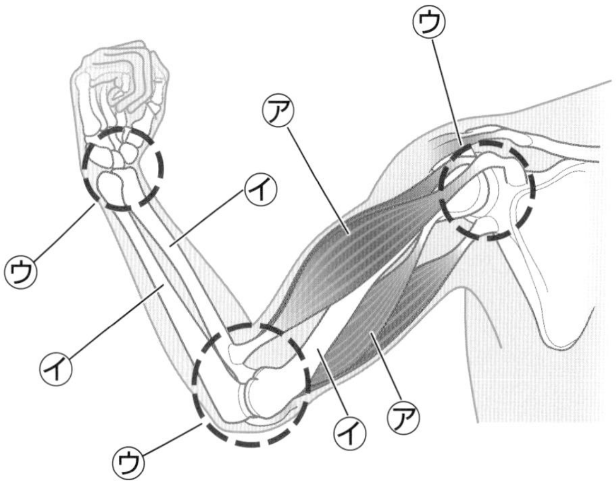

(1) 右の㋐、㋑は、それぞれほね・きん肉のどちらですか。

㋐(　　　　)

㋑(　　　　)

(2) ◌のように、㋑と㋑のつなぎ目になっているところである㋒を何といいますか。

(　　　　)

(3) ヒトが体を曲げられるのは、どのようなところですか。正しいものに○をつけましょう。

ア(　)ほねがやわらかくなっているところ。

イ(　)きん肉がかたくなっているところ。

ウ(　)ほねとほねのつなぎ目になっているところ。

エ(　)ほねときん肉のつなぎ目になっているところ。

オ(　)きん肉ときん肉のつなぎ目になっているところ。

ぴったり1 じゅんび

7. ヒトの体のつくりと運動

②体が動くしくみ

③動物の体のつくりとしくみ

学習日　　月　　日

めあて
ヒトや動物の体が動くときのしくみをかくにんしよう。

教科書　95～98ページ　　答え　21ページ

下の(　　)にあてはまる言葉をかこう。

1 体を動かすとき、きん肉はどうなっているのだろうか。　教科書 95～96ページ

▶うでが(①　　　　　　)とき　　▶うでが(②　　　　　　)とき

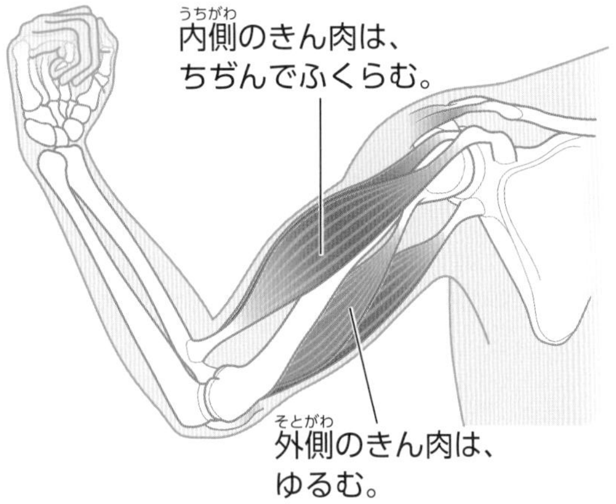

内側《うちがわ》のきん肉は、
ちぢんでふくらむ。
外側《そとがわ》のきん肉は、
ゆるむ。

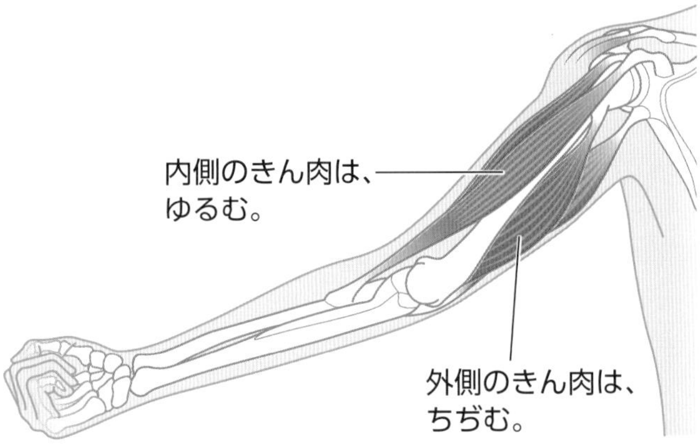

内側のきん肉は、
ゆるむ。
外側のきん肉は、
ちぢむ。

▶(③　　　　　)のきん肉がちぢみ、(④　　　　　)のきん肉がゆるむことで、うでが曲がる。

▶(⑤　　　　　)のきん肉がちぢみ、(⑥　　　　　)のきん肉がゆるむことで、うでがのびる。

▶(⑦　　　)を入れると、きん肉はちぢみ、かたくなる。

2 ほかの動物も、ヒトと同じしくみで体を動かしているのだろうか。　教科書 97～98ページ

▶ヒト以外《いがい》の動物の体にも、(①　　　　　)、(②　　　　　)、きん肉がある。

▶ヒトと同じように、ほね、関節《かんせつ》、きん肉のはたらきで、体をささえたり、動かしたりしている。

イヌのほね

イヌのきん肉

ここが、だいじ！

①いろいろなきん肉がちぢんだり、ゆるんだりすることで、体を動かすことができる。

②ヒト以外の動物の体にも、ほね、関節、きん肉があり、体をささえたり、動かしたりしている。

ぴたトリビア　ほねにはカルシウムという成分《せいぶん》が多くふくまれます。カルシウムが多くふくまれている食品には牛にゅう、にゅうせい品、小魚などがあります。

学習日　　月　　日

7. ヒトの体のつくりと運動

②体が動くしくみ
③動物の体のつくりとしくみ

教科書 95～98ページ　答え 21ページ

1 ヒトがうでを動かすしくみを調べました。

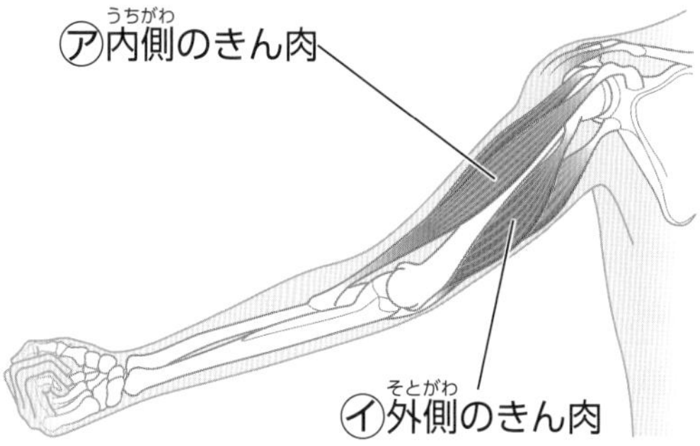

(1) うでを曲げたときにちぢむのは、㋐、㋑のどちらのきん肉ですか。

（　　　）

(2) きん肉がちぢむと、そのかたさはどうなりますか。正しいほうに○をつけましょう。

ア（　　）かたくなる。

イ（　　）やわらかくなる。

(3) ㋐のきん肉がちぢむと、㋑のきん肉はどうなりますか。正しいほうに○をつけましょう。

ア（　　）ちぢむ。　　**イ**（　　）ゆるむ。

2 ヒト以外《いがい》の動物の体の動くしくみを、ヒトとくらべました。

イヌのほね

ヒトのほね

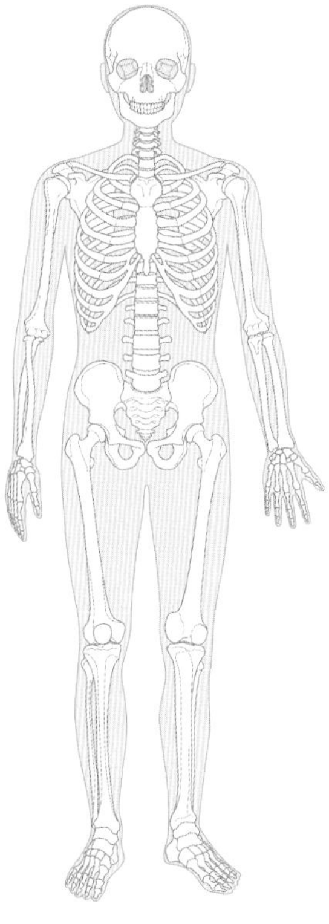

ヒトのきん肉

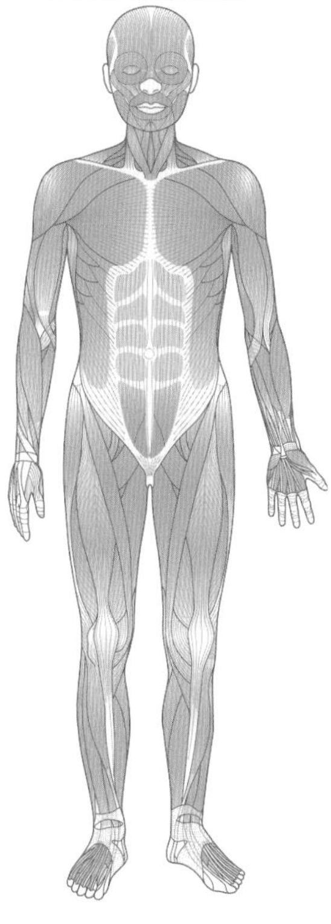

(1) イヌのほねの形は、ヒトと同じですか、ちがいますか。

（　　　　　）

(2) イヌには、きん肉がありますか、ありませんか。

（　　　　　）

(3) イヌには、関節《かんせつ》がありますか、ありませんか。

（　　　　　）

ぴったり3 たしかめのテスト

7. ヒトの体のつくりと運動

時間 30 分

／100

合格 70 点

教科書 90〜101ページ　答え 22ページ

1 ヒトの体のつくりを調べました。

1つ7点(28点)

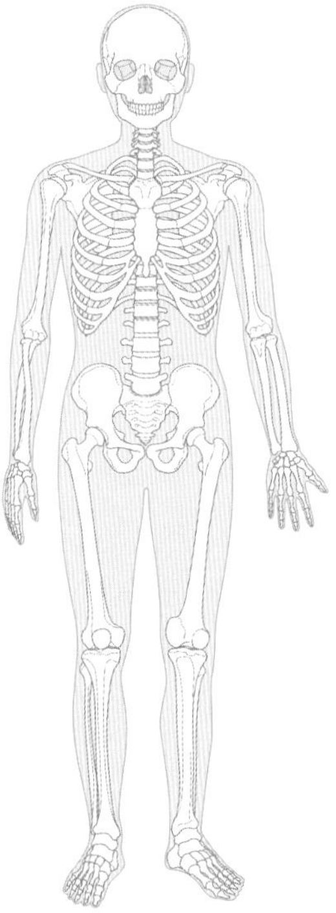

(1) 体を曲げることができるところはどこですか。2つ選《えら》んで、○をつけましょう。

ア(　　)頭

イ(　　)手首

ウ(　　)ふともも

エ(　　)ひざ

(2) 体を曲げることができるのは、どのようなところですか。正しいものに○をつけましょう。

ア(　　)ほねとほねのつなぎ目

イ(　　)ほねときん肉のつなぎ目

ウ(　　)きん肉ときん肉のつなぎ目

(3) ヒトの体で、曲げることができるところを何といいますか。

(　　　　　　)

よく出る

2 重いものを手で持ったときのきん肉のようすを調べました。

1つ6点(18点)

(1) 図のように重いものを持ったときにかたくなったのは、どちらのきん肉ですか。正しいほうに○をつけましょう。

きん肉の動き
重いものを
持ったとき,
きん肉は
かたくなった。

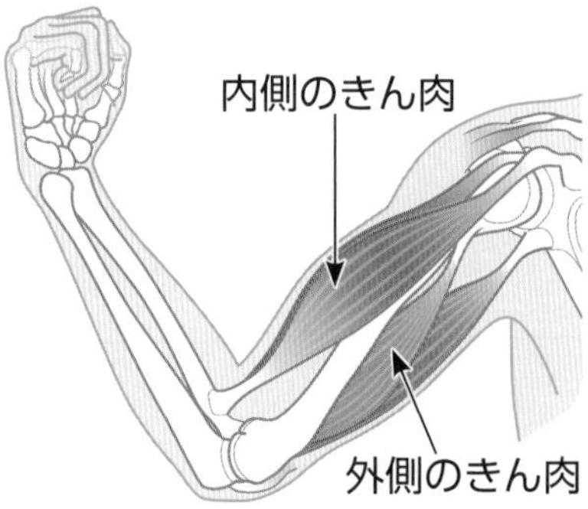
内側のきん肉
外側のきん肉

ア(　　)内側《うちがわ》のきん肉

イ(　　)外側《そとがわ》のきん肉

(2) 図のように重いものを持ったとき、きん肉はどうなりましたか。それぞれ正しいものに○をつけましょう。

①内側のきん肉

ア(　　)ちぢむ。　イ(　　)ゆるむ。　ウ(　　)変《か》わらない。

②外側のきん肉

ア(　　)ちぢむ。　イ(　　)ゆるむ。　ウ(　　)変わらない。

❸ イヌの体のつくりを調べました。

・(1)は全部できて12点、(2)は1つ7点(26点)

イヌのほね

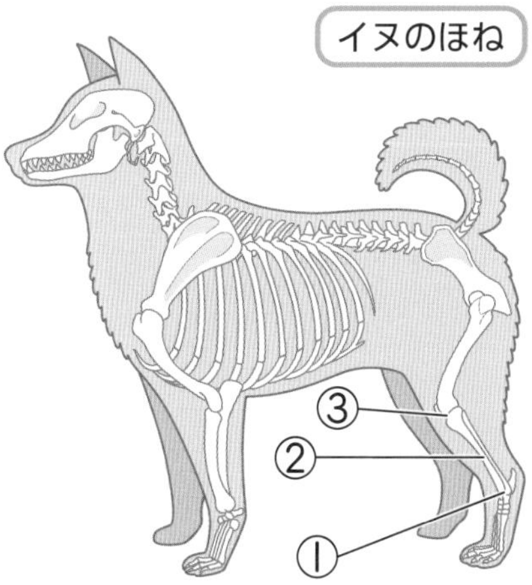

イヌのきん肉

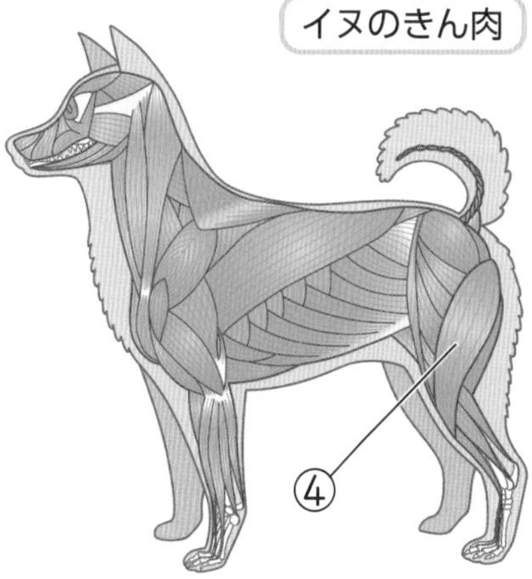

(1) ①〜④のうち、関節（かんせつ）はどこですか。2つ選んでかきましょう。　**思考・表現**

（　　　　　　　　　）

(2) イヌとヒトの体のつくりをくらべました。（　　）にあてはまる言葉をかきましょう。

> 　イヌにも、ヒトと同じように、（　　　　　　　）、関節、きん肉があり
> ます。ヒトと同じように、これらのはたらきで、体を（　　　　　　　）たり、
> 動かしたりしています。

できたらスゴイ！

❹ ①〜④は、ほね、関節、きん肉のどれについてのことですか。（　　）に「ほね」
「関節」「きん肉」のうち、あてはまるものをかきましょう。　　1つ7点(28点)

ちぢんだりゆるんだりして、
体を動かしているんだね。

①（　　　　　　　）

かたくでじょうぶで、体を
ささえるはたらきがあるよ。

②（　　　　　　　）

これのあるところで、
体は曲げられるんだね。

③（　　　　　　　）

これとこれのつなぎ目が
関節だね。

④（　　　　　　　）

ふりかえり ❷がわからないときは、40ページの❶にもどってかくにんしてみましょう。
❹がわからないときは、38ページの❶や40ページの❶にもどってかくにんしてみましょう。

学習日　月　日

★秋の生き物

①秋の生き物のようす　②植物を育てよう　③秋の記録《きろく》をまとめよう

めあて
秋に見られる植物や動物のようすをかくにんしよう。

教科書 103～108ページ　答え 23ページ

下の（　）にあてはまる言葉をかこう。

1 春や夏とくらべて、生き物のようすはどうなっているのだろうか。

教科書 103～105ページ

▶春や夏とくらべたときの秋のようす

- 気温や水温が（①　　　　）なる。
- 植物の葉の（②　　　）が変《か》わったり、草がかれ始めたりする。
- 動物は活動が（③　　　　）なったり、すがたがあまり見られなくなったりする。

オオカマキリとたまご
11月9日　4年3組（山本 ひな）
午前10時　晴れ　気温16℃　校庭のすみ

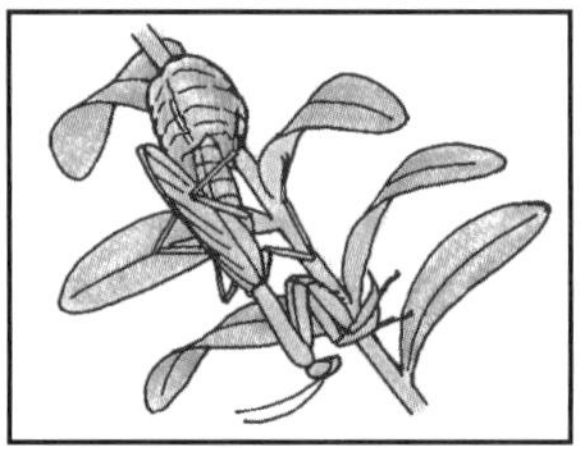

オオカマキリが，たまごを産んでいた。
冬になると，オオカマキリとたまごはどうなるのかな。

イチョウ
11月9日　4年3組（田中 りょうま）
午前10時　晴れ　気温16℃　プールの横

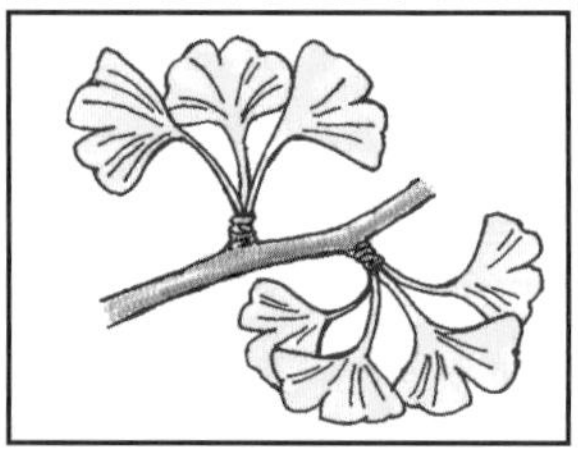

葉が黄色になった。
下に落ちている葉もあった。
すべて落ちてしまうのかな。

秋になってすずしい日が多くなり、植物は葉が緑色から黄色や赤色に変わってきたね。

2 春にたねをまいた植物は、秋になり、どうなっているのだろうか。

教科書 106～108ページ

▶秋には、夏とくらべて、ヒョウタンなどの植物は、葉がかれたり、（①　　　　）ののびが止まったり、（②　　　）が大きくなったりする。

季節《きせつ》と気温の変化《へんか》（例）

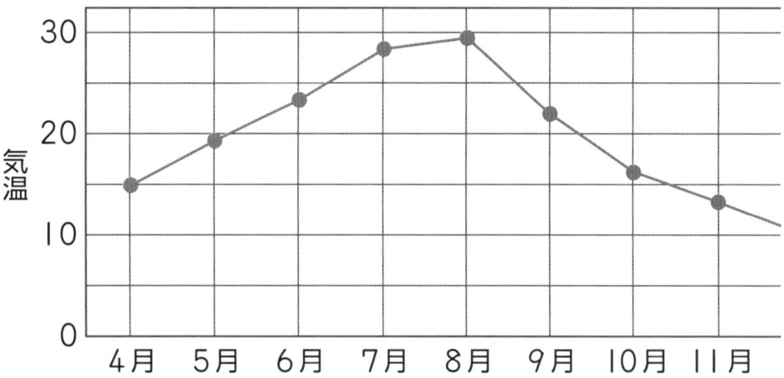
(℃)
30
20
10
0
気温
4月
5月
6月
7月
8月
9月
10月
11月

ヒョウタン
11月12日　4年3組（高橋 はると）
午前10時　晴れ　気温12℃　畑

くきがのびなくなった。
葉やくきがかれ始め，実が大きくなった。
実の中はどうなっているのかな。

ここが だいじ！
①秋には、春や夏とくらべて、気温や水温が低《ひく》くなる。
②秋には、動物は活動がにぶくなり、植物は成長《せいちょう》が止まったり実が大きくなったりする。

ぴたトリビア
秋になると、ツバメは海をこえて南の国へわたっていきます。このように１年を通じて長いきょりをいどうする鳥をわたり鳥といいます。

ぴったり2 練習

学習日　　月　　日

★秋の生き物

①秋の生き物のようす　②植物を育てよう　③秋の記録《きろく》をまとめよう

教科書 103〜108ページ　答え 23ページ

1 秋の生き物のようすを観察《かんさつ》しました。

(1) 春や夏に観察したイチョウとオオカマキリを秋にも観察して、カードに記録しました。秋の生き物のようすを記録したものをすべて選《えら》び、○をつけましょう。

①(　　)

②(　　)

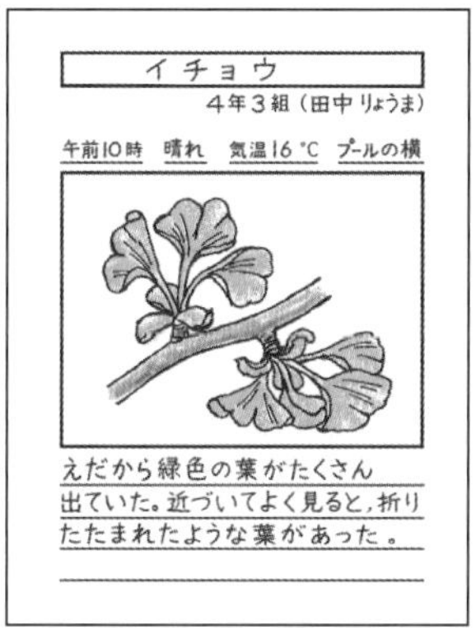

③(　　)

④(　　)

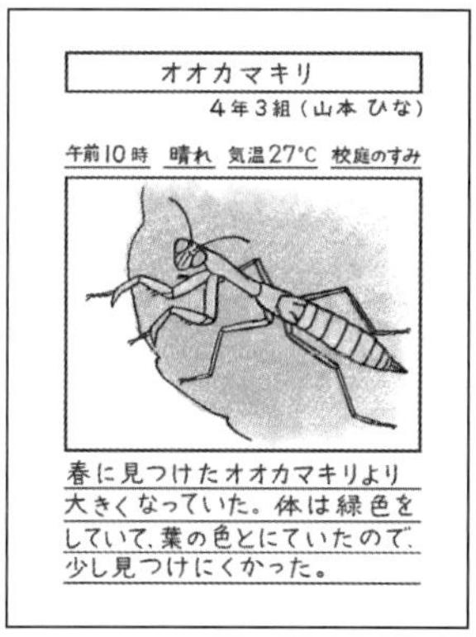

(2) 秋の生き物のようすについて、(　　)にあてはまる言葉をかきましょう。

　秋になるとすずしい日が多くなり、気温や水温が(　　　　)なります。そして、植物の葉の(　　　　)が赤色や黄色などに変《か》わったり、草がかれ始めたりします。動物は、活動が(　　　　)なったり、すがたがあまり見られなくなったりします。

2 秋のヒョウタンのようすを観察しました。

(1) 夏とくらべて、くきののびはどうなりましたか。正しいほうに○をつけましょう。

①(　　)よくのびる。

②(　　)のびが止まった。

(2) 夏とくらべて、葉のようすはどうなりましたか。正しいほうに○をつけましょう。

①(　　)かれ始めた。

②(　　)緑色の葉がふえた。

(3) 夏とくらべて、実の大きさはどうなりましたか。正しいほうに○をつけましょう。

①(　　)小さくなった。

②(　　)大きくなった。

★秋の生き物

時間 30分　／100　合格 70点

教科書 102〜109ページ　答え 24ページ

よく出る

1 春や夏に調べた生き物が秋になってどうなっているか観察《かんさつ》しました。

⑴、⑵は全部できて10点、⑶は1つ8点（44点）

⑴ オオカマキリの記録《きろく》カードを、春、夏、秋の順《じゅん》にならべましょう。

①

オオカマキリとたまご
4年3組（山本 ひな）
午前10時　晴れ　気温16℃　校庭のすみ
オオカマキリが、たまごを産んでいた。
冬になると、オオカマキリとたまごはどうなるのかな。

②

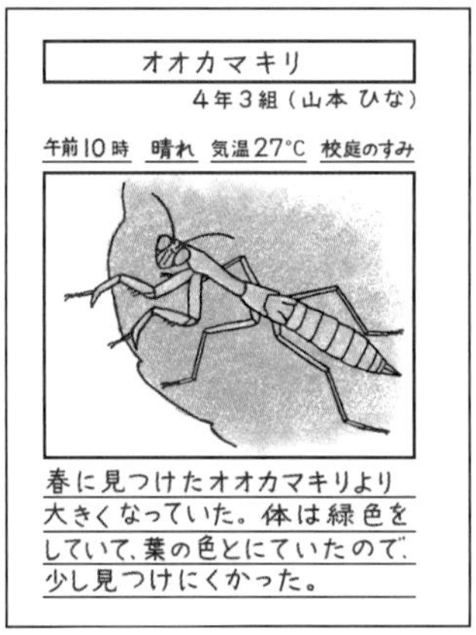
オオカマキリ
4年3組（山本 ひな）
午前10時　晴れ　気温27℃　校庭のすみ
春に見つけたオオカマキリより大きくなっていた。体は緑色をしていて、葉の色とにていたので、少し見つけにくかった。

③

オオカマキリのよう虫
4年3組（山本 ひな）
午前10時　晴れ　気温16℃　校庭のすみ
オオカマキリのたまごから、よう虫が出てきていた。
よう虫は黄色で、たくさんいた。

（　　　）→（　　　）→（　　　）

⑵ サクラの記録カードを春、夏、秋の順にならべましょう。

①

サクラ
4年3組（山口まさし）
午前10時　晴れ　気温16℃　校庭
花がたくさんさいていた。
葉も出始めていた。
これからどうなっていくのかな。

②

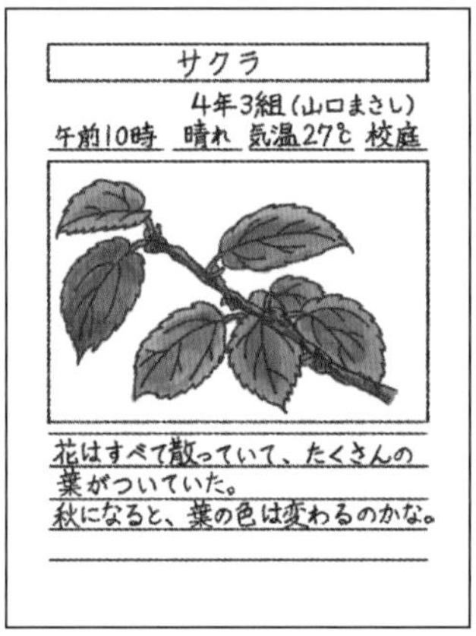
サクラ
4年3組（山口まさし）
午前10時　晴れ　気温27℃　校庭
花はすべて散っていて、たくさんの葉がついていた。
秋になると、葉の色は変わるのかな。

③

サクラ
4年3組（山口まさし）
午前10時　晴れ　気温16℃　校庭
葉の色が赤く変わった。散っている葉もあった。
ほかの木でも、葉の色が赤色や黄色、茶色になっていた。

（　　　）→（　　　）→（　　　）

⑶ 秋の生き物のようすについて、（　　）にあてはまる言葉をかきましょう。

- 秋は、春や夏とくらべて、気温や水温が（　　　　　）なる。
- 植物の葉の（　　　　　）が変《か》わったり、草がかれ始めたり、実が大きくなったりする。
- 動物は、（　　　　　）がにぶくなったり、すがたがあまり見られなくなったりする。

❷ 育てているヒョウタンを観察しました。

1つ8点(24点)

(1) 秋のくきののびのようすについてかいているものに〇をつけましょう。

①(　　)くきののびが止まった。

②(　　)芽《め》が出て、のび始めた。

③(　　)大きくのびた。

(2) 秋の葉のようすについてかいているものに〇をつけましょう。

①(　　)子葉が出て、葉がふえてきた。

②(　　)葉がかれ始めた。

③(　　)葉の数がふえた。

ヒョウタン

11月12日　4年3組(高橋 はると)

午前10時　晴れ　気温12℃　畑

くきがのびなくなった。
葉やくきがかれ始め，実が大きくなった。
実の中はどうなっているのかな。

(3) 秋のヒョウタンのようすについてかいているほうに〇をつけましょう。

①(　　)花がさき始めた。

②(　　)実が大きくなり始めた。

できたらスゴイ！

❸ 秋の生き物のようすについてあてはまるものには〇を、あてはまらないものには×をつけましょう。

1つ8点(32点)

暑くなって、ヒョウタンに実ができたよ。

①(　　)

動物の活動がにぶくなって、見られる動物の数もへったみたいだ。

②(　　)

すずしい日が多くなって、緑色だった葉が黄色や赤色になった。

③(　　)

気温が低《ひく》くなり、ヒョウタンなどの植物は成長《せいちょう》しなくなったようだね。

④(　　)

ふりかえり
❶がわからないときは、44ページの❶にもどってかくにんしてみましょう。
❸がわからないときは、44ページの❶と❷にもどってかくにんしてみましょう。

ぴったり1 じゅんび

3分でまとめ

学習日　　月　　日

8. ものの温度と体積《たいせき》

①空気の温度と体積

②水の温度と体積

めあて 温度によって空気や水の体積がどう変わるのか、かくにんしよう。

教科書 116〜121ページ　答え 25ページ

下の(　　)にあてはまる言葉をかこう。

1 空気は、温度によって体積が変《か》わるのだろうか。

教科書 116〜118ページ

▶温度による空気の体積の変化《へんか》

・空気の入った丸底《まるぞこ》フラスコをあたためたり冷《ひ》やしたりして、ガラス管《かん》の中のゼリーの位置《いち》の変化を見る。

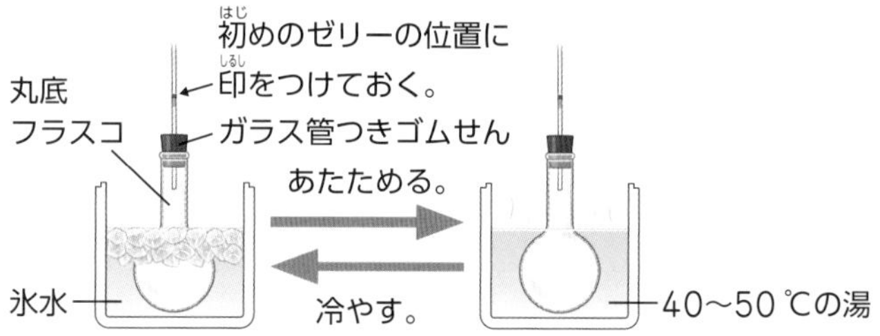

▶空気は、あたためると体積が(①　　　　　)なり、冷やすと体積が(②　　　　　)なる。

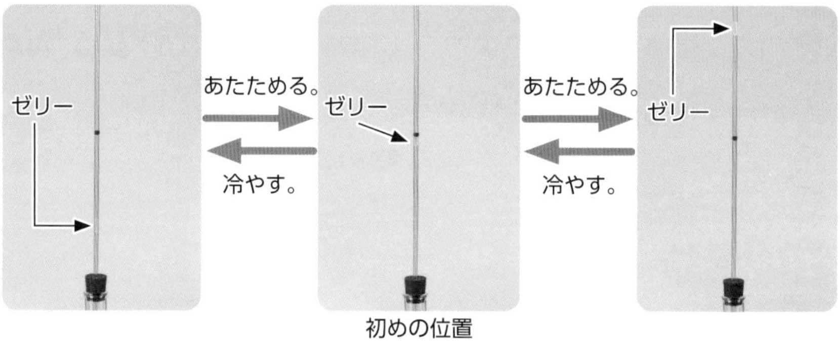

2 水も、空気と同じように、温度によって体積が変わるのだろうか。

教科書 119〜121ページ

▶温度による水の体積の変化

・水の入った丸底フラスコをあたためたり冷やしたりして、ガラス管の中の水面の位置の変化を見る。

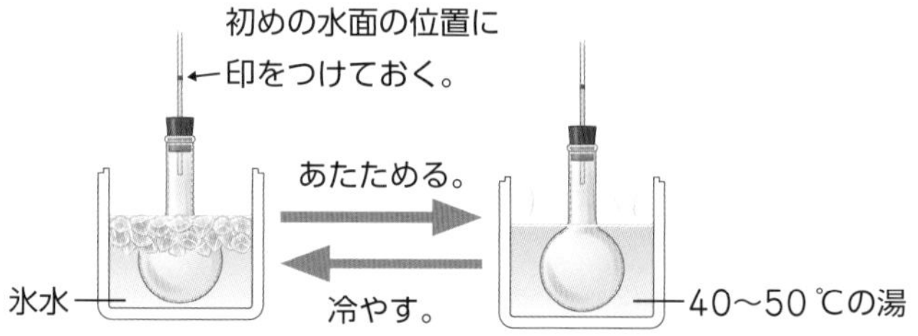

▶水は、あたためると体積が(①　　　　　)なり、冷やすと体積が(②　　　　　)なる。

▶空気と水をくらべると、(③　　　　　)のほうが体積の変化が大きい。

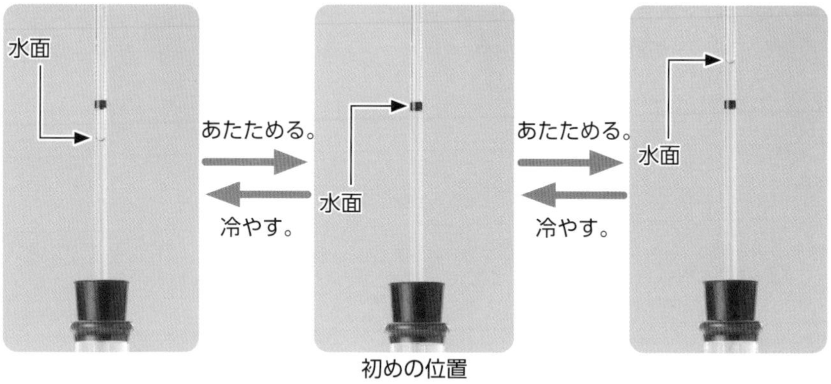

ここが、だいじ！

①空気はあたためると体積が大きくなり、冷やすと体積が小さくなる。

②水はあたためると体積が大きくなり、冷やすと体積が小さくなる。体積の変化は、空気にくらべると小さい。

ぴたトリビア 空気がぬけてへこんだピンポン玉を湯につけるとへこみが直るのは、玉の中の空気の体積が大きくなるためです。

ぴったり2 練習

8. ものの温度と体積《たいせき》

①空気の温度と体積

②水の温度と体積

学習日　月　日

教科書 116〜121ページ　答え 25ページ

1 ガラス管《かん》つきゴムせんをはめた丸底《まるぞこ》フラスコをあたためたり冷《ひ》やしたりして、温度による空気の体積の変化《へんか》を調べました。

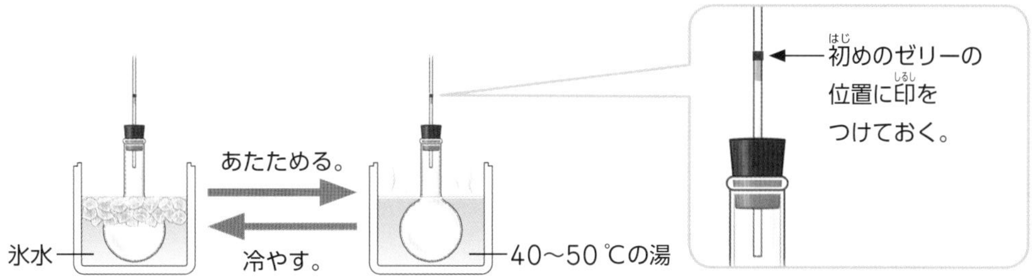

あたためる。
冷やす。
氷水
40〜50 ℃の湯
初《はじ》めのゼリーの位置に印《しるし》をつけておく。

(1) 丸底フラスコをあたためたとき、ガラス管の中のゼリーはどうなりますか。正しいものに○をつけましょう。

①(　　)上へ動く。　②(　　)下へ動く。　③(　　)動かない。

(2) 丸底フラスコを冷やしたとき、ガラス管の中のゼリーはどうなりますか。正しいものに○をつけましょう。

①(　　)上へ動く。　②(　　)下へ動く。　③(　　)動かない。

(3) 空気の温度と体積の変化について、(　　)にあてはまる言葉をかきましょう。

空気をあたためると、体積が(　　　　　　)なる。

一方、空気を冷やすと、体積は(　　　　　　)なる。

2 図のようにして、丸底フラスコにいっぱいまで水を入れ、あたためたり冷やしたりして、温度による水の体積の変化を調べました。

(1) 丸底フラスコを冷やすと、ガラス管の中の水面の位置《いち》はどうなりますか。正しいものに○をつけましょう。

①(　　)高くなる。

②(　　)低《ひく》くなる。

③(　　)変《か》わらない。

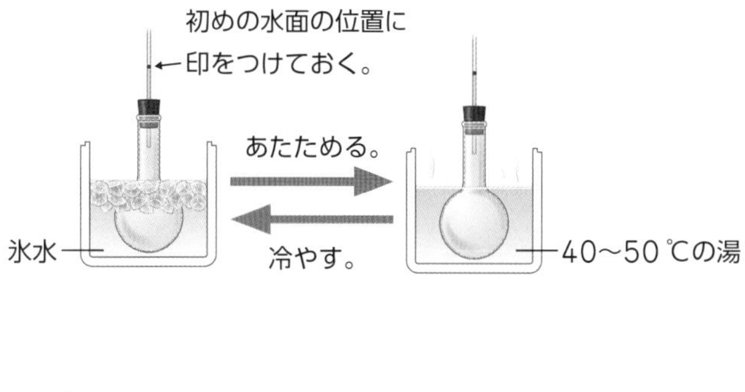

初めの水面の位置に
印をつけておく。
あたためる。
冷やす。
氷水
40〜50 ℃の湯

(2) 丸底フラスコをあたためると、ガラス管の中の水面の位置はどうなりますか。正しいものに○をつけましょう。

①(　　)高くなる。　②(　　)低くなる。　③(　　)変わらない。

(3) 水の温度と体積の変化について、(　　)にあてはまる言葉をかきましょう。

水をあたためると、体積が(　　　　　　)なる。

一方、水を冷やすと、体積は(　　　　　　)なる。

ヒント 1 丸底フラスコの中の空気の体積が大きくなると、ガラス管の中のゼリーをおし上げます。一方、体積が小さくなると、ゼリーの位置は下がります。

8. ものの温度と体積《たいせき》

③金ぞくの温度と体積

学習日　　月　　日

めあて
温度によって金ぞくの体積がどう変わるのか、かくにんしよう。

教科書 122～124ページ　答え 26ページ

下の(　　)にあてはまる言葉をかくか、あてはまるものを○でかこもう。

1 金ぞくも、温度によって体積が変《か》わるのだろうか。

教科書 122～124ページ

▶温度による金ぞくの体積の変化《へんか》
・金ぞくの輪《わ》をぎりぎり通る金ぞくの玉を熱《ねっ》して、金ぞくの玉が輪を通りぬけるかどうか調べる。

玉が輪を通りぬけられなくなったら、体積が大きくなったということだね。

金ぞくの玉を熱すると、金ぞくの輪を通りぬけなかった。

金ぞくの玉を冷やすと、金ぞくの輪を通りぬけた。

▶金ぞくも、空気や水と同じように、(① あたためる ・ 冷《ひ》やす)と体積が大きくなり、(② あたためる ・ 冷やす)と体積が小さくなる。
▶金ぞくの体積の変化は、空気や水の体積の変化にくらべると、(③　　　　　)。

▶実験用《じっけんよう》ガスコンロ
・金ぞくの玉を熱するには、実験用ガスコンロやアルコールランプ、ガスバーナーを使う。
・点火したり、ほのおの大きさを調節《ちょうせつ》したり、火を消したりするのは、(④　　　　　　　)で行う。

実験用ガスコンロ

ここがだいじ！
①金ぞくはあたためると体積が大きくなり、冷やすと体積が小さくなる。体積の変化は、空気や水にくらべると小さい。

ぴたトリビア　寒い冬より暑い夏のほうが電線の体積が大きいため、夏のほうが電線がたるんでいます。

ぴったり2

練習

8. ものの温度と体積《たいせき》

③金ぞくの温度と体積

学習日　月　日

教科書 122～124ページ　答え 26ページ

1 金ぞくの玉と、その玉がぎりぎり通る金ぞくの輪《わ》を使って、温度による金ぞくの体積の変化《へんか》を調べました。

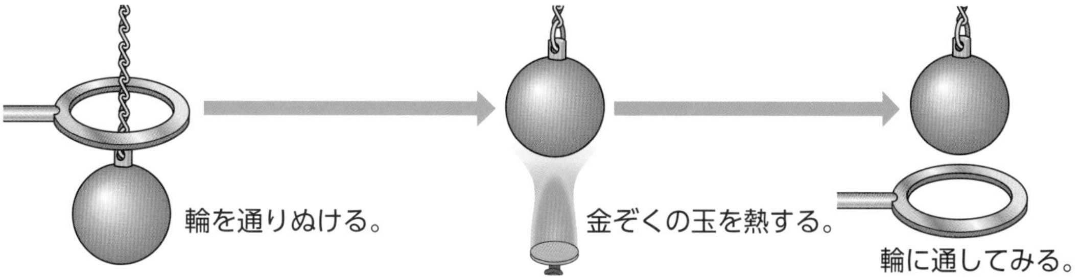
輪を通りぬける。
金ぞくの玉を熱する。
輪に通してみる。

(1) 金ぞくの玉を熱《ねっ》するのに、写真の器具《きぐ》を使いました。この器具の名前をかきましょう。

(　　　　　　　　　)

理科実験用ガスコンロ

(2) じゅうぶんに熱した後の金ぞくの玉は、金ぞくの輪を通りぬけますか。正しいほうに○をつけましょう。

①(　　)通りぬける。　②(　　)通りぬけない。

(3) 熱した金ぞくの玉を水につけてじゅうぶんに冷《ひ》やしました。金ぞくの玉は、金ぞくの輪を通りぬけますか。正しいほうに○をつけましょう。

①(　　)通りぬける。　②(　　)通りぬけない。

(4) 金ぞくの温度と体積の変化について、(　　)にあてはまる言葉をかきましょう。

金ぞくをあたためると、体積が(　　　　　　)なる。
一方、金ぞくを冷やすと、体積は(　　　　　　)なる。

2 空気、水、金ぞくをあたためたときの体積の変化について、まとめました。

(1) あたためると体積が大きくなり、冷やすと体積が小さくなるものすべてに○をつけましょう。

①(　　)空気　②(　　)水　③(　　)金ぞく

(2) 同じようにあたためたとき、体積の変化が大きいほうから順《じゅん》に、１～３をかきましょう。

①(　　)空気　②(　　)水　③(　　)金ぞく

ヒント　1 2 見た目ではわかりませんが、金ぞくの体積は、温度によって変化しています。

ぴったり3
たしかめのテスト
8. ものの温度と体積《たいせき》

時間 30 分
／100
合格 70 点

教科書 114～127ページ　答え 27ページ

1 ガラス管《かん》つきゴムせんをはめた丸底《まるぞこ》フラスコを使って、温度による空気の体積の変化《へんか》を調べました。

(1)は8点、(2)は全部できて8点(16点)

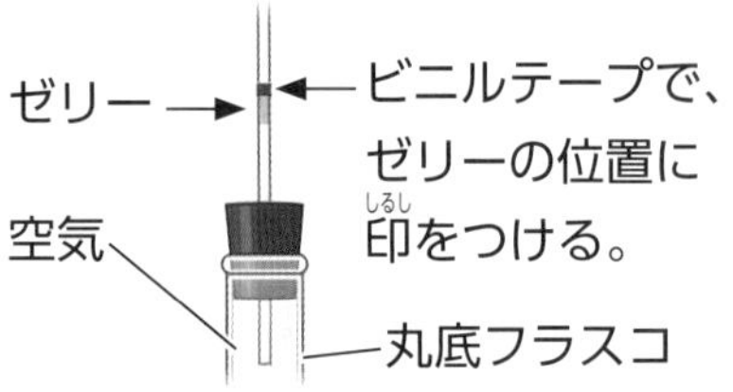

ゼリー
ビニルテープで、ゼリーの位置に印《しるし》をつける。
空気
丸底フラスコ

(1) ガラス管の中にはゼリーを入れておきました。ゼリーの位置《いち》が上に動いたとき、丸底フラスコの中の空気の体積はどうなったといえますか。正しいものに○をつけましょう。 技能

①(　　)大きくなった。
②(　　)変《か》わらない。
③(　　)小さくなった。

(2) ゼリーの位置が上へ動くのは、どの場合ですか。あてはまるものすべてに○をつけましょう。

①(　　)丸底フラスコを湯につける。
②(　　)丸底フラスコを氷水につける。
③(　　)氷水につけておいた丸底フラスコを、氷水の外に出して置《お》いておく。

よく出る

2 丸底フラスコに水をいっぱいまで入れて、ガラス管つきゴムせんをはめました。

(1)、(2)は1つ8点、(3)は10点(26点)

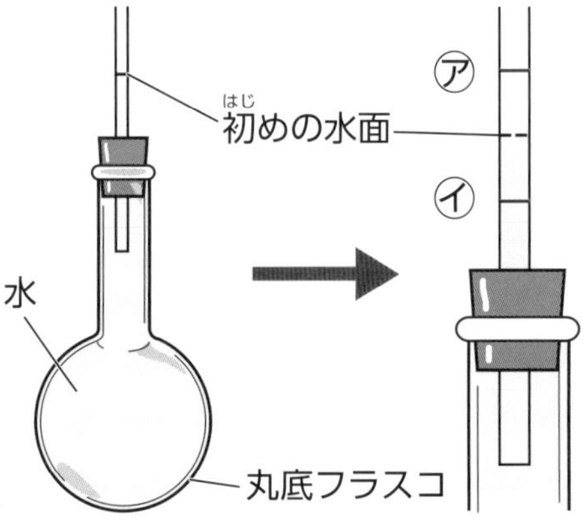

初《はじ》めの水面
㋐
㋑
水
丸底フラスコ

(1) 水面を㋐の位置にするには、丸底フラスコをどうすればよいですか。正しいほうに○をつけましょう。

①(　　)あたためる。
②(　　)冷《ひ》やす。

(2) 水面を㋑の位置にするには、丸底フラスコをどうすればよいですか。正しいほうに○をつけましょう。

①(　　)あたためる。
②(　　)冷やす。

(3) 記述 (1)、(2)のように答えた理由を、水の体積の変化と関係《かんけい》づけて説明《せつめい》しましょう。

思考・表現

(　　　　　　　　　　　　　　　　　　　　)

3 金ぞくの玉と、その玉がぎりぎり通る金ぞくの輪《わ》を使って実験《じっけん》しました。

(1)、(2)、(3)は1つ8点、(4)は1つ10点(34点)

(1) 水で冷やした後の金ぞくの玉は、金ぞくの輪を通りぬけますか。正しいほうに○をつけましょう。

①(　　)通りぬける。　②(　　)通りぬけない。

(2) 実験用《じっけんよう》ガスコンロのほのおでじゅうぶんに熱《ねっ》した後の金ぞくの玉は、金ぞくの輪を通りぬけますか。正しいほうに○をつけましょう。

①(　　)通りぬける。　②(　　)通りぬけない。

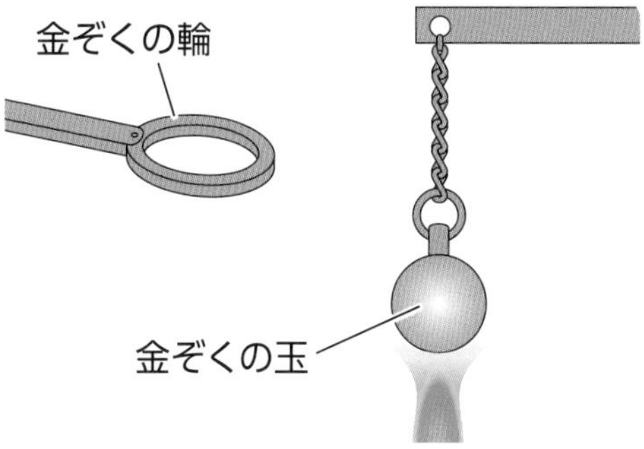

(3) 熱した金ぞくの玉を水につけて、じゅうぶんに冷やしました。金ぞくの玉は、金ぞくの輪を通りぬけますか。正しいほうに○をつけましょう。

①(　　)通りぬける。　②(　　)通りぬけない。

(4) 記述 (2)、(3)のように答えた理由を、金ぞくの体積の変化と関係づけて説明しましょう。　思考・表現

(　　　　　　　　　　　　　　　　　　)

できたらスゴイ!

4 ①～④は、空気、水、金ぞくのどれについてのことですか。(　　)に「空気」「水」「金ぞく」のうち、あてはまるものをかきましょう。すべてにあてはまる場合は○をかきましょう。

1つ6点(24点)

冷やすと、
体積が小さくなるよ。

①(　　　　)

あたためたときに、
いちばん体積の変化が大きいよ。

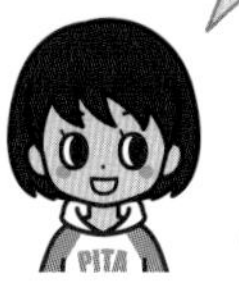

②(　　　　)

あたためても冷やしても、
体積の変化は見ただけでは
わからないぐらい小さいね。

③(　　　　)

温度が上がると、
体積が大きくなるよ。

④(　　　　)

この本の終わりにある「冬のチャレンジテスト」をやってみよう!

ふりかえり
2がわからないときは、48ページの2にもどってかくにんしてみましょう。
4がわからないときは、48ページ1 2や50ページ1にもどってかくにんしてみましょう。

★冬の夜空

学習日　　月　　日

めあて
冬の夜空に見られる星の色や明るさ、星座をかくにんしよう。

教科書 129～131ページ　答え 28ページ

下の(　)にあてはまる言葉をかこう。

1 冬の星の明るさや色、位置《いち》の変《か》わり方はどうなっているのだろうか。　教科書 129～131ページ

▶ベテルギウス、シリウス、プロキオンの3つの(①　　　)等星をつないでできる三角形を(②　　　　　　)という。

▶星と星座《せいざ》

- ベテルギウス…(③　　　　　　)座《ざ》
- リゲル…(④　　　　　　)座
- シリウス…(⑤　　　　　　)座
- プロキオン…(⑥　　　　　　)座

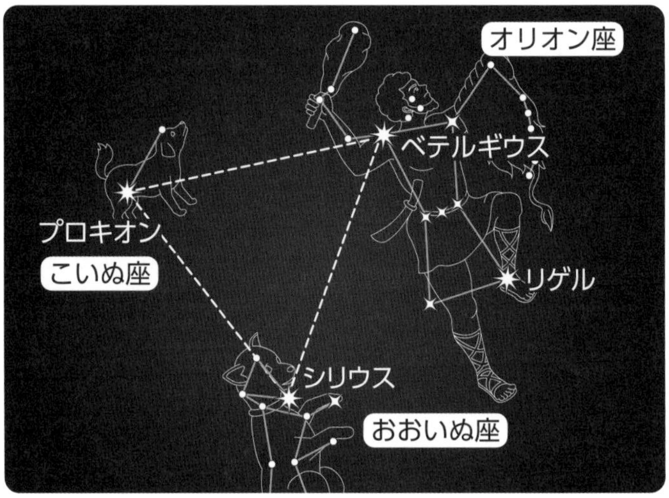
オリオン座
ベテルギウス
プロキオン
こいぬ座
リゲル
シリウス
おおいぬ座

✷で表してあるシリウス、プロキオン、ベテルギウス、リゲルは、どれも1等星だよ。

▶オリオン座の1等星のうち、赤っぽいものは(⑦　　　　　　)、白っぽいものは(⑧　　　　　)である。

▶冬に見られる星も、星によって明るさや色にちがいがある。

▶冬に見られる星も、(⑨　　　　　)とともに、星の見える位置は変わるが、星のならび方は変わらない。

午後8時ごろ

午後9時ごろ

ここが、だいじ!
①冬に見られる星も、星によって明るさや色にちがいがある。
②時こくとともに、星の見える位置は変わるが、星のならび方は変わらない。

ぴたトリビア　ギリシャ神話で、オリオンはさそりにさされて死んだので、さそりをおそれ、オリオン座はさそり座と同時に空にのぼらないといわれています。

★冬の夜空

1 冬の夜空に、図のような星が見られました。

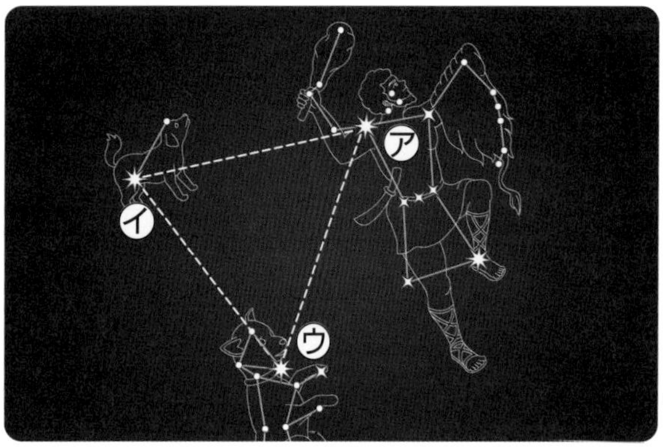

(1) ①〜③の星座《せいざ》にある星を、それぞれ㋐〜㋒から選《えら》んで、記号で答えましょう。

①おおいぬ座《ざ》　(　　)

②こいぬ座　(　　)

③オリオン座　(　　)

(2) ①〜③は、㋐〜㋒の星の名前です。あてはまるものをそれぞれ選んで、記号をかきましょう。

①ベテルギウス　(　　)

②プロキオン　(　　)

③シリウス　(　　)

(3) 3つの星㋐、㋑、㋒をつないでできる三角形を何といいますか。

(　　　　)

2 ある冬の日の午後8時に、オリオン座が見られました。

(1) ㋐と㋑の星の明るさはどうなっていますか。正しいものに○をつけましょう。

①(　　)どちらも1等星である。

②(　　)㋐は1等星で、㋑は2等星である。

③(　　)どちらも2等星である。

④(　　)㋐は2等星で、㋑は1等星である。

(2) ㋐と㋑の星の色はどうなっていますか。正しいものに○をつけましょう。

①(　　)どちらも赤っぽい。

②(　　)㋐は赤っぽく、㋑は白っぽい。

③(　　)どちらも白っぽい。

④(　　)㋐は白っぽく、㋑は赤っぽい。

(3) 同じ日の午後9時に、星座の位置《いち》は西のほうに変《か》わっていました。星のならび方は変わりますか、変わりませんか。　(　　　　)

★ 冬の夜空

時間 30 分

／100

合格 70 点

教科書 128～131ページ　答え 29ページ

よく出る

1 夜空に見られる星の集まりのスケッチをまとめました。　1つ8点(40点)

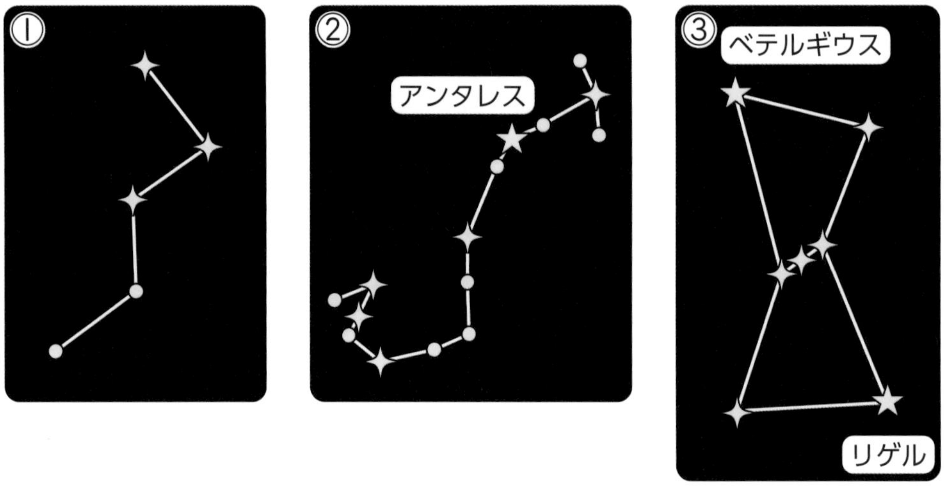

(1) 上のスケッチにかかれた星の集まりのことを、それぞれ何といいますか。次の[　　]の中から、1つずつ選《えら》びましょう。

①(　　　　　　　　)
②(　　　　　　　　)
③(　　　　　　　　)

カシオペヤ座《ざ》	オリオン座	こいぬ座	こと座	冬の大三角
はくちょう座	おおいぬ座	さそり座	わし座	北斗七星《ほくとしちせい》

(2) いろいろな動物や道具などに見立てて名前をつけた星の集まりのことを何といいますか。　(　　　　　　　　)

(3) アンタレス、ベテルギウス、リゲルの明るさや色をくらべると、どのようなことがいえますか。正しいものに○をつけましょう。

ア(　　)どれも1等星で、白っぽく見える。

イ(　　)どれも1等星で、赤っぽく見える。

ウ(　　)どれも1等星で、白っぽく見えるものと赤っぽく見えるものがある。

エ(　　)1等星と2等星があり、どれも白っぽく見える。

オ(　　)1等星と2等星があり、どれも赤っぽく見える。

カ(　　)1等星と2等星があり、白っぽく見えるものと赤っぽく見えるものがある。

2 星の観察《かんさつ》をしました。

技能　1つ10点(20点)

(1) 星の観察をするとき、星をさがすのに使う右の図の㊬を何といいますか。

(　　　　　　　　)

(2) 星の動きを観察するときは、どうしますか。正しいほうに○をつけましょう。

ア(　　)同じところに立ち、観察する向きを変《か》えないで行う。

イ(　　)星を見やすいように、観察する場所や向きを変えて行う。

できたらスゴイ!

3 下の図は、冬の大三角とその近くの星を記録《きろく》したものです。

1つ10点(40点)

午後7時　　　　午後8時

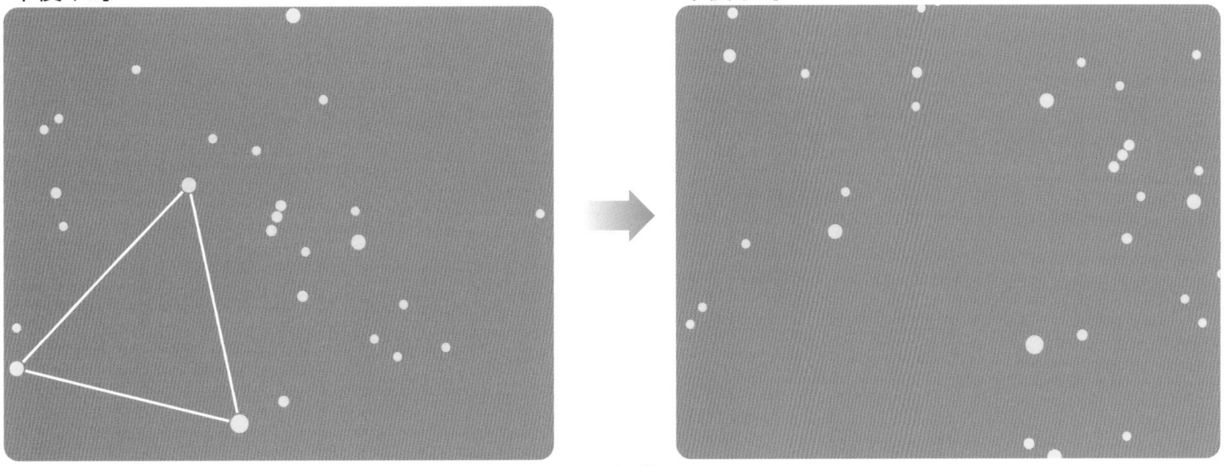

(1) 作図　午後8時には、冬の大三角はどの位置《いち》にありますか。線でつなぎましょう。

(2) 冬の大三角をつくっている星やその近くの星の明るさは、どれも同じだといえますか、いえませんか。

(　　　　　　　　)

(3) 記述　星の見える位置は、時こくとともにどうなるといえますか。　思考・表現

(　　　　　　　　　　　　　　　　　　　　)

(4) 記述　星のならび方は、時こくとともにどうなるといえますか。　思考・表現

(　　　　　　　　　　　　　　　　　　　　)

ふりかえり
1 がわからないときは、54 ページの 1 にもどってかくにんしてみましょう。
3 がわからないときは、54 ページの 1 にもどってかくにんしてみましょう。

ぴったり1 じゅんび

3分でまとめ

★冬の生き物

①冬の生き物のようす　②植物を育てよう　③冬の記録《きろく》をまとめよう

学習日　　月　　日

めあて
冬に見られる植物や動物のようすをかくにんしよう。

教科書　133〜138ページ　答え　30ページ

下の（　）にあてはまる言葉をかこう。

1 冬の生き物のようすは、どうなっているのだろうか。　教科書　133〜135ページ

▶秋とくらべたときの冬のようす

- 気温や水温がさらに（①　　　　）なる。
- 草がかれたり、動物のすがたが見られなくなったりする。
  サクラやイチョウは、えだに（②　　　）をつけて冬をこす。

▶0℃より低《ひく》い温度は、

「（③　　　　　）何度」、

または「マイナス何度」と表す。

- 下の図のような場合、

（④　　　　　　　　）、

またはマイナス5度と読み、

（⑤　　　　　　　）とかく。

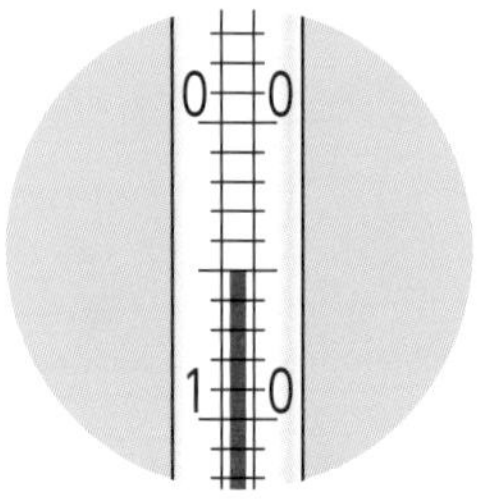

オオカマキリのたまご
1月14日　4年3組（山本 ひな）
午前10時　晴れ　気温 5℃　校庭のすみ
オオカマキリのたまごを見つけた。
周りに成虫はいなかった。
オオカマキリは、たまごのまま
冬をこすようだ。

サクラ
1月14日　4年3組（山口まさし）
午前10時　晴れ　気温 5℃　校庭
葉はすっかり落ちてしまった。
よく見るとえだに小さな芽があった。
春になると、ここから花がさいたり、
葉がのびたりするのかな。

冬になって、寒い日が多くなり、0℃より低い気温になることもあるね。

2 春にたねをまいた植物は、冬になり、どうなっているのだろうか。　教科書　136〜138ページ

▶冬にはヒョウタンなどの植物は、葉もくきもかれてしまい、（①　　　　）を残《のこ》す。この（　①　）が、春になると、芽《め》を出して成長《せいちょう》する。

ここが、だいじ！

①冬には、秋とくらべて、さらに気温や水温が低くなる。

②冬には、植物がかれたり、動物のすがたが見られなくなったりする。

ぴたトリビア　動物が長い間じっとして冬ごしをする理由は、冬はじゅうぶんな食べ物がないことや、動物によっては体温が下がって活動しにくくなることが考えられます。

ぴったり2

練習

★ 冬の生き物

①冬の生き物のようす　②植物を育てよう　③冬の記録《きろく》をまとめよう

学習日　　月　　日

教科書　133〜138ページ　　答え　30ページ

1 冬の生き物のようすを観察《かんさつ》しました。

(1) 春から観察してきたオオカマキリの記録カードを見直しました。それぞれ春、夏、秋、冬のどの季節《きせつ》に観察したか、あてはまる季節をかきましょう

①(　　　)　②(　　　)　③(　　　)　④(　　　)

オオカマキリのよう虫
月　日　4年3組（山本 ひな）
午前10時　晴れ　気温16℃　校庭のすみ
オオカマキリのたまごから,
よう虫が出てきていた。
よう虫は黄色で,たくさんいた。

オオカマキリのたまご
月　日　4年3組（山本 ひな）
午前10時　晴れ　気温 5℃　校庭のすみ
オオカマキリのたまごを見つけた。
周りに成虫はいなかった。
オオカマキリは,たまごのまま
冬をこすようだ。

オオカマキリとたまご
月　日　4年3組（山本 ひな）
午前10時　晴れ　気温16℃　校庭のすみ
オオカマキリが,たまごを
産んでいた。
冬になると,オオカマキリと
たまごはどうなるのかな。

オオカマキリ
月　日　4年3組（山本 ひな）
午前10時　晴れ　気温27℃　校庭のすみ
春に見つけたオオカマキリより
大きくなっていた。体は緑色を
していて,葉の色とにていたので,
少し見つけにくかった。

(2) 冬の生き物のようすについて、(　　)にあてはまる言葉をかきましょう。

- 冬になると寒い日が多くなり、秋より気温や水温がさらに(　　　　　)なります。
- 草むらの植物は(　　　　　　)しまいます。イチョウやサクラは、葉がかれ落ちても、えだやみきはかれずに、えだに(　　　)をつけて冬をこします。
- 草むらのこん虫などの動物も、すがたが見られなくなります。

2 育てているヒョウタンのようすを観察しました。

(1) 気温を温度計で調べたところ、図のようになりました。何℃かかきましょう。

(　　　　　　)

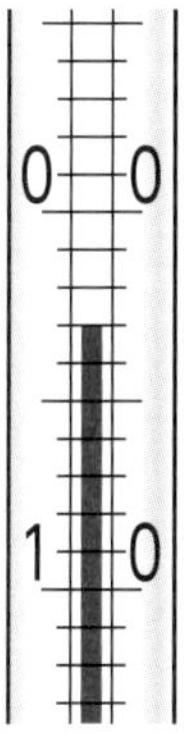

0　0
1　0

(2) 冬になって、ヒョウタンはどうなりましたか。正しいものに○をつけましょう。

①(　　)くきはよくのび、葉の数もふえる。
②(　　)花をさかせたり、実ができ始める。
③(　　)葉もくきもかれて、たねを残《のこ》す。
④(　　)たねから芽《め》を出して成長《せいちょう》する。

ヒント　2 (1)0℃より低《ひく》い温度をかき表すときには、ー《マイナス》を使います。

★冬の生き物

時間 30分

／100

合格 70点

教科書 132〜139ページ　答え 31ページ

よく出る

1 これまでに調べた生き物が、冬になってどのように変《か》わってきたか観察《かんさつ》しました。

(1)、(2)はそれぞれ全部できて10点、(3)、(4)は1つ8点(44点)

(1) オオカマキリの記録《きろく》カードを、春、夏、秋、冬の順《じゅん》にならべましょう。

①

オオカマキリとたまご
月　日　4年3組（山本 ひな）
午前10時　晴れ　気温16℃　校庭のすみ
オオカマキリが，たまごを
産んでいた。
冬になると，オオカマキリと
たまごはどうなるのかな。

②
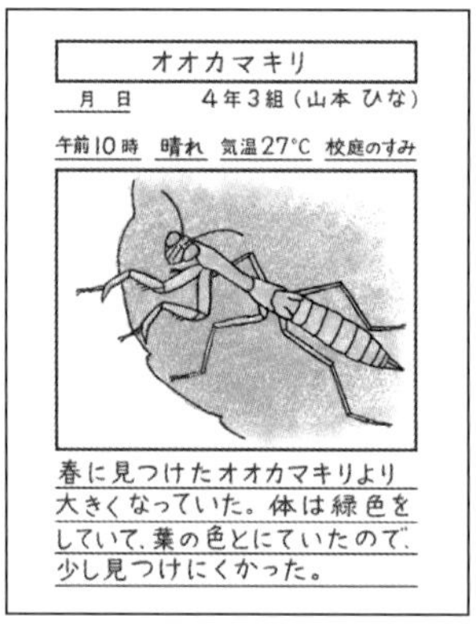
オオカマキリ
月　日　4年3組（山本 ひな）
午前10時　晴れ　気温27℃　校庭のすみ
春に見つけたオオカマキリより
大きくなっていた。体は緑色を
していて，葉の色とにていたので，
少し見つけにくかった。

③

オオカマキリのよう虫
月　日　4年3組（山本 ひな）
午前10時　晴れ　気温16℃　校庭のすみ
オオカマキリのたまごから，
よう虫が出てきていた。
よう虫は黄色で，たくさんいた。

④

オオカマキリのたまご
月　日　4年3組（山本 ひな）
午前10時　晴れ　気温5℃　校庭のすみ
オオカマキリのたまごを見つけた。
周りに成虫はいなかった。
オオカマキリは，たまごのまま
冬をこすようだ。

(　　　)→(　　　)→(　　　)→(　　　)

(2) サクラの記録カードを春、夏、秋、冬の順にならべましょう。

①

サクラ
月　日　4年3組（山口まさし）
午前10時　晴れ　気温16℃　校庭
花がたくさんさいていた。
葉も出始めていた。
これからどうなっていくのかな。

②
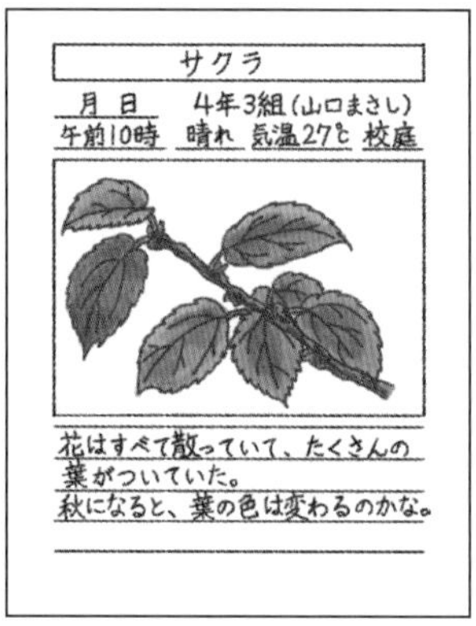
サクラ
月　日　4年3組（山口まさし）
午前10時　晴れ　気温27℃　校庭
花はすべて散っていて、たくさんの
葉がついていた。
秋になると、葉の色は変わるのかな。

③

サクラ
月　日　4年3組（山口まさし）
午前10時　晴れ　気温16℃　校庭
葉の色が赤く変わった。散っている
葉もあった。
ほかの木でも、葉の色が赤色や
黄色、茶色になっていた。

④

サクラ
月　日　4年3組（山口まさし）
午前10時　晴れ　気温5℃　校庭
葉はすっかり落ちてしまった。
よく見るとえだに小さな芽があった。
春になると、ここから花がさいたり、
葉がのびたりするのかな。

(　　　)→(　　　)→(　　　)→(　　　)

(3) イチョウやサクラは、葉がかれて落ちても、えだやみきはかれていません。えだには何をつけて冬をこしますか。

(　　　　)

(4) 温度計で気温を調べたとき、図のようになっていました。それぞれ何℃かかきましょう。　技能

①(　　　　)

②(　　　　)

①
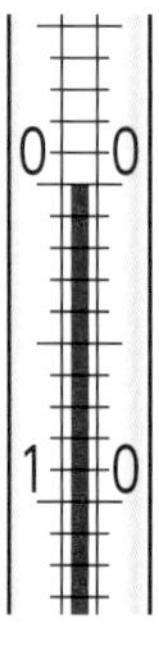
0　0
10

②
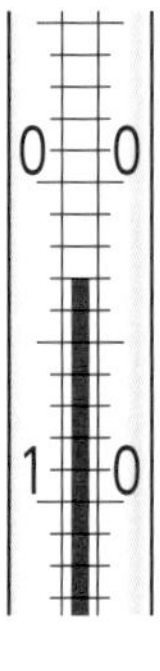
0　0
10

2 育てているヒョウタンを観察して、これまでのことをふり返りました。

1つ7点(28点)

(1) 冬のくきのようすについてかいているものに○をつけましょう。

①(　　)芽《め》が出て、のび始めた。

②(　　)かれてしまった。

③(　　)大きくのびた。

(2) 冬の葉のようすについてかいているものに○をつけましょう。

①(　　)子葉が出て、葉がふえてきた。

②(　　)かれてしまった。

③(　　)葉がかれ始めた。

④(　　)葉の数がふえた。

(3) 冬のヒョウタンのようすについてかいているものに○をつけましょう。

①(　　)花がさき始めた。

②(　　)実が大きくなり始めた。

③(　　)たねを残《のこ》した。

(4) ヒョウタンは、どのように冬をこしますか。正しいほうに○をつけましょう。

①(　　)えだに芽をつけて冬をこす。

②(　　)たねのすがたで冬をこす。

できたらスゴイ!

3 冬の生き物のようすについてあてはまるものには○を、あてはまらないものには×をつけましょう。

1つ7点(28点)

ヒョウタンは
たねを残して
かれてしまったよ。

①(　　)

草むらの植物はかれて、
そこにいたこん虫も
見られなくなった。

②(　　)

寒い日が多くなってきたけど、
動物はたくさん見られるね。

③(　　)

イチョウなどは、
えだに芽を残して
冬をこすんだね。

④(　　)

ふりかえり
2がわからないときは、58ページの1にもどってかくにんしてみましょう。
3がわからないときは、58ページの1や2にもどってかくにんしてみましょう。

ぴったり1 じゅんび

3分でまとめ

9. もののあたたまり方

①金ぞくのあたたまり方

②水のあたたまり方(1)

学習日　　月　　日

めあて

金ぞくや水はどのようにあたたまっていくのか、かくにんしよう。

教科書 142〜146ページ　答え 32ページ

下の(　　)にあてはまる言葉をかくか、あてはまるものを○でかこもう。

1 金ぞくはどのようにあたたまっていくのだろうか。

教科書 142〜144ページ

▶金ぞくのあたたまり方

• 示温《しおん》シール(温度によって色が変化《へんか》するシール)を使って、金ぞくのあたたまり方を調べる。

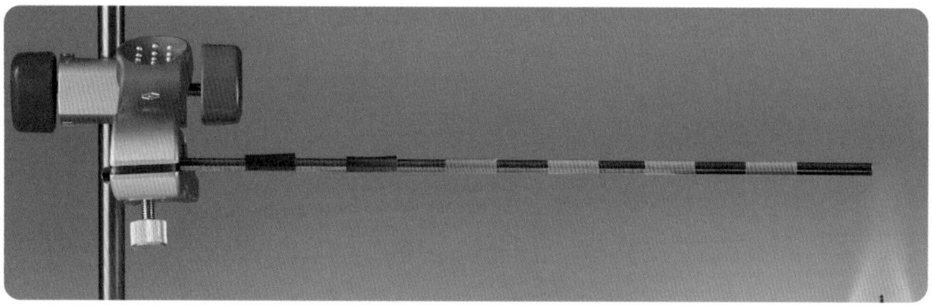

▶金ぞくは、熱《ねっ》した部分から順《じゅん》に、(①　　　　)が伝《つた》わってあたたまっていく。

▶金ぞくの形が変《か》わっても、あたたまり方は(② 変わる ・ 変わらない)。

金ぞくのぼうのあたたまり方

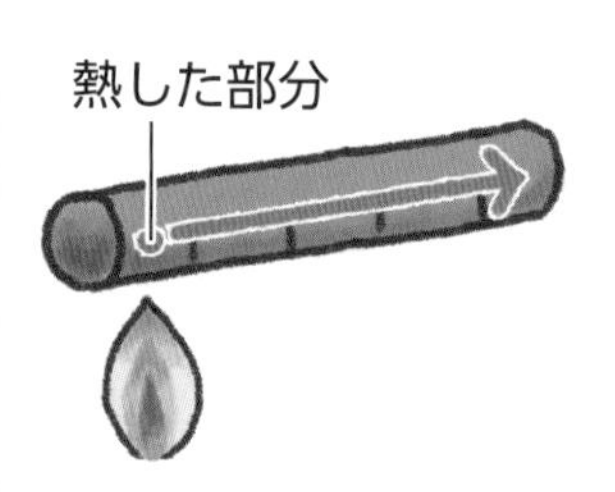

金ぞくの板のあたたまり方

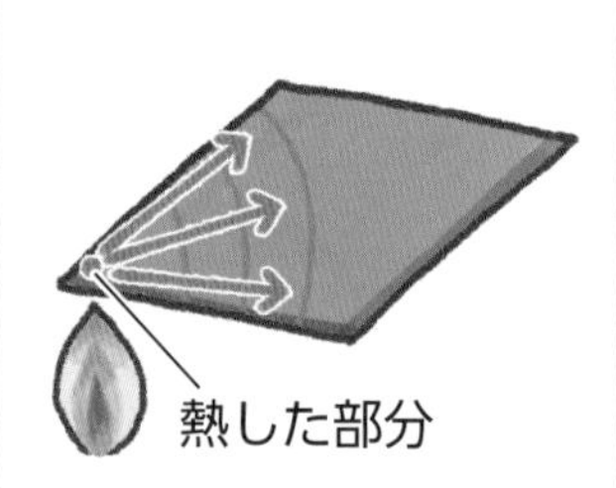

2 水は、どのようにあたたまっていくのだろうか。

教科書 145〜146ページ

▶試験管《しけんかん》の中の水のあたたまり方

• 示温インク(温度によって色が変化するえき)を使って、水のあたたまり方を調べる。

• 急に湯がわき立つのをふせぐため、ふっとう石を入れてから熱し始める。

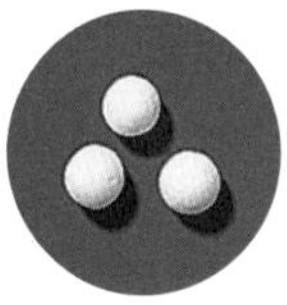

底《そこ》の部分を熱したとき

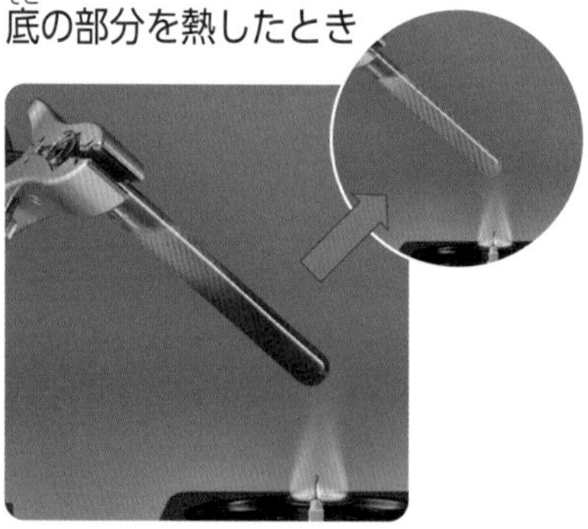

水面の近くを熱したとき

▶試験管に入れた水は、下のほうを熱したときは、(① 上 ・ 下)のほうが先にあたたまり、やがて全体があたたまった。上のほうを熱したときは、(② 上 ・ 下)のほうはなかなかあたたまらなかった。

ここが、だいじ! ①金ぞくは、熱した部分から順に熱《ねつ》が伝わってあたたまっていく。形が変わっても、あたたまり方は変わらない。

ぴたトリビア　木よりも金ぞくのほうが熱が伝わる速さが速いので、部屋《へや》にある金ぞくの手すりと木の手すりでは、金ぞくの手すりのほうが冷《つめ》たく感じます。

ぴったり2
練習

9. もののあたたまり方
①金ぞくのあたたまり方
②水のあたたまり方(1)

学習日　　月　　日

教科書　142〜146ページ　　答え　32ページ

1 金ぞくのぼうと金ぞくの板のはしの部分を熱《ねつ》しました。

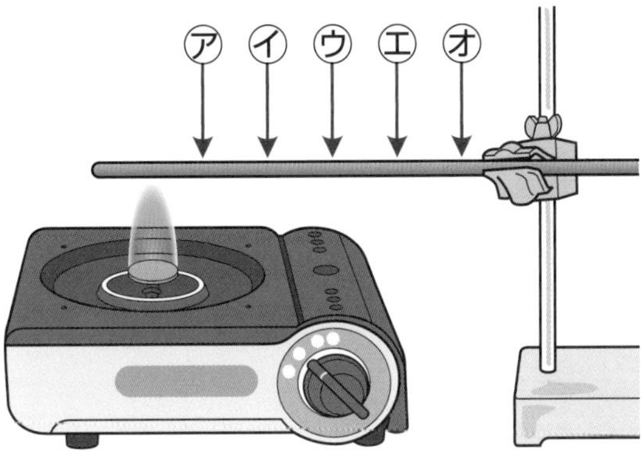

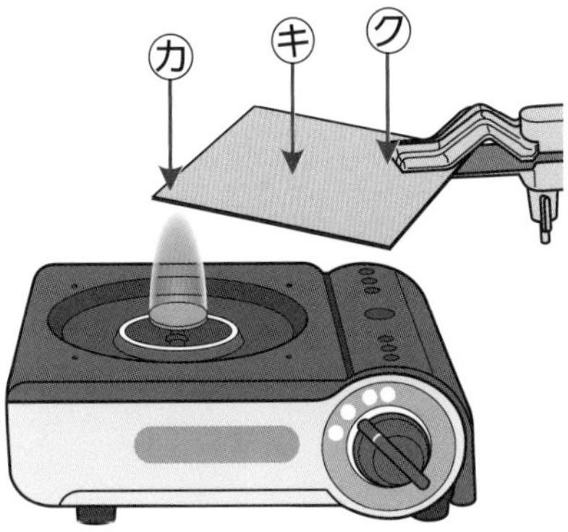

(1) 金ぞくを熱するのに使っているこの加熱器具《かねつきぐ》の名前をかきましょう。

（　　　　　　　　　　　）

(2) 金ぞくのぼうを熱したとき、熱が伝《つた》わる順《じゅん》に㋐、㋑、㋒、㋓、㋔をならべましょう。

はやい　　　　　　　　　　　　おそい

（　　）→（　　）→（　　）→（　　）→（　　）

(3) 金ぞくの板を熱したとき、熱が伝わる順に㋕、㋖、㋗をならべましょう。

はやい　　　　　おそい

（　　）→（　　）→（　　）

(4) 金ぞくの形が変《か》わると、あたたまり方は変わりますか、変わりませんか。

（　　　　　　　　）

2 示温《しおん》インク(温度によって色が変化《へんか》するえき体)をまぜた水を試験管《しけんかん》に入れて、水のあたたまり方を調べました。

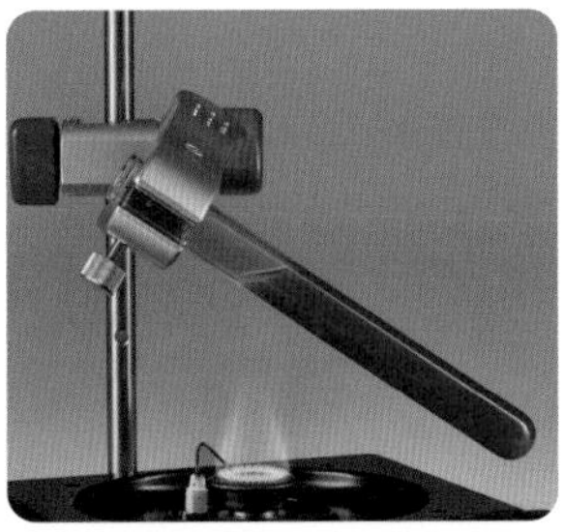

(1) 水面近くを熱した場合、どのようになりますか。正しいものに○をつけましょう。

①（　　）水面近くだけ色が変わる。
②（　　）底《そこ》のほうだけ色が変わる。
③（　　）全体の色が変わる。

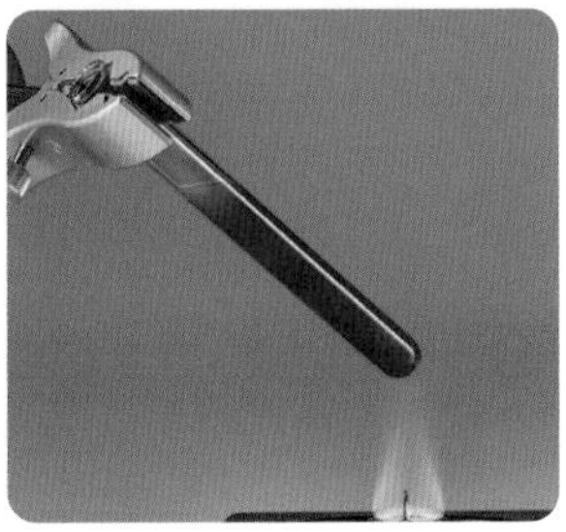

(2) 底のほうを熱した場合、どのようになりますか。正しいものに○をつけましょう。

①（　　）水面近くだけ色が変わる。
②（　　）底のほうだけ色が変わる。
③（　　）全体の色が変わる。

ぴったり1 じゅんび

9. もののあたたまり方

②水のあたたまり方(2)

③空気のあたたまり方

学習日　　月　　日

めあて
水や空気はどのようにあたたまっていくのか、かくにんしよう。

教科書 147〜150ページ　答え 33ページ

下の(　　)にあてはまる言葉をかくか、あてはまるものを○でかこもう。

1 水は、どのようにして、全体があたたまっていくのだろうか。 教科書 147〜148ページ

▶ビーカーの中の水のあたたまり方

・示温《しおん》インク(温度によって色が変化《へんか》するえき)をまぜた水を使って、水のあたたまり方を調べる。

温度が高くなったところがピンク色になり、上のほうへ動いた。

上のほうからだんだんと色が変《か》わり、全体がピンク色になった。

▶水を熱《ねっ》すると、あたためられた部分が(①　　　)に動く。このような動きを続《つづ》けて、水全体があたたまっていく。

2 空気は、どのようにあたたまっていくのだろうか。 教科書 149〜150ページ

▶だんぼうを入れている部屋《へや》で、上のほうと下のほうの空気の温度をはかると、(①　上　・　下　)のほうの温度が高い。

▶あたためられた空気を観察《かんさつ》すると、(②　上　・　下　)に動いていった。

	空気の温度(℃)
部屋の上のほう	21、22、20
部屋の下のほう	17、18、17

▶空気は(③　金ぞく　・　水　)と同じように、あたためられた部分が(④　　　)に動いて、全体があたたまっていく。

ここが、だいじ！
①水を熱すると、あたためられた部分が上に動き、全体があたたまっていく。
②空気を熱すると、あたためられた部分が上に動き、全体があたたまっていく。

ぴたトリビア
だんぼうを入れている部屋では上のほうだけがあたたかくなったり、れいぼうをかけている部屋では下のほうだけがすずしくなったりすることがあります。

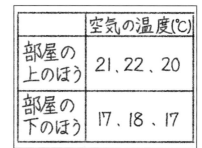

9. もののあたたまり方

②水のあたたまり方⑵
③空気のあたたまり方

1 **示温《しおん》インク(温度によって色が変化《へんか》するえき)をまぜた水を使って、水のあたたまり方を調べました。**

⑴ 水を入れているガラス器具《きぐ》の名前をかきましょう。

(　　　　　　)

⑵ 底《そこ》のはしの部分を熱《ねっ》したとき、㋐と㋑では、どちらが先に色が変《か》わりますか。

(　　)

⑶ 水はどのようにあたたまりますか。正しいものに○をつけましょう。

①(　　)熱した部分から順《じゅん》にあたたまっていく。

②(　　)あたためられた部分が上へ動き、全体があたたまっていく。

③(　　)あたためられた部分が下へ動き、全体があたたまっていく。

2 **だんぼうを入れている部屋《へや》で、上のほうと下のほうの空気の温度を調べました。**

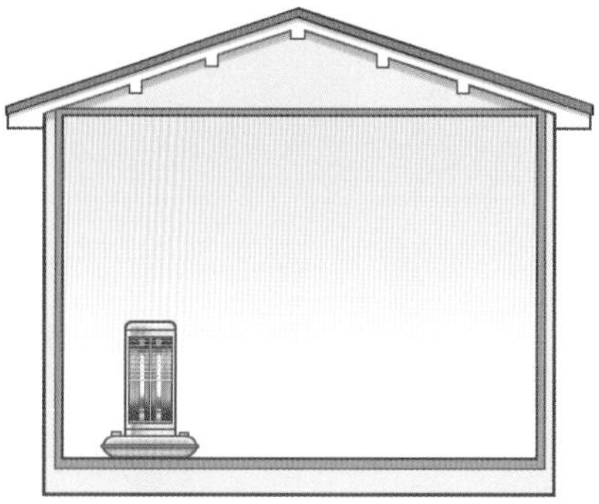

⑴ 空気の温度を3回ずつはかった結果《けっか》は、次のようになりました。部屋の上のほうをはかった結果はどちらですか。正しいほうに○をつけましょう。

①(　　)23℃、22℃、24℃

②(　　)17℃、17℃、16℃

⑵ 空気はどのようにあたたまりますか。正しいほうに○をつけましょう。

①(　　)熱した部分から順にあたたまっていく。

②(　　)あたためられた部分が上へ動き、全体があたたまっていく。

⑶ 空気のあたたまり方について、どのようなことがいえますか。正しいものに○をつけましょう。

①(　　)金ぞくと同じようにあたたまる。

②(　　)水と同じようにあたたまる。

③(　　)金ぞくとも水ともちがうあたたまり方をする。

ヒント ❷ 空気のあたたまり方は目で見ることができないので、金ぞくのあたたまり方や水のあたたまり方とくらべて考えましょう。

9. もののあたたまり方

時間 30分
/100
合格 70点

教科書 140〜153ページ　答え 34ページ

1 金ぞくのぼうを熱《ねっ》して、あたたまり方を調べました。図の●の点どうしの間かくはどこも同じです。

1つ10点（20点）

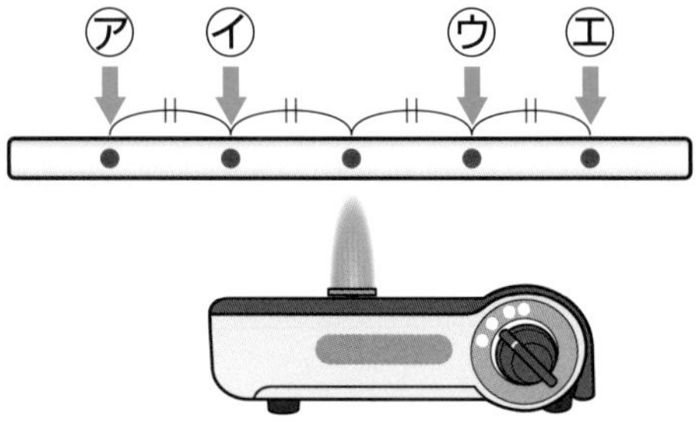

(1) 金ぞくのぼうを水平にして、その真ん中を熱したとき、㋐と㋓のあたたまり方はどうなりますか。正しいものに○をつけましょう。

①（　　）㋐のほうが先にあたたまる。

②（　　）㋓のほうが先にあたたまる。

③（　　）㋐と㋓は同時にあたたまる。

(2) 記述 (1)のように答えた理由を説明《せつめい》しましょう。　思考・表現

（　　　　　　　　　　　　　　　　　　　　）

よく出る

2 示温《しおん》インクをまぜた水をビーカーに入れて、ビーカーの底《そこ》のはしを熱しました。

(1)、(3)は1つ10点、(2)は全部できて10点（30点）

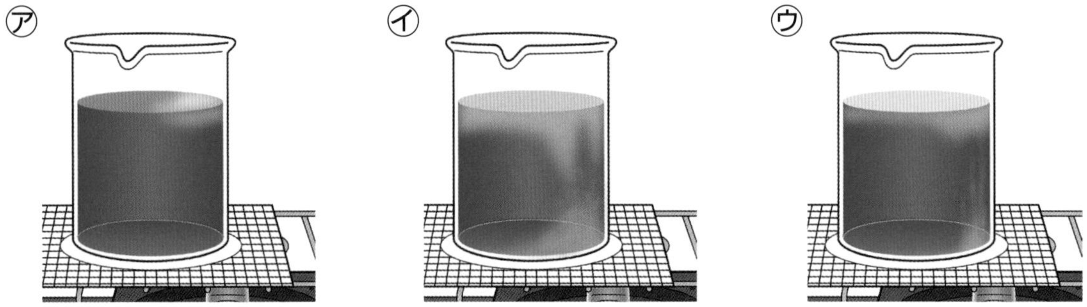

(1) 水に示温インクをまぜた理由として、正しいものに○をつけましょう。　技能

①（　　）水の体積《たいせき》を変《か》えないため。　②（　　）水をゆっくりあたためるため。

③（　　）水のあたたまり方をわかりやすくするため。

(2) ビーカーの底のはしを熱すると、示温インクの色はどのように変わっていきますか。上の㋐、㋑、㋒を正しい順《じゅん》にならべましょう。　（　　）→（　　）→（　　）

(3) 水はどのようにあたたまるといえますか。正しいほうに○をつけましょう。

①（　　）水は熱した部分から順に熱《ねつ》が伝《つた》わるので、下のほうからあたたまり、やがて水全体があたたまる。

②（　　）あたためられた水は上のほうに動くので、上のほうからあたたまる。このような動きを続《つづ》けて、水全体があたたまる。

③ ヒーターであたためている部屋《へや》で、空気の温度を調べました。　1つ10点(20点)

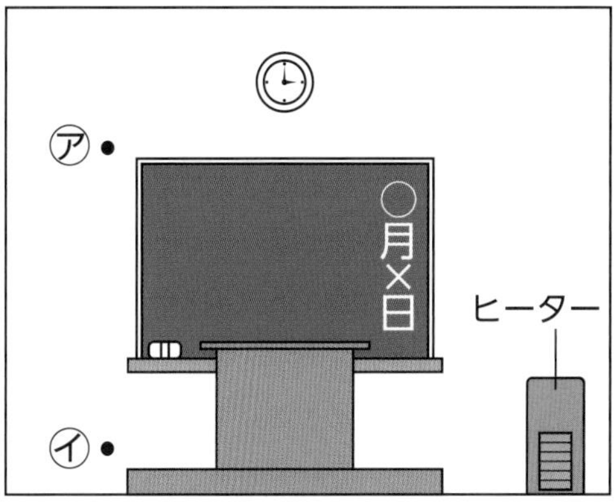

(1) ヒーターをつけてしばらくしてから、上のほう(㋐)と、ゆかの近く(㋑)で空気の温度をはかりました。はかった温度について、正しいほうに○をつけましょう。

①(　　)㋐のほうが温度が高い。

②(　　)㋑のほうが温度が高い。

(2) 空気のあたたまり方について、あてはまるものに○をつけましょう。

①(　　)空気は金ぞくと同じあたたまり方をする。

②(　　)空気は水と同じあたたまり方をする。

③(　　)空気は金ぞくや水と同じあたたまり方をする。

できたらスゴイ!

④ 金ぞくの板と金ぞくのぼうを熱しました。なお、①と②の金ぞくの板は、水平に固定《こてい》して、下から熱します。　1つ10点(30点)

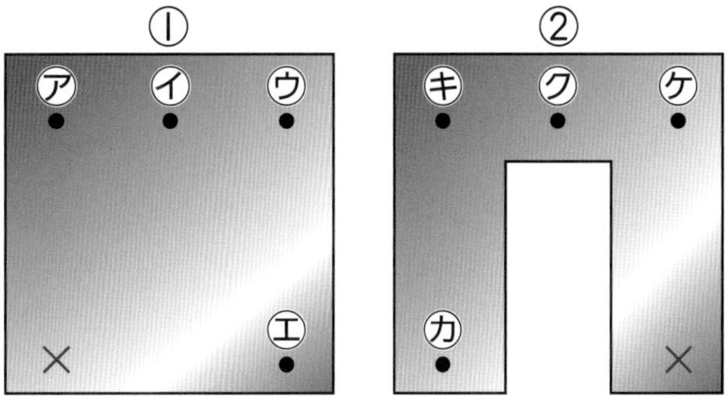

(1) ①の金ぞくの板の×印《じるし》のところを熱したとき、あたたまるのがいちばんおそいのは、㋐～㋓のどこですか。

(　　)

(2) ②の金ぞくの板の×印のところを熱したとき、あたたまるのがいちばんおそいのは、㋕～㋘のどこですか。

(　　)

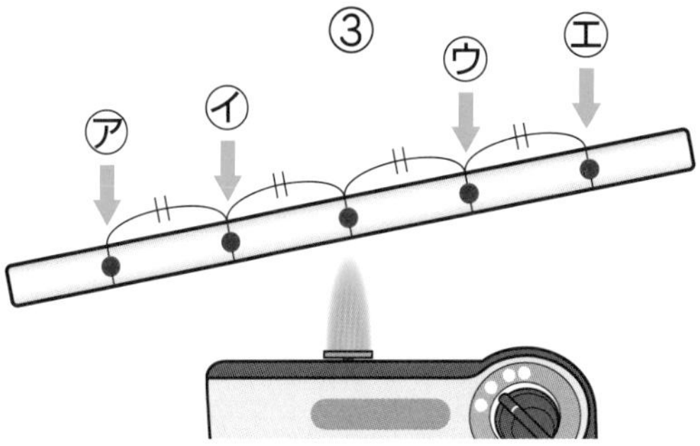

(3) ③のように金ぞくのぼうをかたむけて、その真ん中を熱したとき、㋐と㋓のあたたまり方はどうなりますか。正しいものに○をつけましょう。

①(　　)㋐のほうが先にあたたまる。

②(　　)㋓のほうが先にあたたまる。

③(　　)㋐と㋓は同時にあたたまる。

ふりかえり
②がわからないときは、64 ページの 1 にもどってかくにんしてみましょう。
④がわからないときは、62 ページの 1 にもどってかくにんしてみましょう。

10. 水のすがた

①水を熱《ねっ》したときの変化《へんか》

めあて
水を熱し続けたときの変化をかくにんしよう。

教科書 156～161ページ　答え 35ページ

下の（　）にあてはまる言葉をかくか、あてはまるものを○でかこもう。

1 水を熱し続《つづ》けると、どうなるのだろうか。

教科書 156～158ページ

▶水をしばらく熱すると、水面から（①　　　　　）が出始め、やがて、あわが出るようになる。

▶熱せられた水は100℃近くで、さかんにあわを出しながら、わき立つ。これを（②　　　　　）という。

▶水を熱し続けても、（　②　）している間の温度は（③　変《か》わる　・　変わらない　）。

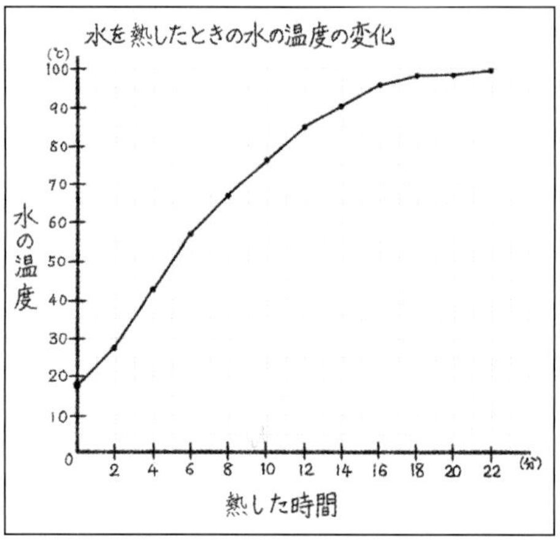

2 水を熱したときに出てきたあわは、何だろうか。

教科書 159～161ページ

▶水を熱し続けたとき、水の中からさかんに出るあわは、水が目に見えないすがたに変わったもので、（①　　　　　）という。

▶水じょう気は空気中で冷《ひ》やされて、目に見える小さな水のつぶになる。これを（②　　　　　）という。

▶水が水じょう気になることを（③　　　　　）という。

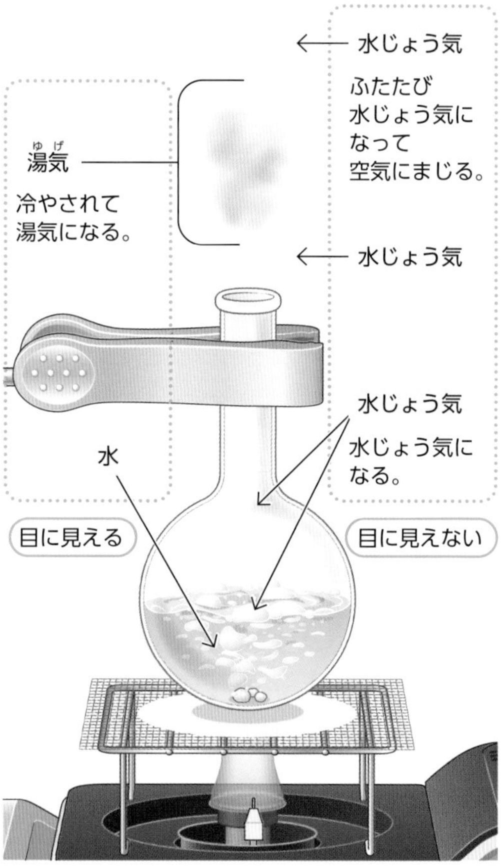

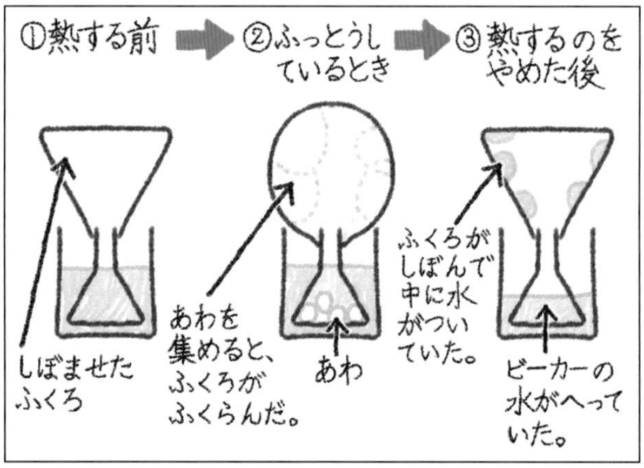

ここがだいじ!
①水を熱し続けると、ほぼ100℃でふっとうする。
②水が水じょう気になることをじょう発という。

ぴたトリビア
水は約《やく》100℃まであたためるとえき体から気体になりますが、このとき、体積《たいせき》は約1700倍になります。

10. 水のすがた

①水を熱《ねつ》したときの変化《へんか》

教科書 156〜161ページ　答え 35ページ

1 水を熱したときの温度と、そのようすの変化を調べました。

(1) 水を熱するとき、急に湯がわき立つのをふせぐために、水に入れておくものは何ですか。（　　　　　　）

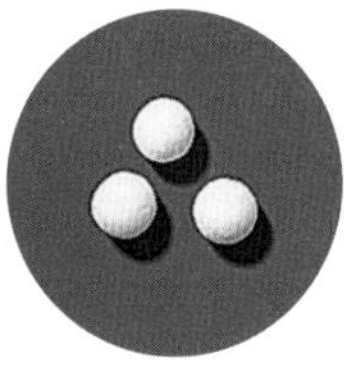

(2) 水を熱し続《つづ》けたとき、水面から出てくる白く見えるものを何といいますか。（　　　　　　）

(3) 熱せられた水が、さかんにあわを出しながらわき立つことを何といいますか。（　　　　　　）

(4) 水を熱したときの、温度の変化を表したグラフはどれですか。正しいものに○をつけましょう。

①（　　）

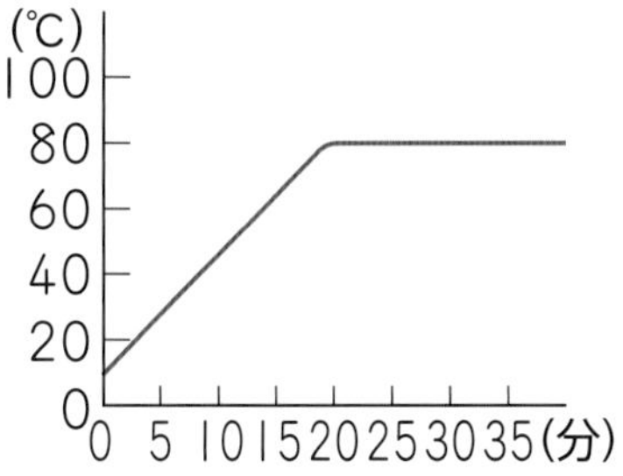

②（　　）

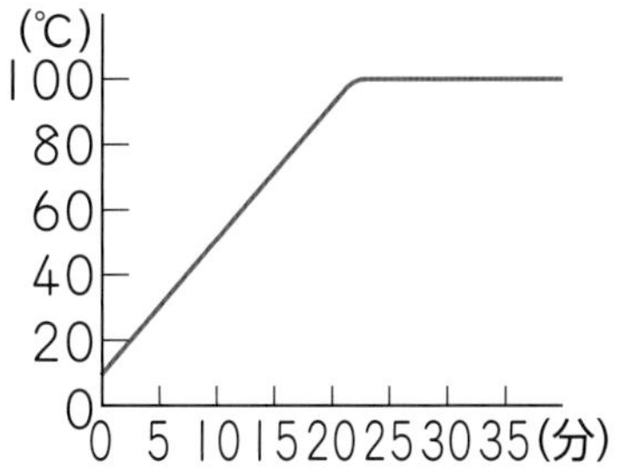

③（　　）

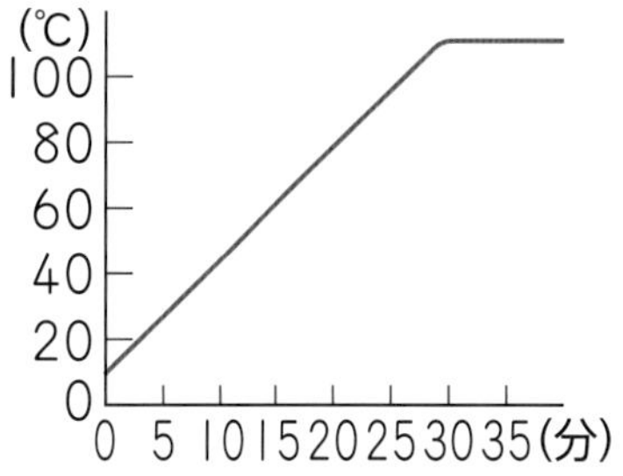

2 ビーカーの水を熱したときに出てくるあわを、ふくろに集めました。

(1) ビーカーの水を熱し続けると、ビーカーの水の量《りょう》はどうなりますか。正しいものに○をつけましょう。

①（　　）へる。　②（　　）ふえる。

③（　　）変《か》わらない。

(2) ビーカーの水を熱するのをやめると、ふくらんでいるふくろはどうなりますか。正しいものに○をつけましょう。

①（　　）しぼむ。　②（　　）さらにふくらむ。

③（　　）変わらない。

(3) 水を熱したときに出てくるあわは、水が目に見えないすがたに変わったものです。これを何といいますか。（　　　　　　）

(4) 水が、目に見えないすがたに変わることを何といいますか。（　　　　　　）

10. 水のすがた

②水を冷《ひ》やしたときの変化《へんか》

③水の3つのすがた

めあて 水を冷やし続けたときの変化や、水の3つのすがたをかくにんしよう。

教科書 162〜165ページ 答え 36ページ

下の(　)にあてはまる言葉をかくか、あてはまるものを○でかこもう。

1 水を冷やし続《つづ》けると、どうなるのだろうか。

教科書 162〜164ページ

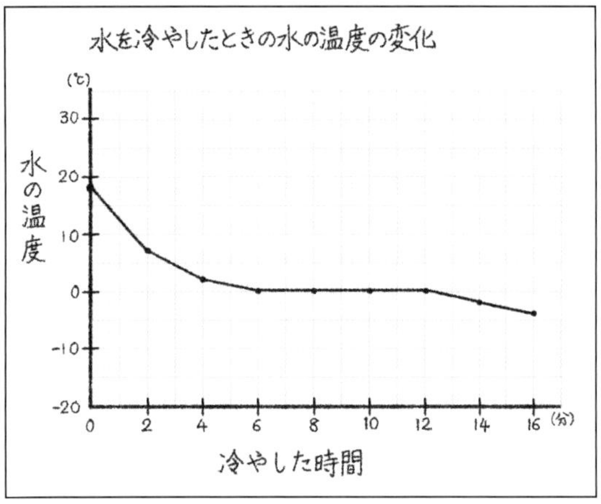
水を冷やしたときの水の温度の変化
(℃)
30
20
10
0
-10
-20
水の温度
0
2
4
6
8
10
12
14
16
(分)
冷やした時間

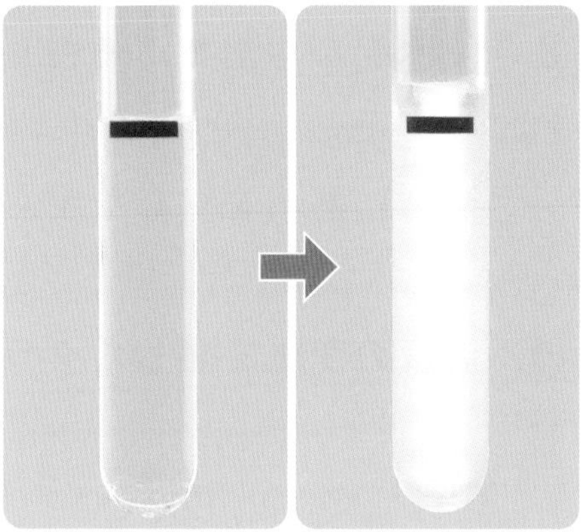

冷やす前のようす 冷やした後のようす

氷と水がまざっている間は0℃なんだね。

▶水を冷やし続けて、(①　　　)℃になるとこおり始める。水がこおり始めてから、全部が氷になるまで、温度は(　①　)℃から変《か》わらない。

▶水は氷に変わると、体積《たいせき》が(② 大きく ・ 小さく)なる。

2 水のすがたと温度の関係《かんけい》をまとめよう。

教科書 165ページ

氷
熱《ねつ》する。
冷やす。
水
熱する。
冷やす。
水じょう気

▶水は(①　　　　　)によって、氷、水、水じょう気とすがたを変える。

▶水じょう気は目に見えず、自由に形を変えられる。このようなすがたを(②　　　　)という。

▶水は目に見えて、自由に形を変えられる。このようなすがたを(③　　　　　　)という。

▶氷はかたまりになっていて自由に形を変えられない。このようなすがたを(④　　　　)という。

ここが だいじ!
①水は0℃で氷になり、体積が大きくなる。
②水は温度によって、氷(固体《こたい》)、水(えき体)、水じょう気(気体)とすがたを変える。

ぴたトリビア 水は温度が4℃のとき、いちばん体積が小さいです。

10. 水のすがた

②水を冷《ひ》やしたときの変化《へんか》
③水の３つのすがた

教科書 162〜165ページ　答え 36ページ

1 図のようにして、水を冷やしたときの変化を調べました。

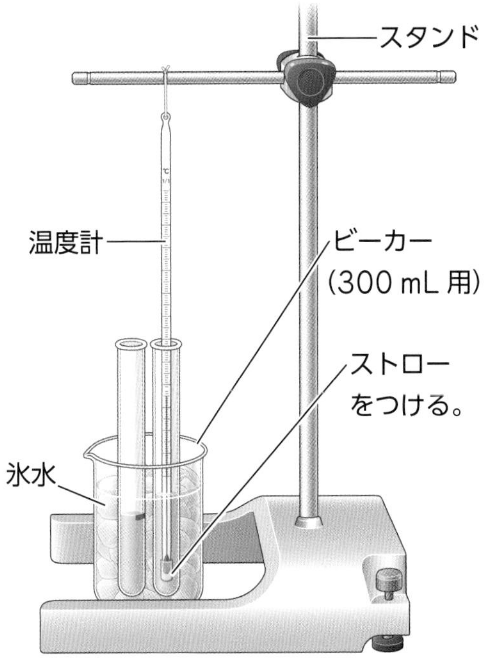
スタンド
温度計
ビーカー
(300 mL 用)
ストロー
をつける。
氷水

(1) 温度計にストローをつけたのはなぜですか。
正しいものに○をつけましょう。
①(　　)温度を読み取りやすくするため。
②(　　)温度計をわらないようにするため。
③(　　)温度計がこおらないようにするため。

(2) 試験管《しけんかん》の水をこおらせるために、氷水にはあるものをまぜました。あるものとは何ですか。
(　　　　　　)

(3) 水を冷やしていくと、何℃でこおり始めますか。
(　　　　　　)

(4) 水が氷に変《か》わると、体積《たいせき》はどうなりますか。
正しいものに○をつけましょう。
①(　　)小さくなる。　②(　　)変わらない。　③(　　)大きくなる。

2 水は、温度によって、氷・水・水じょう気とすがたを変えます。

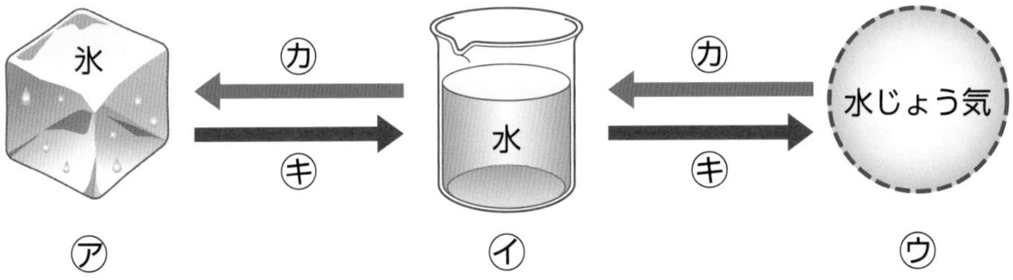
氷
水
水じょう気
㋕
㋖
㋕
㋖
㋐
㋑
㋒

(1) 水の３つのすがた㋐〜㋒は、それぞれ何といいますか。
㋐(　　　　　)
㋑(　　　　　)
㋒(　　　　　)

(2) 熱《ねっ》することを表している矢印《やじるし》は、㋕、㋖のどちらですか。
(　　　)

(3) 次のせいしつをもつすがたは、それぞれ氷、水、水じょう気のどれですか。
①目に見えない。自由に形を変えられる。(　　　　　　)
②目に見え、自由に形を変えられる。(　　　　　　)
③かたまりになっていて自由に形を変えられない。(　　　　　　)

ぴったり3 たしかめのテスト

10. 水のすがた

時間 30 分

／100

合格 70 点

教科書 154〜169ページ　答え 37ページ

よく出る

1 水を熱《ねっ》したときの温度の変化《へんか》をグラフに表しました。

1つ7点(28点)

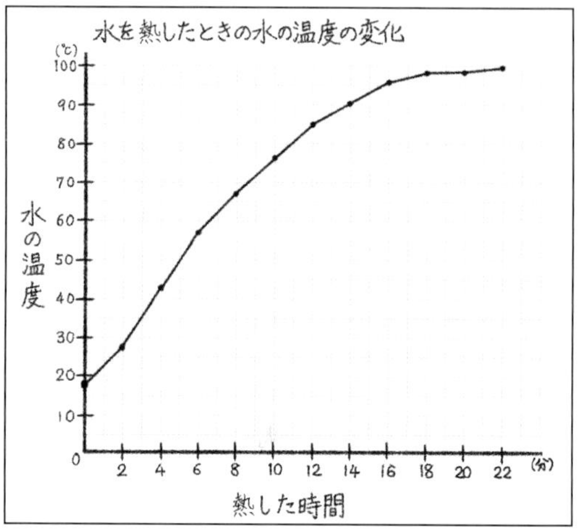

(1) 水を熱するとき、急に湯がわき立つのをふせぐために水に入れておくものは何ですか。

技能

(　　　　　　　　)

(2) このようなグラフを何グラフといいますか。

技能

(　　　　　　　　)

(3) 水の中に大きなあわがたくさん出てきたのは、熱し始めてから、約《やく》何分後ですか。正しいものに○をつけましょう。

①(　　)約6分後　②(　　)約12分後　③(　　)約18分後

(4) 水の量《りょう》を2倍にふやして同じ実験《じっけん》をすると、水がふっとうする温度はどうなりますか。正しいものに○をつけましょう。

①(　　)100℃よりもずっと低《ひく》くなる。

②(　　)100℃よりもずっと高くなる。

③(　　)ほぼ100℃で、ふやす前と変《か》わらない。

2 やかんに水を入れて、熱しました。

(1)は全部できて7点、(2)、(3)は1つ7点(21点)

(1) 湯気《ゆげ》と水じょう気は、固体《こたい》・えき体・気体のうちのどれですか。それぞれかきましょう。

湯気(　　　　　　　　)

水じょう気(　　　　　　　　)

(2) 図は、水を入れたやかんがわき立っているようすです。湯気を表しているのは、ア〜ウのどれですか。(　　)

(3) 水が水じょう気になることを何といいますか。

(　　　　　　　　)

3 水を冷《ひ》やして氷になったときの温度の変化をグラフに表しました。

(1)〜(3)は1つ7点、(4)は10点(31点)

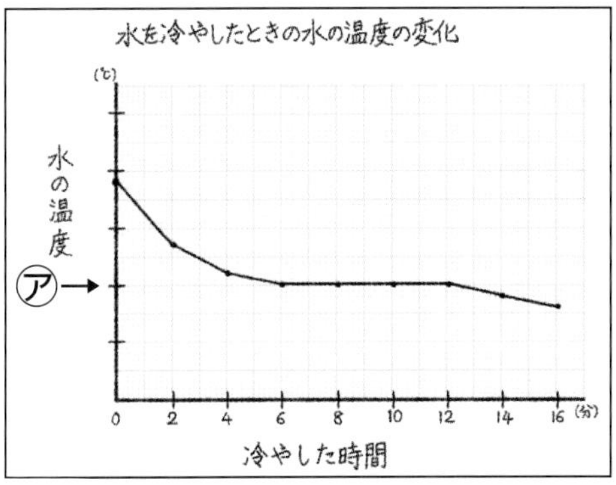

(1) ㋐の温度は何℃ですか。正しいものに○をつけましょう。

①(　　)−10℃　　②(　　)0℃

③(　　)20℃　　④(　　)100℃

(2) 水がこおり始めたのは、冷やし始めてから約何分後でしたか。正しいものに○をつけましょう。

①(　　)約2分後　　②(　　)約6分後　　③(　　)約10分後

(3) 水が全部氷に変わったのは、冷やし始めてから約何分後でしたか。正しいものに○をつけましょう。

①(　　)約4分後　　②(　　)約8分後　　③(　　)約12分後

(4) 記述 (3)のように答えた理由をかきましょう。　思考・表現

(　　　　　　　　　　　　　　　　)

できたらスゴイ!

4 コップに水を入れ、氷をうかべました。

1つ10点(20点)

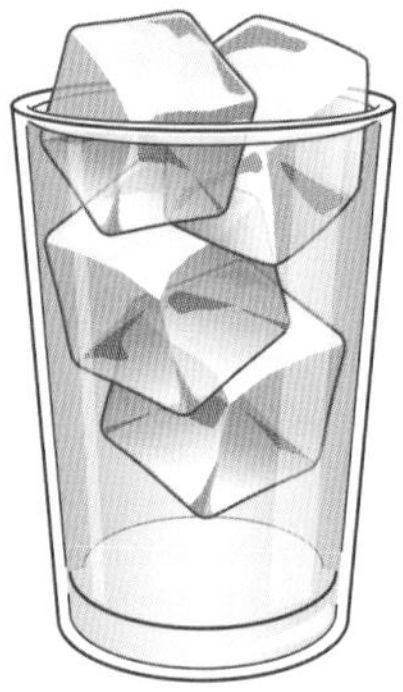

(1) 氷がとけ始める温度と、水がこおり始める温度はどちらが高いですか、または同じですか。　(　　　　)

(2) 同じ体積《たいせき》の水と氷の重さをくらべると、どうなっていると考えられますか。正しいものに○をつけましょう。　思考・表現

①(　　)水が氷になると体積がふえるので、同じ体積の氷の重さは水より小さい。

②(　　)水が氷になると体積がふえるので、同じ体積の氷の重さは水より大きい。

③(　　)水が氷になると体積がふえるが、同じ体積の氷の重さは水と変わらない。

④(　　)水が氷になると体積がへるので、同じ体積の氷の重さは水より小さい。

⑤(　　)水が氷になると体積がへるので、同じ体積の氷の重さは水より大きい。

⑥(　　)水が氷になると体積がへるが、同じ体積の氷の重さは水と変わらない。

ふりかえり

1 がわからないときは、68ページの 1 にもどってかくにんしてみましょう。
4 がわからないときは、70ページの 1 にもどってかくにんしてみましょう。

11. 水のゆくえ

①消えた水のゆくえ
②空気中の水

めあて
じょう発して見えなくなった水のゆくえをかくにんしよう。

教科書 172～176ページ　答え 38ページ

下の(　)にあてはまる言葉をかこう。

1 水はふっとうしなくても、じょう発していくのだろうか。

教科書 172～174ページ

▶よう器《き》に水を入れて、日なたに置《お》いておくと、ふたをしていないよう器の水が多くへっていた。

ラップシートでふたをする。

初《はじ》めの水面の位置《いち》につけていた印《しるし》

ふたの内側《うちがわ》に水てきがついていた。

▶水はふっとうしなくても、(①　　　　)し、水じょう気に変《か》わる。水じょう気に変わった水は、(②　　　　)に出ていく。

ふたについた水てきは、水じょう気がふたたび水に変わったものだよ。

2 空気中から、水を取り出すことはできるのだろうか。

教科書 175～176ページ

▶空気中には、(①　　　　)がふくまれていて、冷《ひ》やすと(②　　　　)になる。

▶空気中の(　①　)が冷やされて、水てきがつくことを(③　　　　)という。

初めの水面の位置につけていた印

ビーカーの外側《そとがわ》に水てきがつく。

氷水を入れたビーカー

ビーカーの中の水はへっていないことから、ビーカーの中の水が外にしみ出したのではないことがわかるね。

ここがだいじ！
①水はふっとうしなくても、じょう発して水じょう気に変わり、空気中に出ていく。
②空気中には、水じょう気がふくまれていて、冷やすと水になる。

ぴたトリビア 自然《しぜん》の中では、水はたえずじょう発しています。水じょう気は、空の高いところで冷えて、小さな水や氷のつぶになります。これが雲の正体です。

ぴったり2 練習

11. 水のゆくえ

①消えた水のゆくえ
②空気中の水

学習日　　月　　日

教科書 172～176ページ　答え 38ページ

1 **同じよう器《き》を２つ用意し、同じ量《りょう》の水を入れて、１つにだけラップシートでふたをしました。その後、２つのよう器を日なたに置《お》いておくと、２日後にはどちらも水の量がへっていました。**

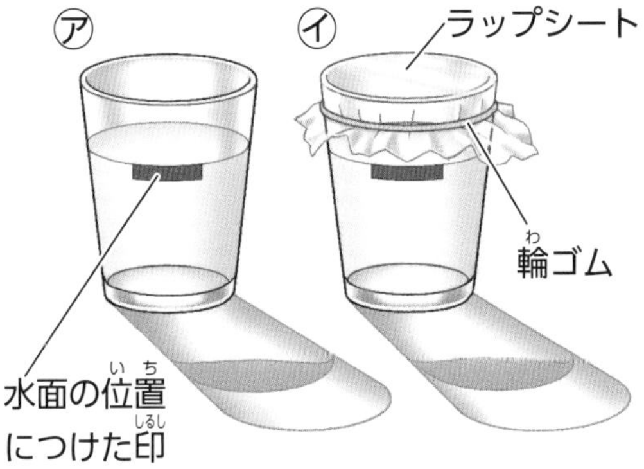

(1) 水の量が多くへっているのは、㋐と㋑のどちらですか。

(　　)

(2) ㋑には、どのような変化《へんか》が見られましたか。正しいものに○をつけましょう。

①(　　)ラップシートの内側《うちがわ》に水てきがついていた。

②(　　)よう器の外側《そとがわ》に、水てきがついていた。

③(　　)ラップシートやよう器には、何も変化が見られなかった。

(3) 水はふっとうしなくても、じょう発するといえますか、いえませんか。

(　　　　)

2 **ビーカーに氷水を入れて、ラップシートでふたをして置いておきました。しばらくすると、ビーカーの外側に水てきがついていました。**

(1) ビーカーの内側の水はどうなりますか。正しいものに○をつけましょう。

①(　　)じょう発して、へっている。

②(　　)ビーカーの外にしみ出して、へっている。

③(　　)水はへっていない。

(2) 空気中の水じょう気が冷《ひ》やされると、何になりますか。

(　　　　)

(3) 空気中の水じょう気が冷やされて、水てきがつくことを何といいますか。

(　　　　)

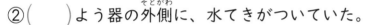

11. 水のゆくえ

時間 30 分

／100

合格 70 点

教科書 170〜179ページ　答え 39ページ

1 教室に置《お》いていた水そうの水が、何日かたつと自然《しぜん》にへっていました。

1つ6点(12点)

(1) 水そうの水は、どのすがたになって空気中に出ていきましたか。正しいものに○をつけましょう。

①(　　)固体《こたい》
②(　　)えき体
③(　　)気体

(2) 水そうにラップシートでふたをすると、どうなると考えられますか。正しいものに○をつけましょう。　思考・表現

①(　　)ラップシートの外側《そとがわ》に水てきがつく。
②(　　)ラップシートの内側《うちがわ》に水てきがつく。
③(　　)ラップシートに水てきはつかない。

2 日なたのしめった地面に、よう器《き》をさかさまにして置いておいたところ、よう器の内側に水てきがつきました。

1つ6点(30点)

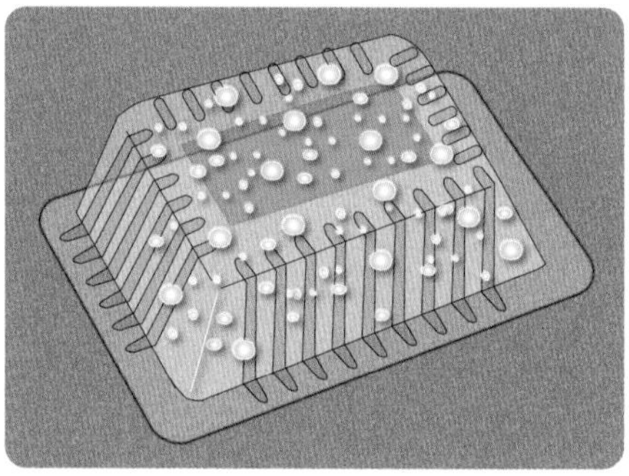

(1) よう器の内側に水てきがついたのはなぜですか。(　　)にあてはまる言葉を、□から選《えら》んで入れましょう。　思考・表現

土の中の水が(①　　　　　　)してできた水じょう気が、ふたたび(②　　　　　　)に変《か》わって、よう器の内側につくから。

じょう発	ふっとう	
水じょう気	水	氷

(2) 水のせいしつについて、正しいものには○を、まちがっているものには×をつけましょう。

①(　　)水はふっとうしないと、じょう発しない。
②(　　)水じょう気に変わった水は、空気中に出ていく。
③(　　)水はふっとうしなくても、じょう発する。

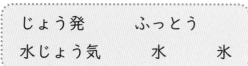

よく出る

3 冷《れい》ぞう庫から出した冷《つめ》たい水をコップに入れたところ、コップの外側に水てきがつきました。

(1)、(2)は1つ5点、(3)は10点(20点)

(1) このように、冷たいものの表面などに水てきがつくことを何といいますか。　(　　　　)

(2) 空気中にふくまれている水は、どのすがたになっていますか。正しいものに○をつけましょう。

①(　　)固体

②(　　)えき体

③(　　)気体

(3) 記述 コップの外側に水てきがついたのはなぜですか。説明《せつめい》しましょう。

思考・表現

(　　　　　　　　　　　　　　　　)

4 次の説明にあてはまるものを選んで、○でかこみましょう。

1つ6点(18点)

(1) 熱《ねっ》せられた水が100℃近くになり、さかんにあわを出しながらわき立つこと。

(ふっとう ・ じょう発 ・ 水じょう気)

(2) 水(えき体)が水じょう気(気体)になること。

(ふっとう ・ じょう発 ・ 湯気《ゆげ》)

(3) 水じょう気が空気中で冷《ひ》やされて、目に見える小さな水のつぶになったもの。

(じょう発 ・ 湯気 ・ 結《けつ》ろ)

できたらスゴイ！

5 空気と水の関係《かんけい》について、次の問題に答えましょう。

思考・表現　1つ10点(20点)

(1) 記述 しめっていたせんたく物がかわくのはなぜですか。説明しましょう。

(　　　　　　　　)

(2) 記述 気温の低《ひく》い日に、外から帰ってきてあたたかい部屋《へや》に入ったところ、めがねのレンズがくもりました。レンズがくもったのはなぜですか。説明しましょう。

(　　　　　　　　)

ふりかえり
3 がわからないときは、74ページの 2 にもどってかくにんしてみましょう。
5 がわからないときは、74ページの 1 や 2 にもどってかくにんしてみましょう。

ぴったり1

じゅんび

3分でまとめ

★生き物の1年間

学習日　月　日

めあて
植物や動物の1年間の変化をかくにんしよう。

教科書　184〜187ページ　答え　40ページ

下の(　　)にあてはまる言葉をかこう。

1 生き物のようすは、1年間でどのように変《か》わってきたのだろうか。　教科書　184〜187ページ

▶植物は、あたたかくなると(①　　　)をしげらせ、(②　　　　)をのばし、大きく成長《せいちょう》する。寒くなると、(③　　　　)を残《のこ》してかれたり、サクラのようにえだに(④　　　)をつけたりして、冬をこす。

▶動物は、あたたかくなると、活動が(⑤　　　　)になり、成長したり、数がふえたりする。寒くなると、活動が(⑥　　　　　)なり、冬ごしのじゅんびをする。

1年間の気温の変化《へんか》

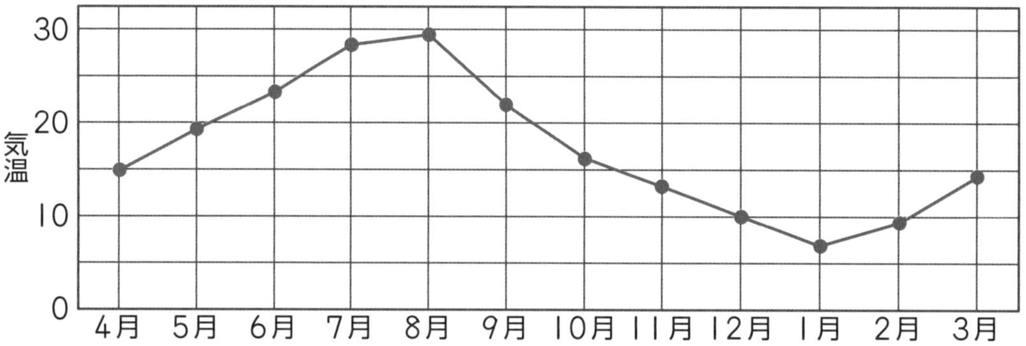

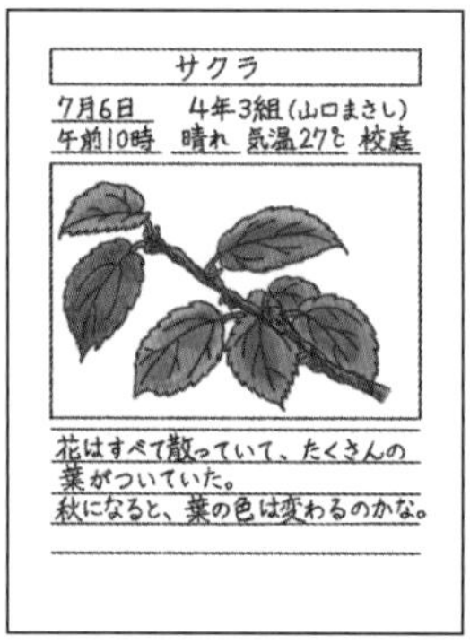

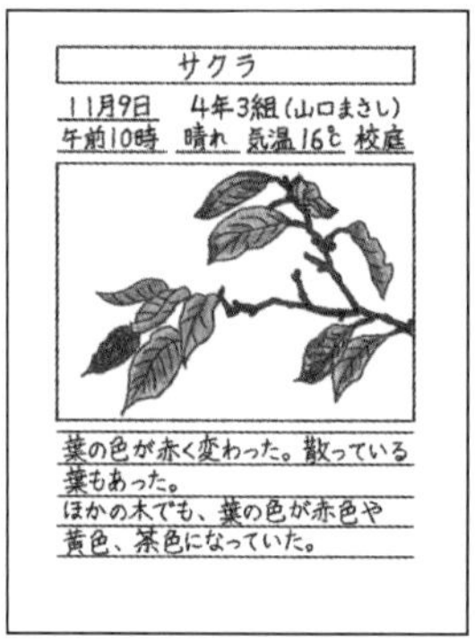

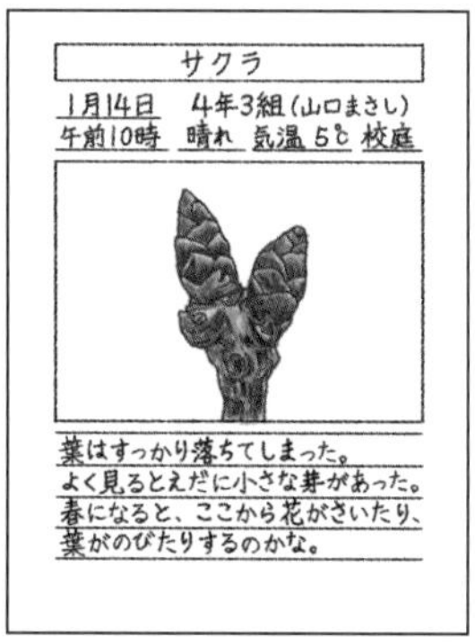

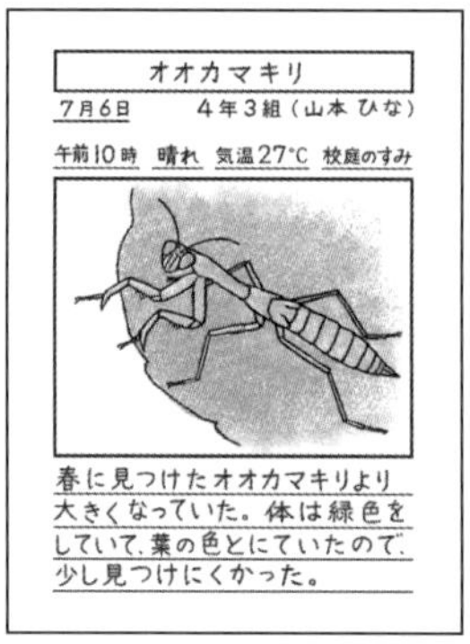

ここがだいじ!

①植物は、あたたかい季節《きせつ》には大きく成長し、寒い季節にはたねを残してかれたり、えだに芽《め》をつけたりして、冬をこす。

②動物は、あたたかい季節には活発に活動し、寒い季節には活動がにぶくなる。

★生き物の1年間

1 春、夏、秋、冬の記録《きろく》カードをもとに、調べてきた生き物のようすをふり返りました。

(1) オオカマキリの記録カードを、春、夏、秋、冬の順《じゅん》にならべましょう。

①

②

③
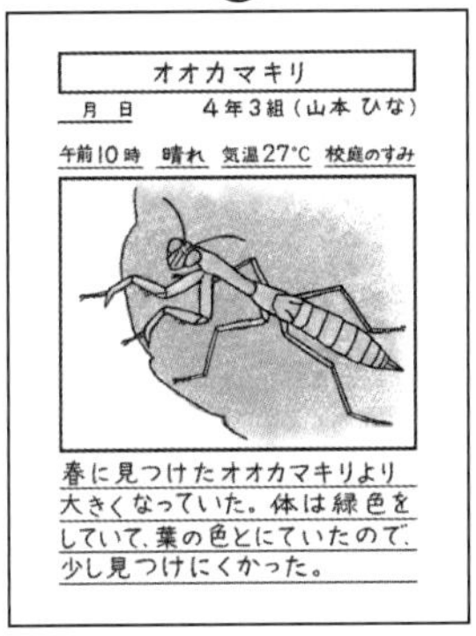

④

（　　　）→（　　　）→（　　　）→（　　　）

(2) サクラの記録カードを、春、夏、秋、冬の順にならべましょう。

①

②
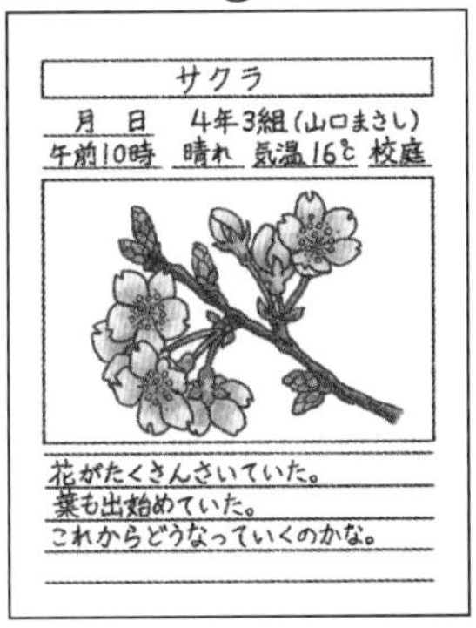

③

④
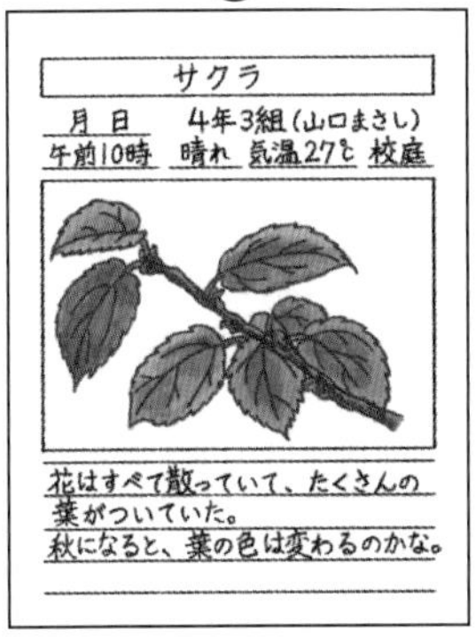

（　　　）→（　　　）→（　　　）→（　　　）

(3) あたたかい季節《きせつ》の動物のようす、寒い季節の植物のようすを説明《せつめい》しているのは、それぞれどれですか。

① 活動が活発になったり、成長《せいちょう》したり、数がふえたりする。

② 葉をしげらせ、くきをのばし、大きく成長する。

③ たねを残《のこ》してかれたり、えだに芽《め》をつけたりする。

④ 活動がにぶくなり、すがたが見えなくなったりする。

あたたかい季節の動物のようす（　　　）

寒い季節の植物のようす（　　　）

ぴったり3

たしかめのテスト

★生き物の１年間

時間 15 分

／50

合格 35 点

教科書 182〜187ページ　答え 41ページ

1 これまでに調べた生き物のようすについて、気温の変化《へんか》と関係《かんけい》しているかどうかを考えました。

(1)は1つ5点、(2)は1つ10点(50点)

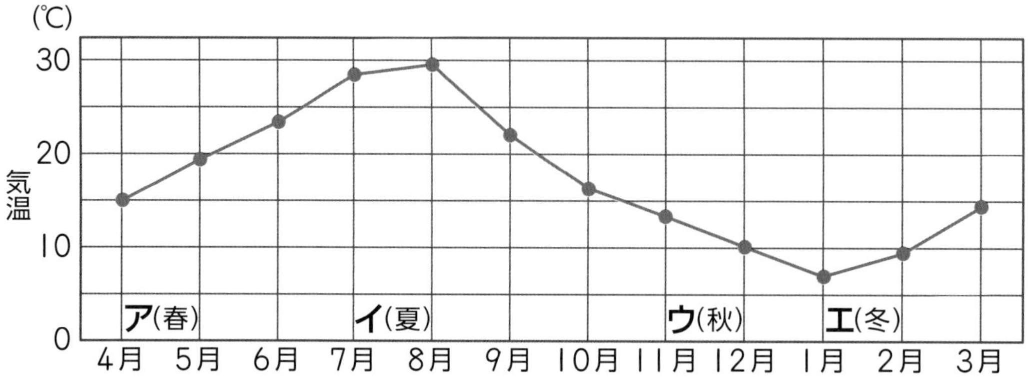

(℃)
30
20
10
0
気温
ア(春)
イ(夏)
ウ(秋)
エ(冬)
4月
5月
6月
7月
8月
9月
10月
11月
12月
1月
2月
3月

(1) 次の記録《きろく》カードは、いつごろ観察《かんさつ》したものですか。**ア**〜**エ**をかきましょう。

①(　　　)

オオカマキリのたまご
月　日　4年3組(山本 ひな)
午前10時　晴れ　気温 5℃　校庭のすみ
オオカマキリのたまごを見つけた。
周りに成虫はいなかった。
オオカマキリは,たまごのまま
冬をこすようだ。

②(　　　)

サクラ
月　日　4年3組(山口まさし)
午前10時　晴れ　気温 5℃　校庭
葉はすっかり落ちてしまった。
よく見るとえだに小さな芽があった。
春になると、ここから花がさいたり、
葉がのびたりするのかな。

③(　　　)

ヒョウタン
月　日　4年3組(高橋 はると)
午前10時　晴れ　気温 12℃　畑
くきがのびなくなった。
葉やくきがかれ始め,実が大きく
なった。
実の中はどうなっているのかな。

④(　　　)

サクラ
月　日　4年3組(山口まさし)
午前10時　晴れ　気温 16℃　校庭
花がたくさんさいていた。
葉も出始めていた。
これからどうなっていくのかな。

⑤(　　　)

ヒョウタン
月　日　4年3組(高橋 はると)
午前10時　晴れ　気温 21℃　畑
植えかえたときより 7cmのびていた。
葉の数も多くなっていた。

⑥(　　　)

オオカマキリのよう虫
月　日　4年3組(山本 ひな)
午前10時　晴れ　気温 16℃　校庭のすみ
オオカマキリのたまごから,
よう虫が出てきていた。
よう虫は黄色で,たくさんいた。

(2) 記述 イチョウやサクラと、ヒョウタンでは冬ごしのしかたがちがいます。どのように冬をこすのか、それぞれ説明《せつめい》しましょう。

思考・表現

イチョウやサクラ(　　　　　　　　　　　　　　　　　　)

ヒョウタン(　　　　　　　　　　　　　　　　　　)

この本の終わりにある「春のチャレンジテスト」をやってみよう！

この本の終わりにある「学力しんだんテスト」をやってみよう！

(切り取り線)

夏のチャレンジテスト

教科書 8〜63ページ

月　日

名前

時間	知識・技能	思考・判断・表現	ごうかく80点
40分	／60	／40	／100

答え 42〜43ページ

知識・技能

1 春から夏にかけて、生き物のようすを観察《かんさつ》しました。

1つ3点(18点)

(1) 春に見られるサクラはどちらですか。あてはまるほうに○をつけましょう。

① 

② 

(2) 夏の気温や水温は、春にくらべてどうなっていますか。正しいものに○をつけましょう。

①(　　)高くなっている。

②(　　)低《ひく》くなっている。

③(　　)変《か》わらない。

(3) 気温や水温は、何を使ってはかりますか。器具《きぐ》の名前をかきましょう。

2 ある日の天気と気温を調べました。

(1)は3点、(2)は全部できて6点(9点)

(1) くもりの日の空はどちらですか。正しいほうに○をつけましょう。

① 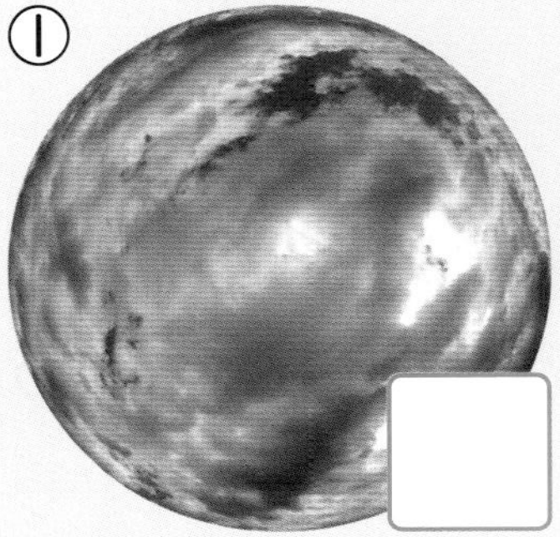

② 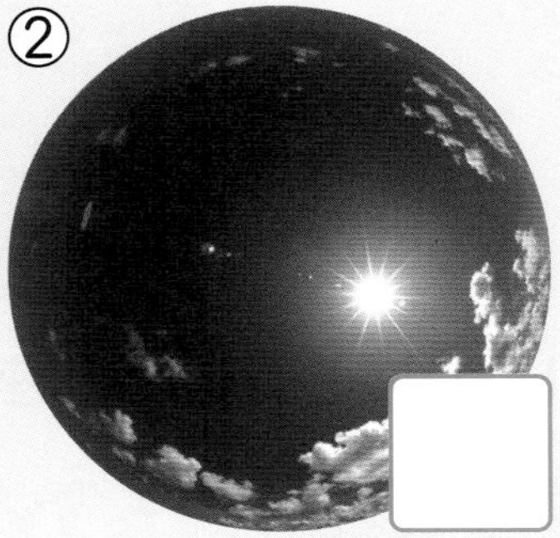

(2) 気温のはかり方について、(　　)にあてはまる言葉や数を　　から選《えら》んでかきましょう。

気温は、(　　　　)のよい場所で、地面から(　　　　)の高さのところではかる。

風通し　日当たり　30〜50 cm　1.2〜1.5 m

( )

(4) ①〜③のうち、ヒョウタンのたねはどれですか。正しいものに○をつけましょう。

① 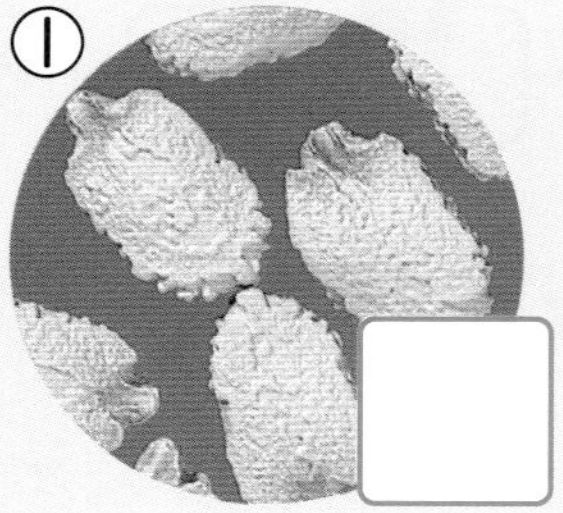
② 
③ 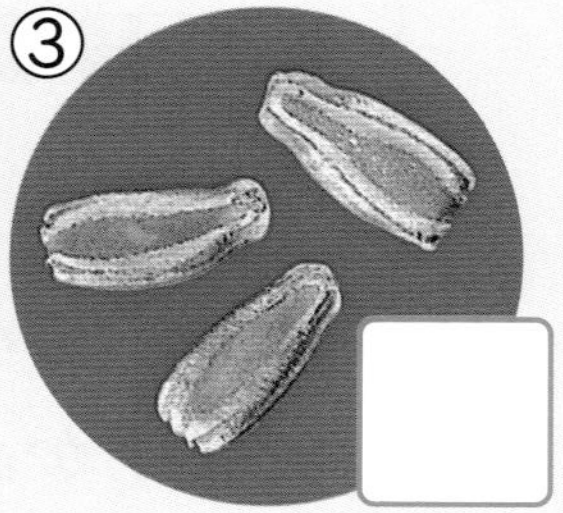

(5) 夏の生き物のようすがかかれているものはどれですか。正しいもの2つに○をつけましょう。

①( )ヒョウタンなどの植物のくきがよくのび、葉がふえ、大きく成長《せいちょう》している。

②( )ヒョウタンなどの植物はかれたり、成長しなくなったりする。

③( )虫などの動物が活発に活動している。

④( )虫などの動物の活動がにぶくなる。

3 かん電池とモーターをどう線でつないで、回路をつくりました。

(1)は全部できて6点、(2)〜(4)は1つ3点(24点)

(1) かん電池とモーターをどう線でつなぐと、電流はどのように流れますか。( )にあてはまる記号をかきましょう。

かん電池の( )極《きょく》からモーターを通って、( )極へと電流が流れる。

(2) かんいけん流計を使うと、電流の何を調べることができますか。2つかきましょう。

( )と( )

(3) ①〜③の電気用図記号は、それぞれ何を表していますか。

① 
② 

③ 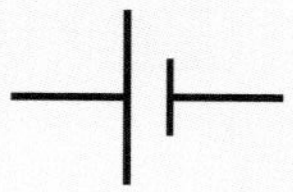

( ) ( ) ( )

(4) 電気用図記号を使って表した回路の図のことを、何といいますか。

( )

うらにも問題があります。

(切り取り線)

（切り取り線）

冬のチャレンジテスト

教科書 66～127ページ

名前　　　　　　月　　日

時間 40分

知識・技能	思考・判断・表現	ごうかく80点
／60	／40	／100

答え44～45ページ

知識・技能

1 月の動きを調べて、記録《きろく》しました。

1つ4点(12点)

(1) このときに観察《かんさつ》した月は、①～④のどれですか。あてはまるものに○をつけましょう。

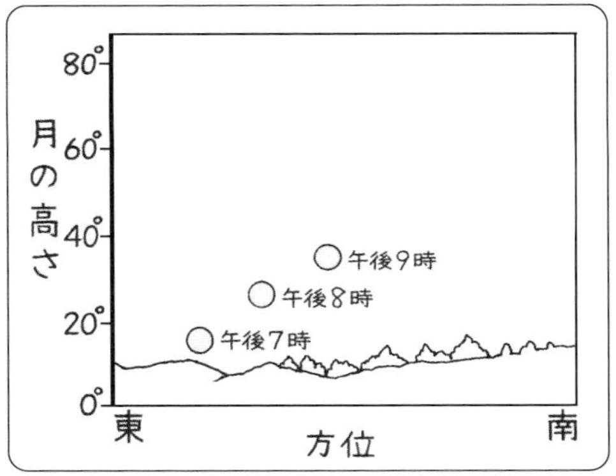

80°
60°
40°
20°
0°
月の高さ
○午後9時
○午後8時
○午後7時
東
方位
南

①(　　)新月《しんげつ》

②(　　)三日月《みかづき》

③(　　)半月《はんげつ》

④(　　)満月《まんげつ》

(2) 月は、時こくとともにどのように位置《いち》を変《か》えますか。正しいものに○をつけましょう。

①(　　)東から南の空の高いところを通り、西へと変わる。

②(　　)東から南の空の高いところを通り、北へと変わる。

3 ヒトの体が動くしくみを調べます。

1つ4点(20点)

(1) ㋐は、かたくてじょうぶであり、㋑で2つの㋐がつながっています。㋐と㋑を、それぞれ何といいますか。

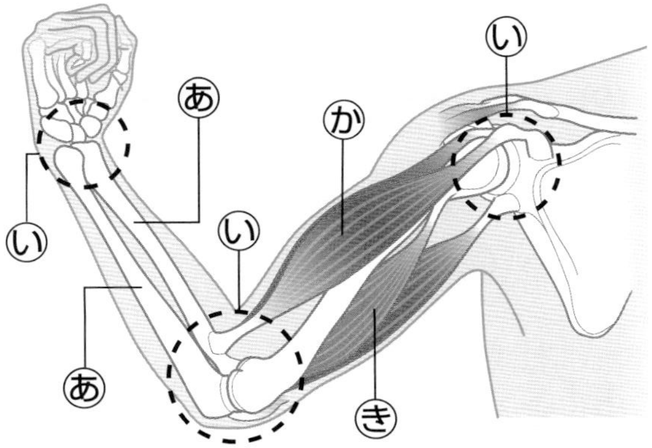

㋑
㋐
㋕
㋑
㋑
㋐
㋖

㋐(　　　　)　㋑(　　　　)

(2) ㋕や㋖は、外からさわると、㋐とくらべてやわらかくなっています。㋕や㋖のことを何といいますか。

(　　　　)

(3) 図のようにうでを曲げたときは、うでをのばしたときとくらべて、㋕と㋖はゆるんでいますか。それともちぢんでいますか。それぞれかきましょう。

③(　　)東から北の空の高いところを通り、西へと変わる。

(3) 別の日に、ちがう形の月が見えました。月の形によって、月の位置の変わり方はちがいますか、同じですか。(　　　)

2 ちゅうしゃ器《き》に空気や水をとじこめ、ピストンをおしました。

1つ4点(8点)

(1) 空気をとじこめてピストンをおすと、空気の体積《たいせき》はどうなりますか。正しいものに○をつけましょう。

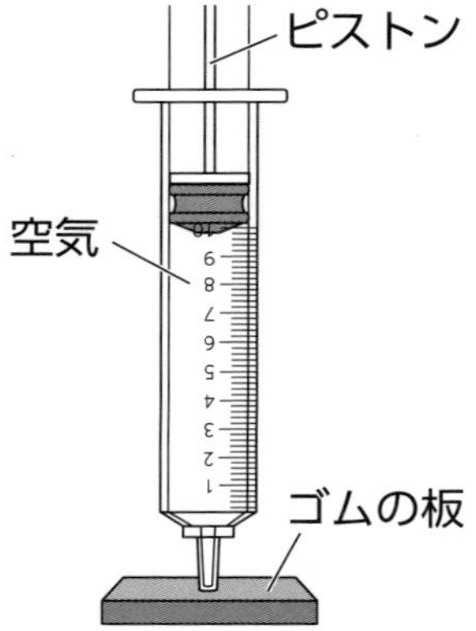

①(　　)小さくなる。
②(　　)変わらない。
③(　　)大きくなる。

(2) 水をとじこめてピストンをおすと、水の体積はどうなりますか。正しいものに○をつけましょう。

①(　　)小さくなる。　②(　　)変わらない。
③(　　)大きくなる。

か(　　　)
き(　　　)

4 秋の生き物のようすを調べました。

1つ4点(8点)

あ 午前10時　晴れ　気温16 °C　プールの横

えだから緑色の葉がたくさん出ていた。近づいてよく見ると，折りたたまれたような葉があった。

い 午前10時　晴れ　気温16°C　プールの横

葉が黄色になった。
下に落ちている葉もあった。
すべて落ちてしまうのかな。

(1) あ、いの記録カードのうち、秋のイチョウのようすを観察したものはどちらですか。(　　)

(2) 夏から秋になって、動物の活動はどうなりますか。正しいほうに○をつけましょう。

①(　　)活発に活動している。
②(　　)活動がにぶくなる。

うらにも問題があります。

(切り取り線)

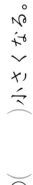

（切り取り線）

春のチャレンジテスト

教科書　128〜187ページ

月　　日

名前

時間　40分

知識・技能	思考・判断・表現	ごうかく80点
／60	／40	／100

答え46〜47ページ

知識・技能

1 冬の夜空を観察《かんさつ》しました。

1つ4点(8点)

(1) 図に見られる、ベテルギウス、シリウス、プロキオンの3つの星をつないでできる三角形のことを何といいますか。

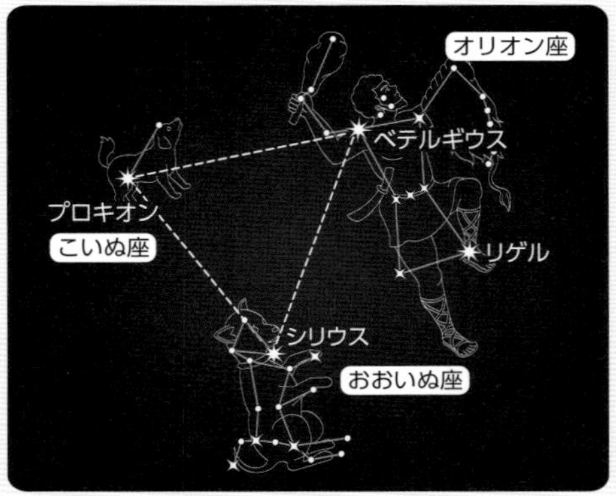

（　　　　　　　）

(2) 2時間後、同じ場所から夜空を観察しました。星の位置《いち》と、ならび方はどうなっていましたか。正しいものに○をつけましょう。

①（　　）星の位置もならび方も変《か》わっていた。

②（　　）星の位置だけが変わっていた。

③（　　）星のならび方だけが変わっていた。

3 丸底《まるぞこ》フラスコに水を入れて、熱《ねっ》しました。

1つ4点(24点)

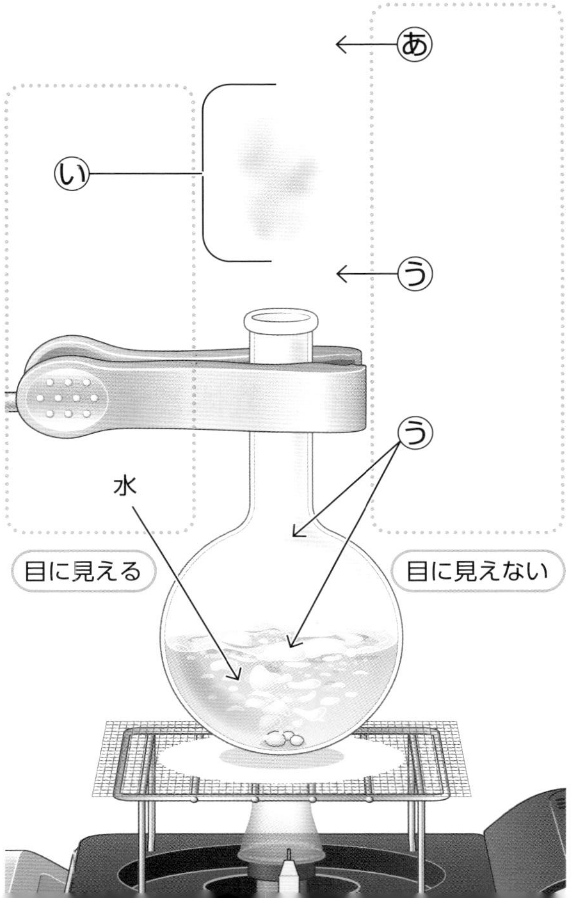

④(　　　)星の位置もならび方も変わっていなかった。

2 冬の生き物のようすを観察しました。

1つ4点(16点)

(1) 気温をはかったところ、温度計の目もりが図のようになりました。このときの気温は何℃ですか。

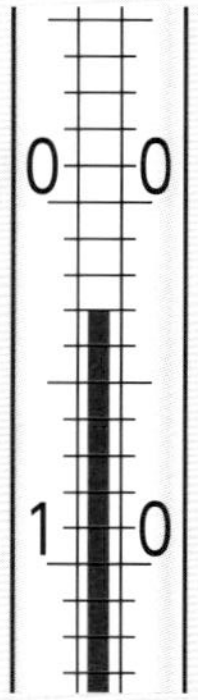

(　　　　　　)

(2) 春、夏、秋、冬のうちで、いちばん気温が高い季節《きせつ》はいつですか。

(　　　　　　)

(3) 気温の変化《へんか》と植物の育ちについて、(　　)にあてはまる言葉をかきましょう。

植物は、あたたかくなると、(　　　　　)をしげらせ、くきをのばし、大きく成長《せいちょう》する。寒くなると、たねを残《のこ》してかれたり、サクラのようにえだに(　　　　　)をつけたりして、冬をこす。

(1) 丸底フラスコに入った水を熱してしばらくすると、水の中からさかんにあわが出て、わき立ちました。

①このあわを出してわき立つことを何といいますか。

(　　　　　　)

②水がわき立つ温度は、およそ何℃ですか。

(　　　　　　)

(2) 水があわを出してわき立っている間、水の温度はどうなりますか。正しいものに○をつけましょう。

①(　　)水の温度の上がり方は大きくなった。

②(　　)水の温度の上がり方は小さくなった。

③(　　)水の温度は変わらなかった。

(3) あ～うはそれぞれ、水と水じょう気のどちらですか。

あ(　　　　　　)

い(　　　　　　)

う(　　　　　　)

うらにも問題があります。

4年 理科のまとめ 学力しんだんテスト

名前　　　　月　　日

時間 40分

ごうかく80点　　／100

答え 48〜49ページ

1 モーターを使って、電気のはたらきを調べました。

1つ4点(12点)

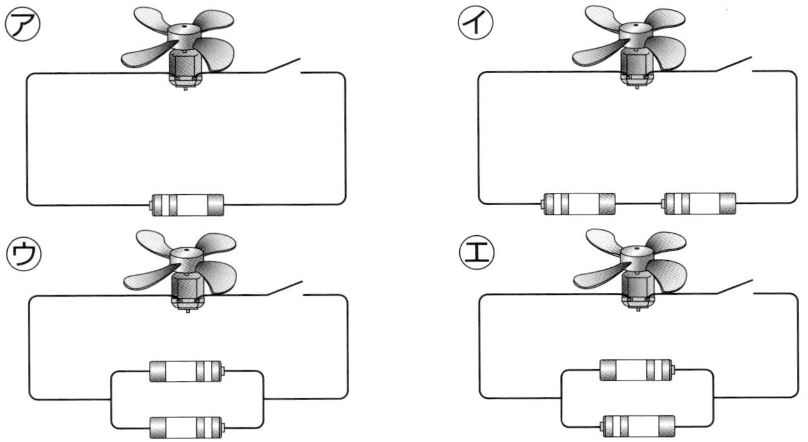

(1) ㋑、㋒のようなかん電池のつなぎ方を、それぞれ何といいますか。

㋑(　　　　　　)　㋒(　　　　　　)

(2) スイッチを入れたとき、モーターがいちばん速く回るものは、㋐～㋓のどれですか。　(　　)

2 ある1日の気温の変化《へんか》を調べました。

3 ある日の夜、はくちょう座《ざ》を午後8時と午後10時に観察《かんさつ》し、記録《きろく》しました。

1つ4点(8点)

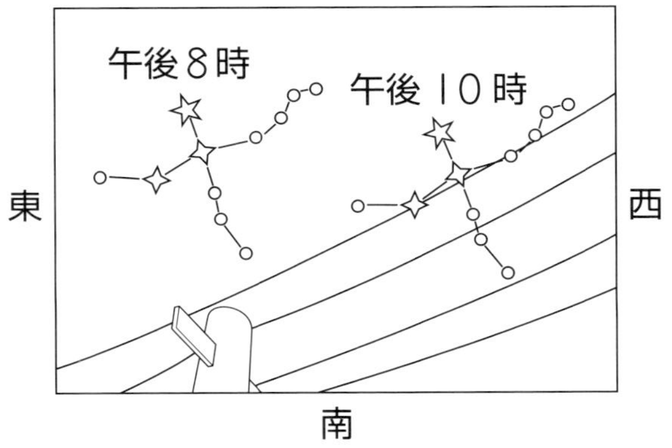

(1) さそり座のアンタレスは赤っぽい色の星です。はくちょう座のデネブは何色の星ですか。

(　　　　　　)

(2) 時こくとともに、星座《せいざ》の中の星のならび方は変《か》わりますか、変わりませんか。　(　　　　　　)

4 ちゅうしゃ器《き》の先にせんをして、ピストンをおしました。

1つ4点(8点)

1つ4点(16点)

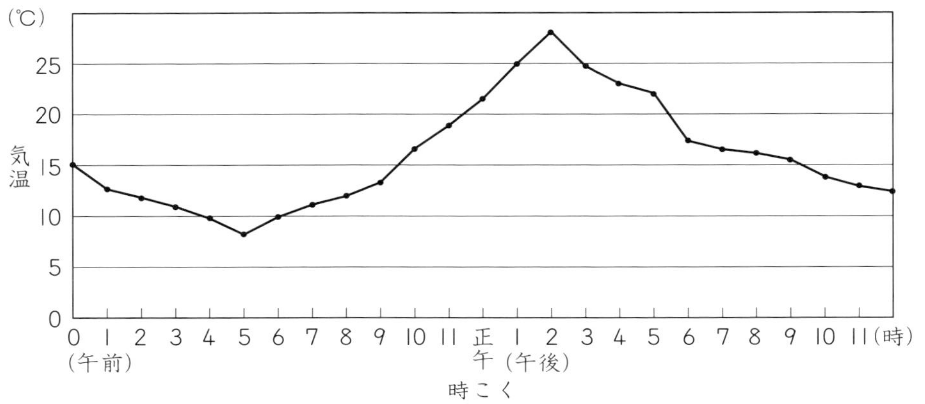
(℃)
気温
25
20
15
10
5
0
0 1 2 3 4 5 6 7 8 9 10 11 正午 1 2 3 4 5 6 7 8 9 10 11(時)
(午前)
(午後)
時こく

(1) この日にいちばん気温が高くなったのは何時ですか。

(　　　　　　)

(2) この日の気温がいちばん高いときと低《ひく》いときの気温の差《さ》は、何℃ぐらいですか。正しいほうに○をつけましょう。

①(　　　)10℃ぐらい　②(　　　)20℃ぐらい

(3) この日の天気は、①と②のどちらですか。正しいほうに○をつけましょう。

①(　　　)晴れ　②(　　　)雨

(4) 上の(3)のように答えたのはなぜですか。

(　　　　　　　　　　　　　　　　)

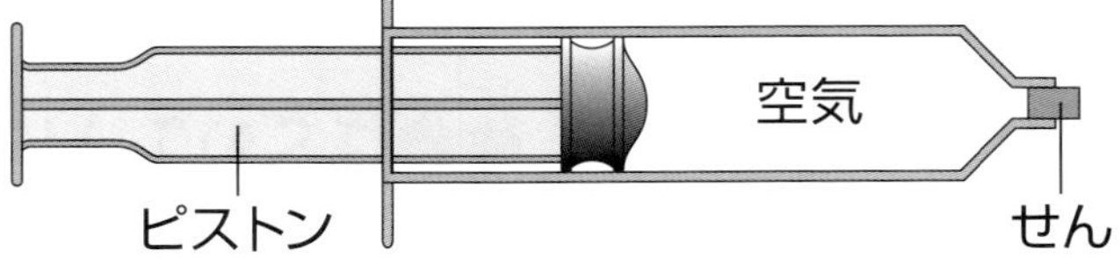
空気
ピストン
せん

(1) ちゅうしゃ器のピストンをおすと、空気の体積《たいせき》はどうなりますか。　(　　　　　　)

(2) ちゅうしゃ器のピストンを強くおすと、手ごたえはどうなりますか。正しいほうに○をつけましょう。

①(　　　)大きくなる。　②(　　　)小さくなる。

5 うでのきん肉やほねのようすを調べました。

1つ4点(8点)

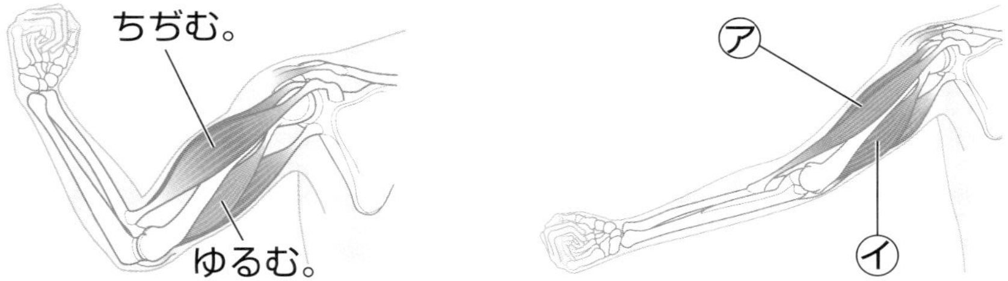
ちぢむ。
ゆるむ。
ア
イ

(1) うでをのばしたとき、きん肉がちぢむのは、ア、イのどちらですか。　(　　　)

(2) ほねとほねのつなぎ目を何といいますか。

(　　　　　　)

うらにも問題があります。

この「丸つけラクラクかいとう」は
とりはずしてお使《つか》いください。

教科書ぴったりトレーニング

丸つけラクラクかいとう

啓林館版
理科４年

「丸つけラクラクかいとう」では問題《もんだい》と同じ紙面《しめん》に、赤字で答えを書いています。

①問題がとけたら、まずは答え合わせをしましょう。

②まちがえた問題やわからなかった問題は、てびきを読んだり、教科書を読み返したりしてもう一度《いちど》見直しましょう。

おうちのかたへ では、次のようなものを示しています。
- 学習のねらいやポイント
- 他の学年や他の単元の学習内容とのつながり
- まちがいやすいことやつまずきやすいところ

お子様への説明や、学習内容の把握などにご活用ください。

見やすい答え

おうちのかたへ

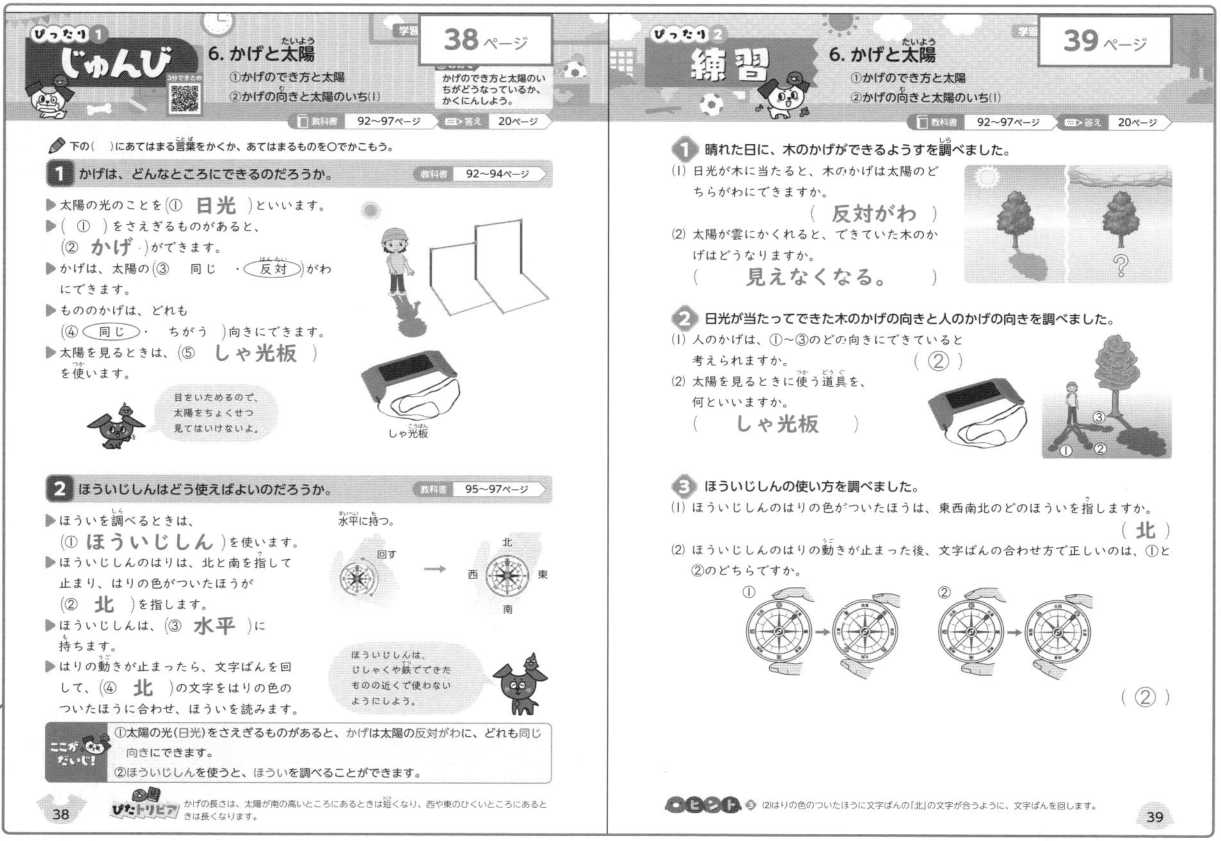
ぴったり1 じゅんび

6. かげと太陽《たいよう》

①かげのでき方と太陽
②かげの向《む》きと太陽のいち(1)

38ページ

かげのでき方と太陽のいちがどうなっているか、かくにんしよう。

教科書 92~97ページ　答え 20ページ

下の(　)にあてはまる言葉《ことば》をかくか、あてはまるものを○でかこもう。

1 かげは、どんなところにできるのだろうか。 教科書 92~94ページ

- 太陽の光のことを(① 日光)といいます。
- (①)をさえぎるものがあると、(② かげ)ができます。
- かげは、太陽の(③ 同じ ・ 反対《はんたい》)がわにできます。
- もののかげは、どれも(④ 同じ ・ ちがう)向きにできます。
- 太陽を見るときは、(⑤ しゃ光板)を使《つか》います。

目をいためるので、太陽をちょくせつ見てはいけないよ。

しゃ光板《こうばん》

2 ほういじしんはどう使えばよいのだろうか。 教科書 95~97ページ

- ほういを調《しら》べるときは、(① ほういじしん)を使います。
- ほういじしんのはりは、北と南を指《さ》して止まり、はりの色がついたほうが(② 北)を指します。
- ほういじしんは、(③ 水平)に持《も》ちます。
- はりの動《うご》きが止まったら、文字ばんを回して、(④ 北)の文字をはりの色のついたほうに合わせ、ほういを読みます。

水平《すいへい》に持《も》つ。

回す　北　西　東　南

ほういじしんは、じしゃくや鉄《てつ》でできたものの近くで使わないようにしよう。

ここがだいじ！
①太陽の光(日光)をさえぎるものがあると、かげは太陽の反対がわに、どれも同じ向きにできます。
②ほういじしんを使うと、ほういを調べることができます。

ぴたトリビア　かげの長さは、太陽が南の高いところにあるときは短《みじか》くなり、西や東のひくいところにあるときは長くなります。

38

ぴったり2 練習

6. かげと太陽《たいよう》

①かげのでき方と太陽
②かげの向《む》きと太陽のいち(1)

39ページ

教科書 92~97ページ　答え 20ページ

1 晴れた日に、木のかげができるようすを調《しら》べました。

(1) 日光が木に当たると、木のかげは太陽のどちらがわにできますか。
(反対がわ)

(2) 太陽が雲にかくれると、できていた木のかげはどうなりますか。
(見えなくなる。)

2 日光が当たってできた木のかげの向きと人のかげの向きを調べました。

(1) 人のかげは、①~③のどの向きにできていると考えられますか。
(②)

(2) 太陽を見るときに使《つか》う道具《どうぐ》を、何といいますか。
(しゃ光板)

3 ほういじしんの使い方を調べました。

(1) ほういじしんのはりの色がついたほうは、東西南北のどのほういを指《さ》しますか。
(北)

(2) ほういじしんのはりの動《うご》きが止まった後、文字ばんの合わせ方で正しいのは、①と②のどちらですか。
① ②
(②)

ヒント 3 (2)はりの色のついたほうに文字ばんの「北」の文字が合うように、文字ばんを回します。

39

おうちのかたへ　**6. かげと太陽**
日光により影ができること、太陽が動くと影も動くこと、日なたと日かげではようすが違うことを学習します。太陽と影(日かげ)との関係が考えられるか、日なたと日かげの違いについて考えることができるか、などがポイントです。

39ページ　てびき

1 (1)かげは太陽《たいよう》の反対《はんたい》がわにできます。
(2)日光をさえぎるものがあると、かげができます。日光が当たらなければ、かげはできません。

2 (1)かげはどれも同じ向《む》きにできるため、人のかげは木のかげと同じ向きにできます。
(2)目をいためるので、ぜったいに太陽をちょくせつ見てはいけません。

3 (1)ほういじしんのはりの色がついたほうは、北を向いて止まります。
(2)ほういじしんのはりの動きが止まってから、文字ばんを回して、「北」の文字をはりの色のついたほうに合わせます。

くわしいてびき

※紙面はイメージです。

ぴったり1 じゅんび

3分でまとめ

1. 春の生き物

● 1年間の観察《かんさつ》のしかた

①春の生き物のようす

学習 2ページ

春に見られる植物や動物のようすをかくにんしよう。

教科書 10〜15ページ　答え 2ページ

下の(　)にあてはまる言葉をかこう。

1 季節《きせつ》によって植物の成長《せいちょう》や、動物の活動はどのように変《か》わるのだろうか。

教科書 10〜11ページ

▶ 1年間観察する計画を立てよう。

- 1年間調べる植物や動物、調べる(① 場所)、どんなことを調べるかを決める。
- 記録《きろく》の方法を決める。

▶ 空気の温度を(② 気温)といい、水の温度を(③ 水温)という。

▶ 気温のはかり方

- (④ 風通し)のよいところをさがす。
- (⑤ 地面)から1.2〜1.5 m の高さではかる。
- 温度計にちょくせつ(⑥ 日光)が当たらないようにしてはかる。

▶ 水温のはかり方

- (⑦ 水面)から10 cm ほどの深さにえきだめがくるように、温度計を水の中に入れる。
- 温度計にちょくせつ(⑧ 日光)が当たらないようにしてはかる。

2 校庭などで見られる植物や動物は、どんなようすだろうか。

教科書 12〜15ページ

ナナホシテントウの(② たまご)

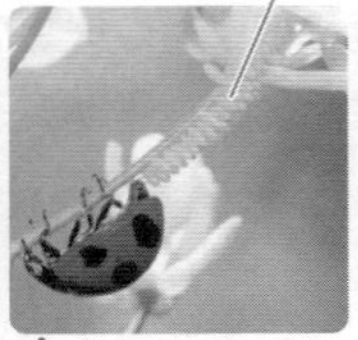

オオカマキリの(① よう虫)

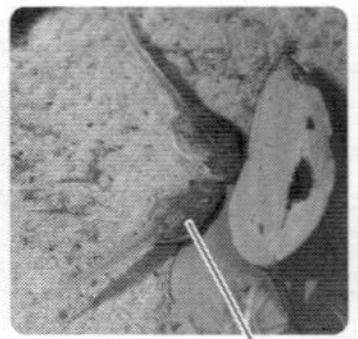

トノサマガエルの(③ おたまじゃくし)

サクラ

▶ 春には、植物が(④ 花)をさかせたり、動物が活動を始めたりする。

ここが だいじ! ①春には、植物が花をさかせたり、動物が活動を始めたりする。

ぴたトリビア 春になると、ツバメが南の国から日本にやってきて、巣《す》をつくり、たまごを産《う》んで子育てをします。

ぴったり2 練習

1. 春の生き物

● 1年間の観察のしかた

①春の生き物のようす

学習 3ページ

教科書 10〜15ページ　答え 2ページ

1 生き物を観察《かんさつ》する前に、気温を調べました。

(1) 気温とは、何の温度ですか。

(空気)

(2) 気温は、地面からどのぐらいの高さではかりますか。正しいものに○をつけましょう。

①(　)0.2〜0.5 m

②(○)1.2〜1.5 m

③(　)2.2〜2.5 m

(3) 写真のように、気温をはかるとき、温度計の前に紙をかざしているのは何のためですか。正しいほうに○をつけましょう。

①(　)風が温度計に当たらないようにするため。

②(○)ちょくせつ日光が当たらないようにするため。

2 春の生き物のようすを観察しました。

(1) 観察したことを記録《きろく》カードにまとめました。

①〜③は何をかいていますか。

①(時こく)

②(天気)

③(気温)

ナナホシテントウとたまご

4月14日　4年3組(よしざき大地)

(①)(②)(③)　花だん

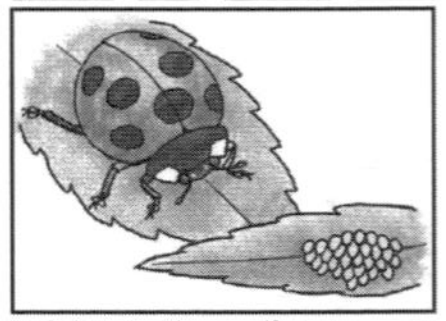

ナナホシテントウが花だんにいた。

葉のうらには黄色いたまごがあった。

小さいつぶで30こぐらいあった。

(2) ナナホシテントウはこん虫です。この記録カードにかかれているものは、どれですか。すべてに○をつけましょう。

①(○)たまご

②(　)よう虫

③(　)さなぎ

④(○)せい虫

(3) 春になると、多くの生き物が見られるようになります。春の生き物のようすについて、(　)にあてはまる言葉をかきましょう。

春には、(植物)が芽《め》を出したり、花をさかせたりする。また、動物が(活動)を始めたりする。

ヒント ❶ (1)温度計は、えきだめにふれている土や水、空気の温度をはかることができます。

3ページ　てびき

❶ (1)気温は空気の温度、水温は水の温度です。

(2)(3)気温は、風通しがよく、地面から1.2〜1.5 m の高さのところで、ちょくせつ日光が当たらないようにしてはかります。

❷ (1)調べた日付《ひづけ》、時こく、天気、気温、調べた場所などもかいておき、いつどこで何を調べたのか、後でふり返ることができるようにします。

(3)春になってあたたかくなると、見られる生き物が多くなります。

おうちのかたへ

温度計の使い方は3年で学習していますが、気温や水温のはかり方は4年で学習します。なお、気温のはかり方は「2. 天気と1日の気温」や5年の天気の学習でも使います。

おうちのかたへ　1. 春の生き物

身の回りの生き物を観察して、動物の活動や植物の成長が季節によって違うことを学習します。季節ごとの生き物を観察し、動物の活動や植物の成長の変化や、環境との関わりを理解しているか、などがポイントです。ここでは春の生き物を扱います。

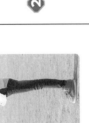

下の(　)にあてはまる言葉をかこう。

1 植物は、季節《きせつ》とともにどのように成長《せいちょう》していくのだろうか。 教科書 16～18ページ

▶ヒョウタンなどのたねをまき、(① 水)をやる。

ヒョウタンの
たね

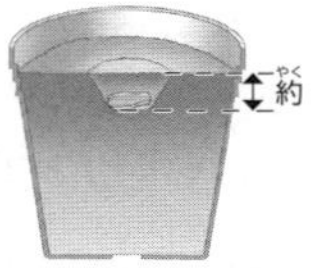
約《やく》1cm

(② 子葉)

▶芽《め》が出て、(②)のほかに(③ 葉)が3～4まいになったころ、花だんなどに植えかえる。

葉

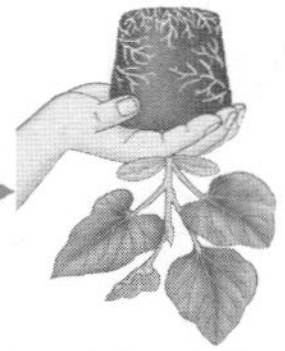

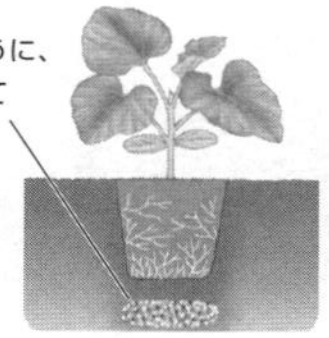
根にふれないように、
ひりょうを入れて
おく。

▶芽が出たら、1週間ごとに成長のようすを調べ、そのときの(④ くき)ののびもはかる。

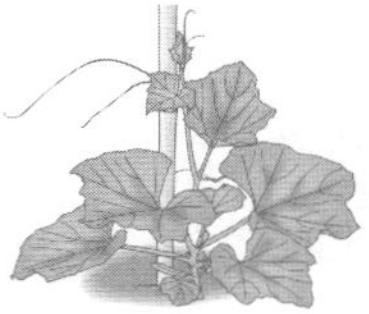

ヒョウタン
5月7日　4年3組（高橋 はると）
午前10時　晴れ　気温 21℃
植えかえたときより 7cmのびていた。
葉の数も多くなっていた。

▶ヒョウタンなどの植物のようすを観察《かんさつ》し続《つづ》けていくと、(⑤ 葉)の数はふえ、(⑥ くき)は少しずつのびていることがわかる。

ここがだいじ! ①たねをまいた植物は、葉の数がふえ、くきがのびていく。

ぴたトリビア　ヒョウタン、ヘチマ、ツルレイシ(ニガウリ)はどれも、ウリ科という植物のなかまです。

1 植物のたねをまいて育て、1年間観察《かんさつ》していきます。

(1) ヒョウタンのたねはどれですか。正しいものに○をつけましょう。

①(　)　②(○)　③(　)

(2) ヒョウタンのたねをまく深さは、どれくらいがよいですか。正しいものに○をつけましょう。

①(　)0cm　②(○)1cm　③(　)5cm　④(　)10cm

(3) 植えかえるのにちょうどよいヒョウタンはどれですか。正しいものに○をつけましょう。

①(　)　②(　)　③(○)

子葉が出たころ

葉が出たころ

子葉のほかに、葉が3～4まいになったころ

(4) ヒョウタンなどの植物を観察すると、どんなことがわかりますか。正しいものに○をつけましょう。

①(　)葉の数がふえ、子葉の数もふえている。
②(　)くきはのびていないが、葉の数がふえている。
③(○)葉の数がふえ、くきがのびている。
④(　)葉の数はふえていないが、くきがのびている。

ヒョウタン
5月7日　4年3組（高橋 はると）
午前10時　晴れ　気温 21℃
植えかえたときより 7cmのびていた。
葉の数も多くなっていた。

5ページ　てびき

1 (1)②がヒョウタンのたねです。①はツルレイシのたね、③はヘチマのたねです。

(2)大きいたねは、指などで土に深さ1cmほどのあなをあけてまきます。

(4)子葉は2まいのままですが、葉の数はふえ、くきはのびていきます。

おうちのかたへ
植物の育ち(たねから子葉が出て、葉が出ること)は、3年で学習しています。なお、「種子」「発芽」は5年で学習します。

ぴったり3 たしかめのテスト

1. 春の生き物

6ページ

/100 合格70点

教科書 8〜19ページ　答え 4ページ

1 春のサクラのようすを観察《かんさつ》しました。　1つ5点(35点)

(1) サクラのようすを観察して、カードに記録《きろく》しました。次のア〜ウは、①〜④のどれですか。

ア　調べたことやぎ問に思ったこと

イ　観察したもののスケッチ

ウ　題名(調べたもの)

ア(④)　イ(③)　ウ(①)

サクラ
4月14日　4年3組(山口まさし)
午前10時　晴れ　気温16℃　校庭
花がたくさんさいていた。
葉も出始めていた。
これからどうなっていくのかな。
①
②
③
④

(2) 記録カードの②には、4つのことをかいています。そのうちの1つは気温です。残《のこ》りの3つは何ですか。

(時こく)
(天気)
(調べた(観察した)場所)

(3) 花や芽《め》など、小さいものをくわしく観察するためには何を使えばよいですか。

(虫めがね)

よく出る

2 生き物を観察する前に、気温をはかりました。　技能

(1)、(2)、(4)は1つ5点、(3)は10点(25点)

(1) 気温は、何を使ってはかりますか。

(温度計)

(2) 気温は、地面からどのぐらいの高さではかるとよいですか。

(1.2〜1.5m(の高さ))

(3) 記述 温度計の前に紙をかざしているのはなぜですか。

(温度計に、ちょくせつ日光が当たらないようにするため。)

(4) 写真のようにして、気温をはかっているとき、太陽は写真の左側《がわ》、右側のどちらにあると考えられますか。

(左側)

学習 7ページ

3 春になって多くの生き物が見られるようになりました。　1つ5点(20点)

①
トノサマガエルのおたまじゃくし
②
イチョウ
③
ナナホシテントウとたまご

(1) ①〜③のうち、動物を観察した記録カードと植物を観察した記録カードは、それぞれどれですか。すべてかきましょう。

動物(①、③)
植物(②)

(2) ヒョウタンを観察しました。ア、イは何ですか。名前をかきましょう。

ア(子葉)
イ(葉)

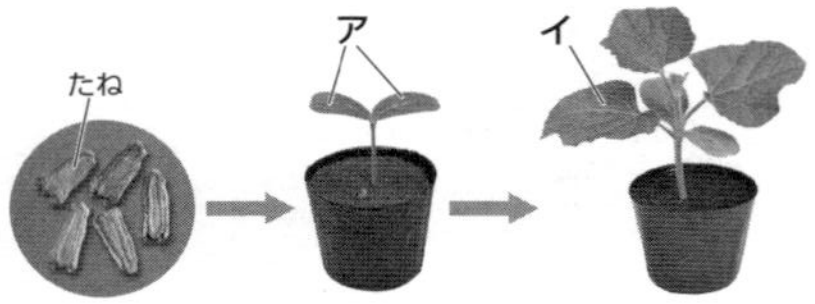

たね
ア
イ

できたらスゴイ!

4 春の生き物のようすについてあてはまるものには○を、あてはまらないものには×をつけましょう。　1つ5点(20点)

① 葉の色が緑色から黄色や赤色に変《か》わったよ。　①(×)

② サクラの花がさいて、野原の植物も芽を出して育ち始めたよ。　②(○)

③ あたたかくなって、見られる動物が少なくなったね。　③(×)

④ 気温が低《ひく》くなり、植物がかれていったよ。　④(×)

ふりかえり　**2**がわからないときは、2ページの**1**にもどってかくにんしてみましょう。**4**がわからないときは、2ページの**2**にもどってかくにんしてみましょう。

6〜7ページ　てびき

1 (1)(2)記録《きろく》カードに何をかけばよいのか、見直しておきましょう。

(3)虫めがねを使うと、小さなものを大きく見ることができます。

2 (1)温度計は、えきだめにふれているものの温度をはかることができます。

(3)(4)温度計に、ちょくせつ日光が当たらないようにするため、紙をかざして、温度計がかげになるようにしています。

3 (2)3年で学習したホウセンカなどの植物の育ちやつくりを思い出しましょう。

4 ③春になってあたたかくなると、見られる動物は多くなっていきます。

おうちのかたへ
虫眼鏡の使い方は、3年で学習しています。

ぴったり1 じゅんび

3分でまとめ

2. 天気と１日の気温

①天気による気温の変化《へんか》

学習日

天気による１日の気温の変化のちがいをかくにんしよう。

教科書 22～24ページ　答え 5ページ

下の(　)にあてはまる言葉をかくか、あてはまるものを○でかこもう。

1 １日の気温の変化は、天気によってどのようにちがうのだろうか。　教科書 22～24ページ

▶天気の決め方

・雲があっても、青空が見えているときを(① 晴れ)とする。

・雲が広がって、青空がほとんど見えないときを(②くもり)とする。

▶気温のはかり方

・(③ 風通し)のよい場所で、地面から 1.2～1.5 m の(④ 高さ)のところではかる。

・温度計に(⑤ 日光)がちょくせつ当たらないようにしてはかる。

▶(⑥ 百葉箱)は、気温をはかるじょうけんに合わせてつくられている。

▶晴れの日は気温の変化が(⑦ 大き)く、くもりや雨の日は気温の変化が(⑧ 小さ)い。

▶折《お》れ線グラフの読み取り方

・ふえているときは、(⑨ (右上がり) ・ 右下がり)になる。

・へっているときは、(⑩ 右上がり ・ (右下がり))になる。

・変《か》わらないときは、水平になる。

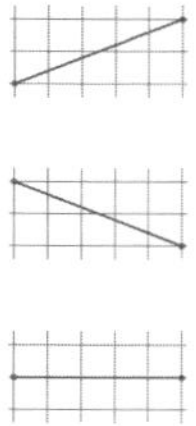

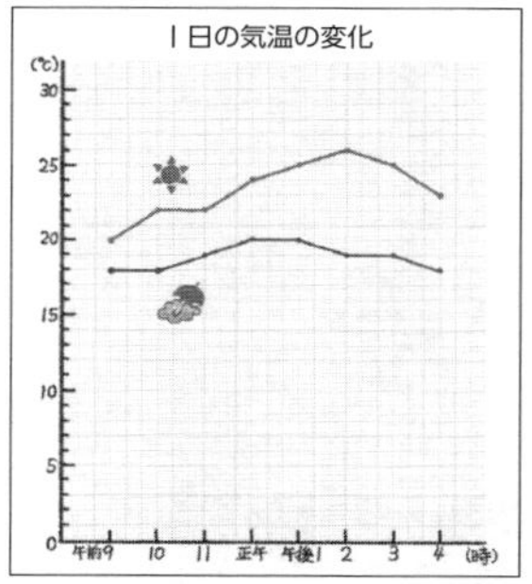

ここがだいじ！
①天気によって、１日の気温の変化のしかたにちがいがある。
②晴れの日は気温の変化が大きく、くもりや雨の日は気温の変化が小さい。

ぴたトリビア　晴れの日は、日光をさえぎる雲が少ないため、地面はよくあたためられます。よくあたためられた地面が、さらに空気をあたためるため、晴れの日は気温の変化が大きくなります。

ぴったり2 練習

2. 天気と１日の気温

①天気による気温の変化《へんか》

学習日

教科書 22～24ページ　答え 5ページ

1 天気と気温を調べました。

(1) くもりのときの空は、㋐と㋑のどちらですか。　(㋑)

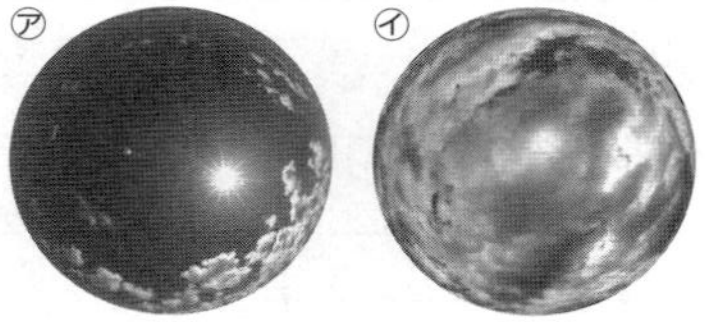

(2) (　)にあてはまる言葉や数をかきましょう。

・気温は、(風通し)のよい場所で、地面から(1.2)～(1.5)m の高さのところではかる。

(3) 記録《きろく》温度計などが入っている、気温をはかるじょうけんに合わせてつくられた箱は何ですか。

(百葉箱)

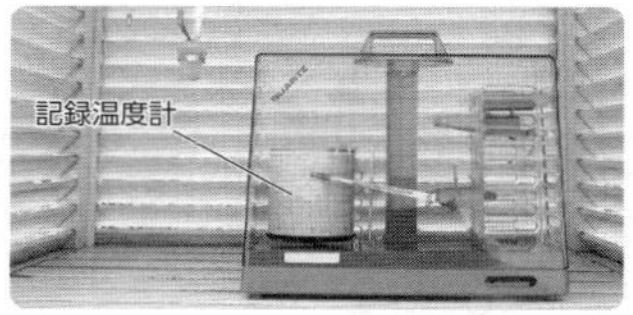

2 晴れの日の１日の気温の変化を調べて、グラフにしました。

(1) 図のようなグラフを何といいますか。

(折れ線グラフ)

(2) たてのじくには気温をとっています。横のじくには何をとっていますか。

(時こく)

(3) たてのじくの□にあてはまる単位《たんい》は何ですか。

(℃)

(4) 気温の変化が大きいのは、㋐と㋑のどちらですか。　(㋐)

(5) くもりの日に気温を調べると、１日の気温の変化は晴れの日とくらべてどうなりますか。正しいものに○をつけましょう。

①(　)大きくなる。

②(○)小さくなる。

③(　)変《か》わらない。

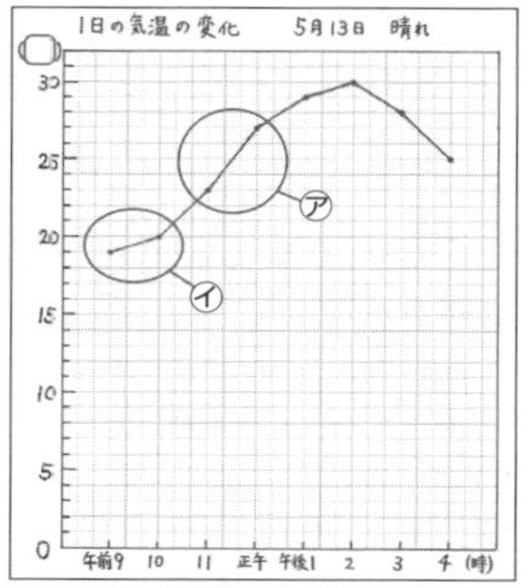

ヒント　❷ (4)折れ線グラフでは、線のかたむきが急なところほど、変化のしかたが大きいことを表しています。

おうちのかたへ　**2. 天気と１日の気温**

天気によって１日の気温の変化のしかたに違いがあることを学習します。ここでは、天気や気温を調べることができるか、晴れの日とくもりや雨の日の気温の変化のしかたを理解しているか、などがポイントです。

9ページ　てびき

❶ (1)雲があっても、青空が見えているときが晴れ、雲が広がって、青空がほとんど見えないときがくもりです。

(3)百葉箱《ひゃくようばこ》は、気温をはかるじょうけんに合わせてつくられています。

❷ (1)折《お》れ線グラフに表すと、ものの変化《へんか》がわかりやすくなります。このグラフでは、気温の変化を見ています。

(4)(5)くもりや雨の日は、日光が雲にさえぎられるので、晴れの日とくらべて、１日の気温の変化は小さくなります。

おうちのかたへ

気温のはかり方は「１. 春の生き物」で学習しています。また、雲の量と天気の決め方や、天気による１日の気温の変化は４年で学習しますが、雲の様子と天気の変化は５年で学習します。

ぴったり3 たしかめのテスト

2. 天気と１日の気温

10ページ

／100 合格 70 点

教科書 20～27ページ　答え 6ページ

よく出る

1 天気と気温を調べました。　技能 (1)は1つ5点、(2)、(3)は1つ10点(30点)

ア

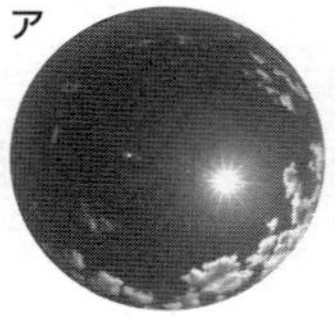

イ

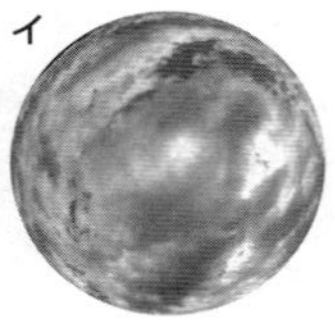

(1) 空がア、イのようなときの天気はそれぞれ何ですか。ただし、雨はふっていません。

ア（ 晴れ ）
イ（ くもり ）

(2) 記述 右の写真で、温度をはかるとき、温度計の前に紙をかざしているのは何のためですか。

（ 温度計に日光がちょくせつ当たらないようにするため。 ）

(3) 温度計で気温をはかるときは、地面からどのぐらいの高さではかるとよいですか。

（ 1.2 ～ 1.5 ）m

2 作図 ある１日の気温をはかって、表にまとめました。これを折《お》れ線グラフに表しましょう。　20点(20点)

時こく	気温
午前９時	21℃
午前 10 時	22℃
午前 11 時	24℃
正午	26℃
午後１時	27℃
午後２時	28℃
午後３時	27℃
午後４時	25℃

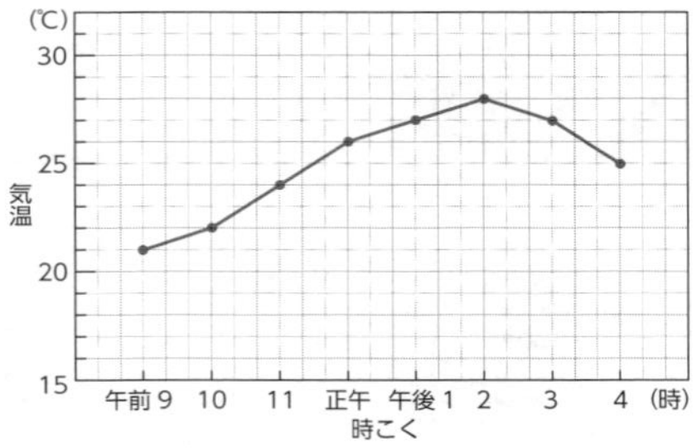

学習

11ページ

よく出る

3 晴れの日と、くもりの日の１日の気温を調べて、それぞれグラフにしました。　(1)、(2)は1つ5点、(3)は10点(20点)

㋐

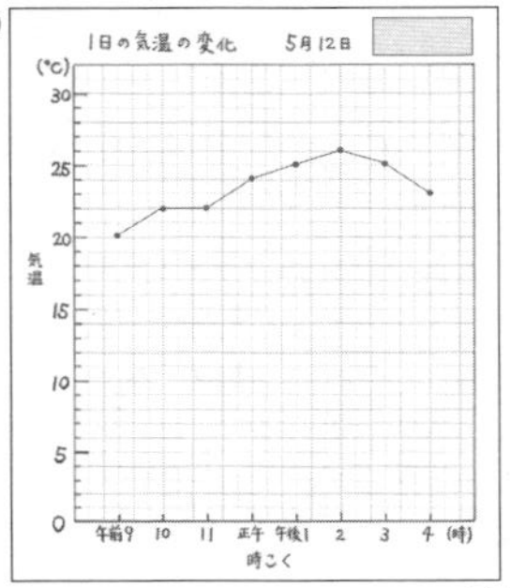

㋑

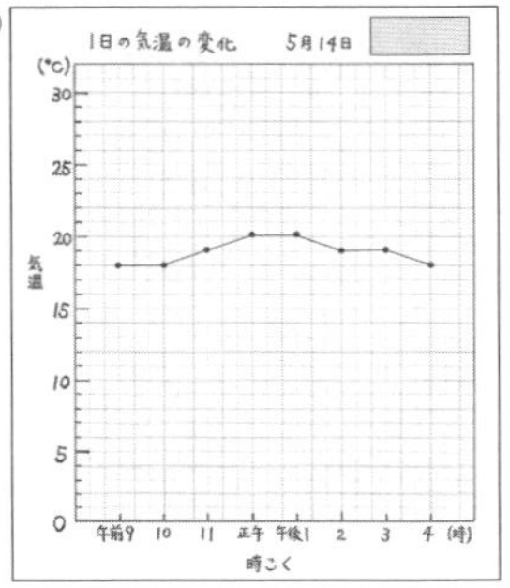

(1) ㋐と㋑のグラフで、１日の気温の変化《へんか》が小さいのはどちらですか。　（ ㋑ ）

(2) 晴れの日のグラフは、㋐と㋑のどちらですか。　（ ㋐ ）

(3) 記述 (2)のように答えた理由をかきましょう。　思考・表現

（ ㋐のグラフは㋑のグラフより、１日の気温の変化が大きいから。 ）

できたらスゴイ！

4 １日の気温を調べました。ア、イの一方が晴れの日、もう一方がくもりの日です。　(1)、(2)、(3)は1つ5点、(4)は10点(30点)

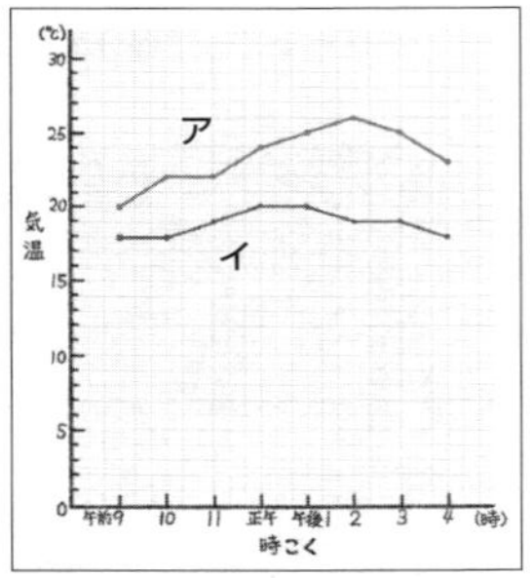

(1) 晴れの日で、いちばん気温が高かったのは何時ですか。また、そのときの気温は何℃ですか。

時こく（ 午後2時 ）
気温（ 26℃ ）

(2) くもりの日で、いちばん気温が高いときと、いちばん気温が低《ひく》いときの差《さ》は何℃ですか。

（ 2℃ ）

(3) どちらがくもりの日と考えられますか。

（ イ ）

(4) 記述 (3)のように考えた理由をかきましょう。

（ イのグラフはアのグラフより、１日の気温の変化が小さいから。 ）

ふりかえり
1がわからないときは、8ページの1にもどってかくにんしてみましょう。
3や4がわからないときは、8ページの1にもどってかくにんしてみましょう。

10～11ページ　てびき

1 (1)青空が見えているかどうかで、晴れかくもりかを考えましょう。

2 たてのじくと横のじくの目もりをよく見て、表をもとに、それぞれの時こくの気温を表す点をうちます。それから、点を順《じゅん》に直線でつなぎます。

3 晴れの日は１日の気温の変化《へんか》が大きく、くもりや雨の日は気温の変化が小さいことから、㋐が晴れの日、㋑がくもりの日と考えられます。

4 １日の気温の変化が大きいアが晴れの日、小さいイがくもりの日と考えられます。
(1)アの折《お》れ線グラフから、いちばん気温が高かったのは、午後２時で、26℃と読み取ることができます。
(2)イの折《お》れ線グラフから、いちばん高い気温は20℃、いちばん低《ひく》い気温は18℃と読み取ることができます。

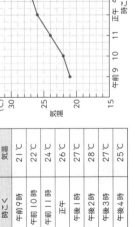

12ページ

ぴったり1 じゅんび

3分でまとめ

3. 地面を流れる水のゆくえ

①水の流れとかたむき
②水のしみこみ方と土

地面にふった雨水の流れやそのゆくえについて、かくにんしよう。

教科書 30~34ページ　答え 7ページ

下の(　)にあてはまる言葉をかくか、あてはまるものを○でかこもう。

1 水の流れと地面のかたむきには、どんな関係《かんけい》があるのだろうか。 教科書 30~32ページ

▶雨がふると、地面に川のような水の流れができることがある。水が流れるところでは、地面が(①**かたむいて**)いる。
▶地面を流れる水は、地面の(② **高い**)ところから、(③ **低い**)ところに向かって流れる。

2 土の種類《しゅるい》と水のしみこみ方には、どんな関係があるのだろうか。 教科書 33~34ページ

▶土のつぶの大きさと水のしみこみ方
・いろいろな場所の土のつぶの大きさをくらべて、水のしみこみ方を調べる。

校庭の土	すな場のすな	じゃり

小さいつぶが多い。	校庭の土より大きいつぶが多かった。	ほかの土より大きいつぶでできていた。

▶土のつぶの大きさが(① (大きく)・ 小さく)なるほど、土に水がしみこみやすくなる。

ここがだいじ!
①地面を流れる水は、地面の高いところから低《ひく》いところに向かって流れる。
②土のつぶの大きさが大きくなるほど、土に水がしみこみやすくなる。

ぴたトリビア　校庭にしみこまず、はい水口《すいこう》に流れこんだ雨水は、地下のパイプを通り、水路や川などに流れこみます。

13ページ

ぴったり2 練習

3. 地面を流れる水のゆくえ

①水の流れとかたむき
②水のしみこみ方と土

教科書 30~34ページ　答え 7ページ

1 雨の日に、地面を流れる水のようすを観察《かんさつ》しました。

(1) 水が流れているところはどのようなところですか。正しいほうに○をつけましょう。
①(○)地面がかたむいているところ。
②(　)地面が平らなところ。

(2) 写真のようにして、水の流れの近くにビー玉を入れたトレーを置《お》きました。このとき、水はどのように流れていると考えられますか。正しいほうに○をつけましょう。
①(　)ア→イの向きに流れている。
②(○)イ→アの向きに流れている。

(3) 写真のビー玉は、何のために置いているか説明《せつめい》しましょう。
(**地面が低くなっている(かたむいている)方向を調べるため。**)

2 いろいろな土を集めてきて、水のしみこみやすさをくらべました。

(1) じゃり、すな場のすな、校庭の土を集めてきました。このうち、つぶがいちばん小さいのは校庭の土でした。どれが校庭の土ですか。正しいものに○をつけましょう。
①(○)　②(　)　③(　)

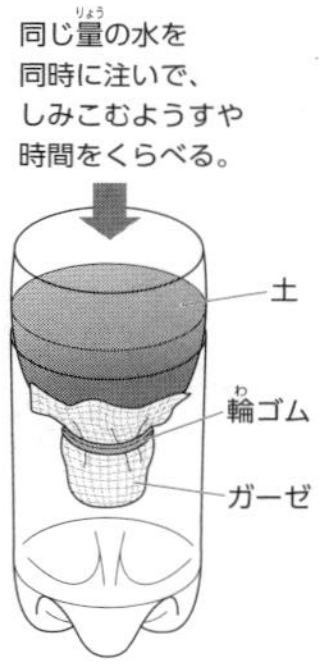

(2) 右の図のようなそうちで水のしみこみやすさを調べたところ、つぶの大きさが大きいほど、短い時間で水が出終わりました。(1)の①~③を、水がしみこみやすい順《じゅん》にならべましょう。
(③ → ② → ①)

ヒント 2 ①~③の写真のつぶの大きさをくらべて、答えましょう。

13ページ　てびき

1 (1)(2)地面を流れる水は、地面の高いところから低《ひく》いところに向かって流れます。
(3)ビー玉は、かたむいているところでは低いほうにころがるので、地面が低くなっている方向がわかります。

2 場所によって、土のつぶの大きさにちがいが見られます。つぶの大きさによって、水のしみこみ方がちがいます。

おうちのかたへ　3. 地面を流れる水のゆくえ
地面に降った雨水の流れやその行方について学習します。水は地面の高いところから低いところに流れること、水のしみこみ方は土の粒の大きさによって違うことを理解しているか、などがポイントです。

ぴったり3
たしかめのテスト
3. 地面を流れる水のゆくえ

14ページ

/100　合格70点

教科書 28～37ページ　答え 8ページ

1 雨の日に公園で地面のようすを観察《かんさつ》したところ、水が流れているところと水がたまっているところがありました。水たまりには、矢印《やじるし》の向きに水が流れこんでいました。

(1)、(2)は1つ7点、(3)は10点(24点)

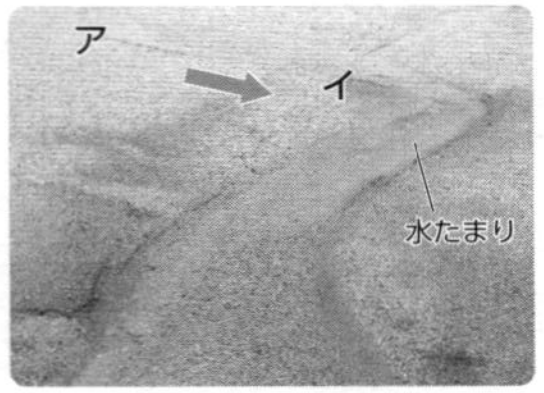

(1) 水たまりはどんなところにできますか。正しいほうに○をつけましょう。
①(　)まわりより高いところ
②(○)まわりより低《ひく》いところ

(2) アとイでは、どちらのほうが高いところですか。
(ア)

(3) 記述 地面を流れる水はどのように流れますか。地面の高さと関係《かんけい》づけて説明《せつめい》しましょう。　思考・表現
(地面を流れる水は、地面の高いところから低いところに向かって流れる。)

よく出る
2 校庭の土とすな場のすなで、水のしみこみやすさをくらべました。

(1)、(2)は1つ7点、(3)は10点(24点)

(1) 校庭の土の山と、すな場のすなの山に、同じ量《りょう》の水を注いだところ、校庭の土の山からは水があふれてきました。校庭の土と、すな場のすなでは、どちらが水がしみこみやすいといえますか。

校庭の土　すな場のすな

(すな場のすな)

(2) 校庭の土と、すな場のすなで、つぶの大きさが小さいのはどちらと考えられますか。
(校庭の土)

(3) 記述 土の種類《しゅるい》によって、水のしみこみやすさはどのようにちがいますか。土のつぶの大きさと関係づけて説明しましょう。　思考・表現
(土のつぶの大きさが大きくなるほど、土に水がしみこみやすい。)

学習日

15ページ

3 いろいろな場所の土を使って、水のしみこみやすさを調べました。　1つ8点(32点)

ア	イ	ウ

大きいつぶが多い。	アより小さいつぶが多かった。	アやイの土より小さいつぶでできていた。

(1) 右の図のようなそうちを使って、水のしみこみやすさを調べました。ア～ウのどれについての結果《けっか》か、記号で答えましょう。
①水を注いでいるとちゅうから、水がにごって出てきた。
②水を注ぎ始めてすぐに、とうめいな水が出てきた。いちばんはやく水が出終わった。
③しみこむのにいちばん時間がかかり、なかなか水が出てこなかった。

同じ量《りょう》の水を同時に注いで、しみこむようすや時間をくらべる。

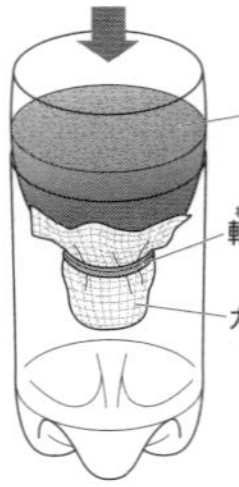

①(イ)　②(ア)　③(ウ)

(2) 水がいちばんしみこみやすかったのはじゃりでした。じゃりはア～ウのどれですか。
(ア)

できたらスゴイ!
4 地面を流れる水のようすやゆくえについて学習したことから考えて、正しいもの2つに○をつけましょう。　1つ10点(20点)

広場や公園のはい水口《すいこう》は、低いところにつくったほうが、水が流れこみやすくていいね。
①(○)

土のつぶが小さいほうが、水とまざりやすくて、はやく水がしみこむよね。
②(　)

校庭でも花だんでも、そのうち水たまりがなくなるから、水がしみこむはやさは同じだね。
③(　)

イネを育てているところでは水がたまっているから、水がしみこみにくい土ということだね。
④(○)

ふりかえり　2がわからないときは、12ページの2にもどってかくにんしてみましょう。
4がわからないときは、12ページの1や2にもどってかくにんしてみましょう。

14～15ページ　てびき

1 地面を流れる水は、地面の高いところから低《ひく》いところに向かって流れ、低いところに水がたまります。

2 (1)水がしみこみにくいほうが、あふれてきます。
(2)土のつぶが大きいほど、土に水がしみこみやすいので、しみこみにくい校庭の土のほうが、土のつぶが小さいと考えられます。

3 (1)土のつぶが大きいほど、土に水がしみこみやすいので、②がア、③がウです。
(2)(1)の②にあてはまるアがじゃりです。

4 ③時間がたつと水たまりはなくなりますが、しみこむはやさが同じとはかぎりません。

おうちのかたへ
水たまりがなくなるのは、水が地面にしみこむほか、水が蒸発することもあります。なお、水が蒸発することは、「10. 水のすがた」で学習します。

ぴったり1 じゅんび

4. 電気のはたらき

①かん電池のはたらき
②かん電池とつなぎ方

3分でまとめ

16ページ

学習

かん電池でモーターを回して、回り方や速さをかくにんしよう。

教科書 40〜46ページ　答え 9ページ

下の(　)にあてはまる言葉をかこう。

1 かん電池をつなぐ向きとモーターの回る向きには、関係《かんけい》があるのだろうか。 教科書 40〜42ページ

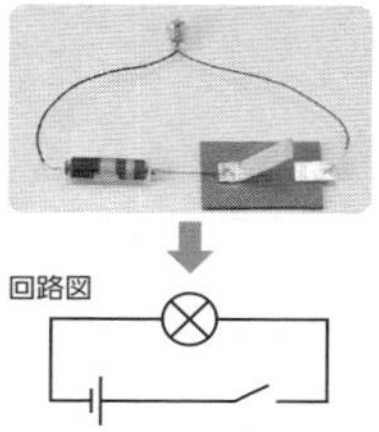

▶下のような、電気用図記号を使って表した回路の図のことを(① **回路図**)という。

記号	豆電球	かん電池	スイッチ	モーター
	⊗	＋極《プラスきょく》　－極《マイナスきょく》	＿／＿	Ⓜ

▶かん電池で回路をつくると、かん電池の(② **＋極**)から(③ **－極**)へ電気が流れる。この電気の流れを(④ **電流**)という。

▶かん電池をつなぐ向きを変《か》えると、回路に流れる電流の(⑤ **向き**)が変わり、モーターの(⑥ **回る向き**)も変わる。

2 モーターをもっと速く回すには、どうすればよいのだろうか。 教科書 43〜46ページ

▶かん電池2このつなぎ方

かん電池の(① **直列**)つなぎ　　かん電池の(② **へい列**)つなぎ

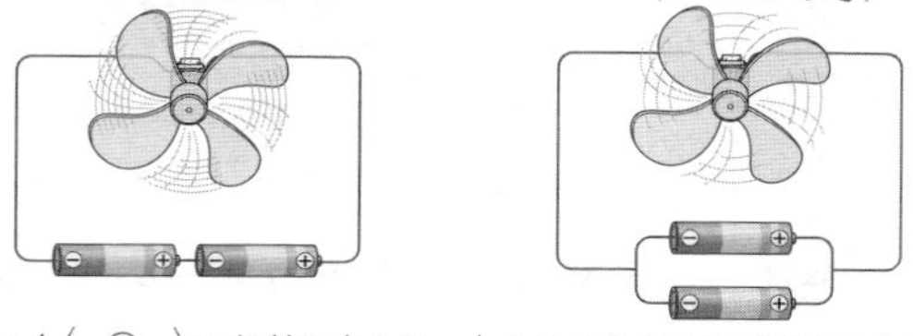

▶かん電池2こを(①)つなぎにすると、1このときよりも回路に流れる電流は大きくなり、モーターは(③ **速く**)回る。

▶かん電池2こを(②)つなぎにすると、1このときと回路に流れる電流は変わらず、モーターは同じぐらいの(④ **速さ**)で回る。

ここがだいじ！
①回路を流れる電気の流れを電流という。
②2このかん電池を直列つなぎにすると、電流は1このときより大きくなる。
③2このかん電池をへい列つなぎにすると、電流は1このときと変わらない。

ぴたトリビア　直列つなぎでは、かん電池を1つはずすと回路は切れてしまいますが、へい列つなぎだと、かん電池を1つはずしても回路はつながっています。

ぴったり2 練習

4. 電気のはたらき

①かん電池のはたらき
②かん電池とつなぎ方

17ページ

学習

教科書 40〜46ページ　答え 9ページ

1 かん電池と豆電球、スイッチをどう線でつなぎました。

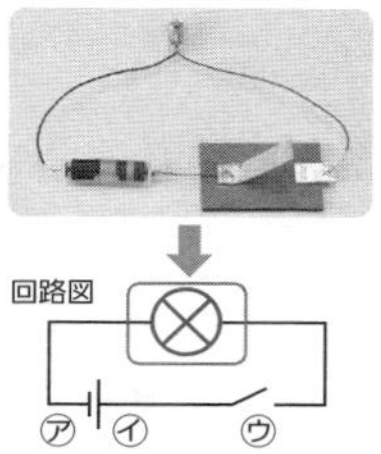

(1) かん電池の㋐は、＋極《プラスきょく》と－極《マイナスきょく》のどちらですか。
(**－極**)

(2) スイッチを入れたときに、どう線に流れる電気の向きは、㋑から㋒、㋒から㋑のどちらですか。
(**㋑から㋒**)

(3) 回路を流れる電気の流れのことを何といいますか。
(**電流**)

(4) 回路図の▭に、豆電球の電気用図記号をかきましょう。

2 かん電池とモーターをどう線でつなぎました。

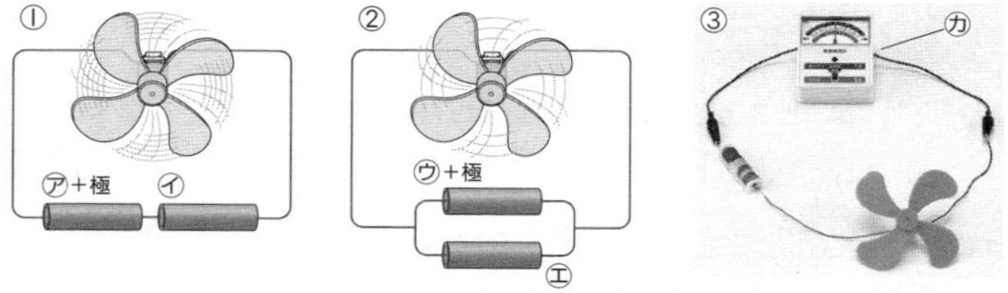

(1) ①と②はかん電池を2こつないでいます。それぞれかん電池の何つなぎといいますか。
①(**直列**)つなぎ　②(**へい列**)つなぎ

(2) ①の㋐と②の㋒は、どちらもかん電池の＋極です。①の㋑と、②の㋓は、それぞれかん電池の＋極、－極のどちらですか。　㋑(**＋極**)　㋓(**－極**)

(3) ③の器具《きぐ》㋕は、電流の向きや大きさを調べるためのものです。これを何といいますか。(**かんいけん流計**)

(4) モーターに流れる電流の大きさはどうでしたか。正しいものに○をつけましょう。
ア(◯)①のほうが②よりも大きい。　イ(　)①と②は同じ。
ウ(　)②のほうが①よりも大きい。

(5) モーターの回る速さはどうでしたか。正しいものに○をつけましょう。
ア(◯)①のほうが②より速い。　イ(　)①と②は同じ。
ウ(　)②のほうが①より速い。

おうちのかたへ　**4. 電気のはたらき**

乾電池の数やつなぎ方と電流の大きさや向きについて学習します。電流の大きさや向きを変えたときのモーターの回り方を、直列つなぎや並列つなぎなどの用語(名称)を使って理解しているか、などがポイントです。

17ページ　てびき

1 (1)長いほうが＋極《プラスきょく》、短いほうが－極《マイナスきょく》を表しています。
(2)(3)電流《でんりゅう》は、かん電池の＋極(㋑)からスイッチ(㋒)、豆電球を通って、－極(㋐)へ流れます。

2 (1)(2)直列つなぎでは、かん電池の＋極と別《べつ》のかん電池の－極がつながっています。へい列つなぎでは、かん電池の＋極どうし、－極どうしがつながっています。
(4)(5)直列つなぎでは、かん電池1このときよりも、電流が大きくなります。一方、へい列つなぎでは、かん電池1このときと、電流の大きさは変《か》わりません。そのため、直列つなぎのほうがモーターは速く回ります。

おうちのかたへ
「回路」や明かりのつくとき・つかないときのつなぎ方は3年で学習しています。

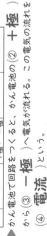

ぴったり3 たしかめのテスト

4. 電気のはたらき

18ページ

/100 合格 70 点

教科書 38〜49ページ　答え 10ページ

1 図は、電気用図記号を使って、ある回路を表したものです。 1つ5点(20点)

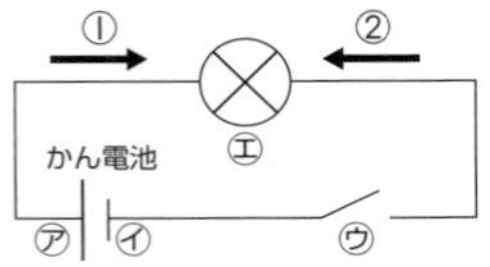

(1) 電気用図記号を使って表した回路の図のことを、何といいますか。
（　回路図　）

(2) かん電池の+極《プラスきょく》は、㋐と㋑のどちらですか。
（　㋐　）

(3) ㋒が表しているものは何ですか。
（スイッチ）

(4) この回路に電流を流したとき、㋓に流れる電流の向きは、①と②のどちらですか。
（　①　）

2 かん電池、モーター、かんいけん流計をどう線でつなぎ、回路をつくりました。 1つ5点(30点)

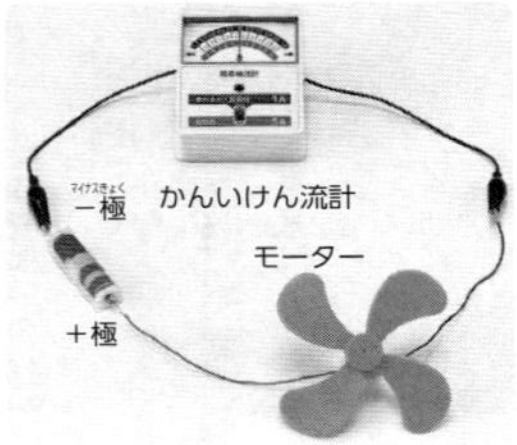

(1) かんいけん流計を使うと、何を調べることができますか。2つかきましょう。 技能
（　電流の向き　）
（　電流の大きさ　）

(2) かん電池のつなぐ向きを変えて、モーターを回しました。

①かんいけん流計のはりのふれる向きはどうなりますか。
（　変わる。　）

②かんいけん流計のはりのふれぐあいはどうなりますか。
（変わらない。）

③モーターの回る向きはどうなりますか。
（　変わる。　）

④モーターの回る速さはどうなりますか。
（変わらない。）

19ページ

学習

よく出る

3 かん電池2ことモーターをどう線でつなぎ、モーターの回る速さを調べました。 (1)、(2)、(3)は1つ5点、(4)は全部できて15点(35点)

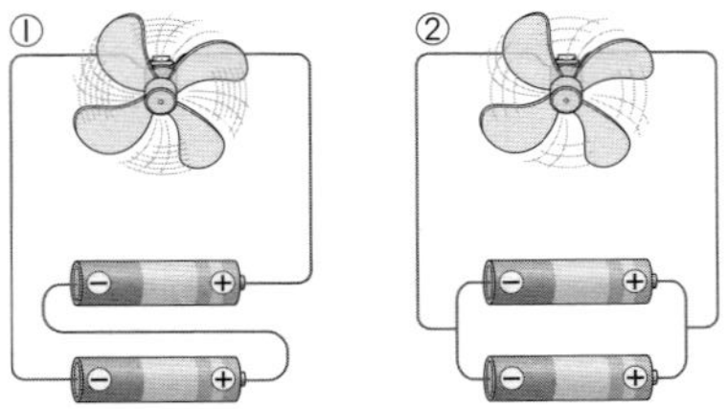

(1) ①、②のようなかん電池のつなぎ方を、それぞれ何つなぎといいますか。
①（　直列つなぎ　）
②（　へい列つなぎ　）

(2) ①の回路について、かん電池1こを使ってモーターを回したときとくらべると、モーターの回る速さはどうなりますか。
（　速くなる。　）

(3) ②の回路について、かん電池1こを使ってモーターを回したときとくらべると、モーターの回る速さはどうなりますか。
（　変わらない。　）

(4) 記述 かんいけん流計を使って、①と②の回路に流れる電流を調べました。ア、イのうち、どちらが①の回路を調べた結果《けっか》ですか。選《えら》んだ理由もかきなさい。 思考・表現

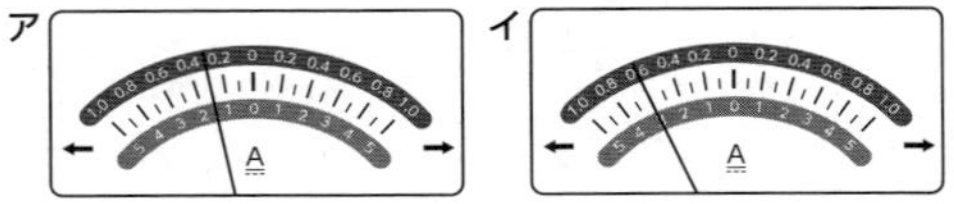

①の回路（　イ　）

理由（直列つなぎでは、へい列つなぎより、大きな電流が流れるから。）

できたらスゴイ!

4 かん電池とモーター、かんいけん流計をつないで、電流を流しました。 1つ5点(15点)

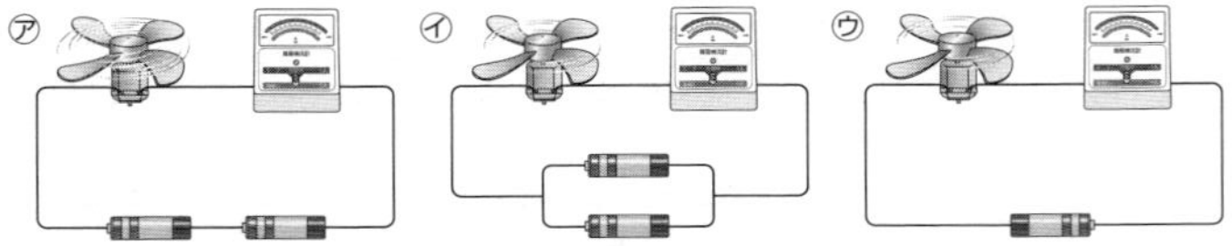

(1) かんいけん流計のはりのふれぐあいがいちばん大きいのは、㋐〜㋒のうちのどれですか。
（　㋐　）

(2) モーターの回る向きがちがうのは、㋐〜㋒のうちのどれですか。
（　㋒　）

(3) モーターの回る速さがちがうのは、㋐〜㋒のうちのどれですか。
（　㋐　）

ふりかえり
3がわからないときは、16ページの2にもどってかくにんしてみましょう。
4がわからないときは、16ページの1や2にもどってかくにんしてみましょう。

4 電流の向きは、かん電池の向きから㋐と㋑が同じとわかります。また、電流の大きさは、かん電池の数とつなぎ方から㋑と㋒が同じで、㋐はそれより大きいとわかります。

18〜19ページ　てびき

1 (4)かん電池の+極《プラスきょく》(㋐)から豆電球、スイッチを通って、かん電池の−極《マイナスきょく》(㋑)へ電流が流れます。

2 (1)はりのふれる向きで電流の向きが、ふれぐあいで電流の大きさがわかります。

(2)かん電池のつなぐ向きを変《か》えると、電流の向きが変わり、はりのふれる向きやモーターの回る向きも変わります。電流の大きさは変わらないので、はりのふれぐあいやモーターの回る速さは変わりません。

3 (4)かん電池1このときとくらべて、直列つなぎではより大きな電流が流れ、へい列つなぎでは同じぐらいの大きさの電流が流れるので、はりのふれぐあいが大きい、つまり電流が大きいイが、直列つなぎの回路を調べた結果《けっか》と考えられます。

ぴったり1 じゅんび

3分でまとめ

★ 夏の生き物

①夏の生き物のようす ②植物を育てよう ③夏の記録《きろく》をまとめよう

学習 20ページ

夏に見られる植物や動物のようすをかくにんしよう。

教科書 51〜56ページ　答え 11ページ

下の（　）にあてはまる言葉をかこう。

1 春とくらべて、生き物のようすはどうなっているのだろうか。 教科書 51〜53ページ

▶春とくらべたときの夏のようす
- 気温や水温が（① 高く ）なる。
- 植物が大きく（② 成長 ）し、動物が（③ 活発 ）に活動するようになる。

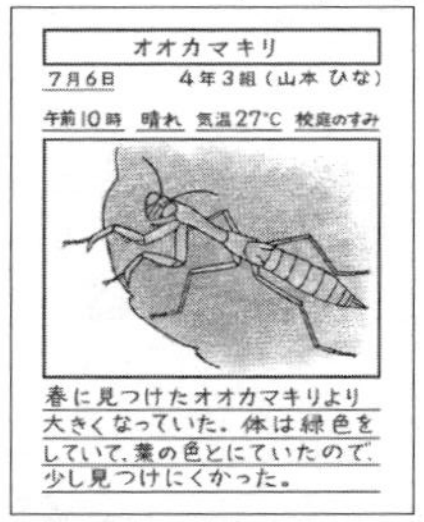

夏になって暑い日が続《つづ》くようになり、植物は葉がしげり、緑が多くなるよ。

2 春にたねをまいた植物は、夏になり、どうなっているのだろうか。 教科書 54〜56ページ

▶夏には、春とくらべて、ヒョウタンなどの植物は、（① くき ）がよくのび、（② 葉 ）がふえ、花もさくなど、大きく成長《せいちょう》する。

ヒョウタンの花

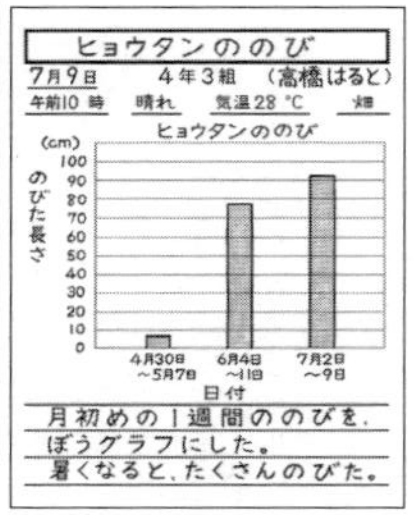

ここがだいじ！
①夏には、春とくらべて、気温や水温が高くなる。
②夏には、植物が大きく成長し、動物が活発に活動するようになる。

ぴたトリビア　植物が花をさかせるじょうけんには、気温変化《へんか》や夜の長さの変化なども関係《かんけい》しています。

ぴったり2 練習

★ 夏の生き物

①夏の生き物のようす ②植物を育てよう ③夏の記録《きろく》をまとめよう

学習 21ページ

教科書 51〜56ページ　答え 11ページ

1 夏の生き物のようすを観察《かんさつ》しました。

(1) 春に観察したサクラとオオカマキリを夏にも観察して、カードに記録しました。次のカードのうち、夏の生き物のようすを記録したものすべてに○をつけましょう。

①（ ○ ）　②（　）　③（　）　④（ ○ ）

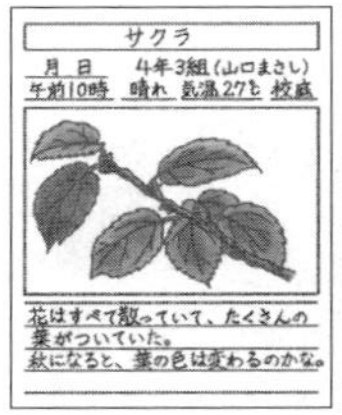

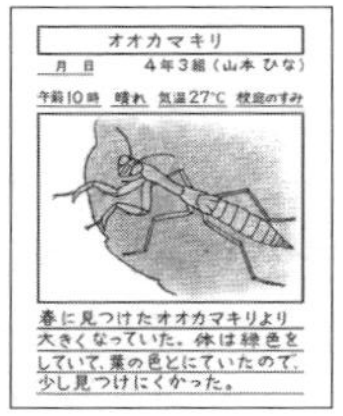

(2) 夏の生き物のようすについて、（　）にあてはまる言葉をかきましょう。

夏になると日ざしが強くなり、気温や水温が（ 高く ）なる。
そして、植物はくきがのび、緑の葉がしげり、大きく（ 成長 ）する。
また、見られる動物の数はふえ、春より活発に（ 活動 ）する。

2 ヒョウタンの月初《はじ》めの1週間のくきののびを調べて、グラフにしました。

(1) このようなグラフを何といいますか。

（ ぼうグラフ ）

(2) ヒョウタンがいちばんのびたのはいつですか。正しいものに○をつけましょう。

①（　）4月30日〜5月7日
②（　）6月4日〜11日
③（ ○ ）7月2日〜9日

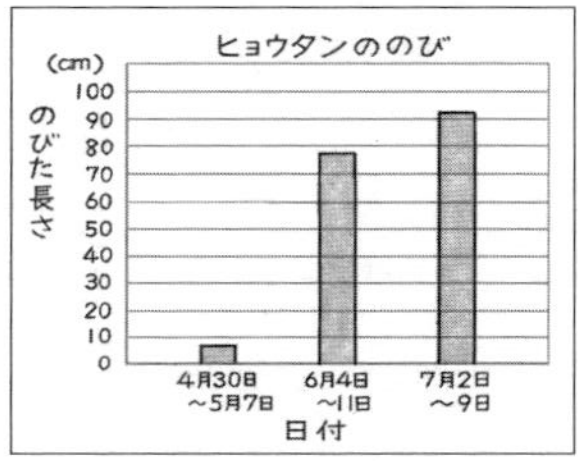

21ページ　てびき

1 (1)夏になると、サクラはたくさんの葉をつけます。オオカマキリのよう虫は大きくなっています。また、記録《きろく》カードにかかれている気温からも、夏に記録したものがわかります。

2 (1)数字で表せるものは、ぼうグラフにすると、ちがいをくらべやすくなります。

(2)ぼうグラフがいちばん長いときの日付《ひづけ》を読み取ります。

ヒョウタンののびをかいたぼうグラフから、夏になると大きく成長《せいちょう》することがわかります。

おうちのかたへ　★ 夏の生き物

「1．春の生き物」に続いて、身の回りの生き物を観察して、動物の活動や植物の成長が季節によって違うことを学習します。ここでは夏の生き物を扱います。

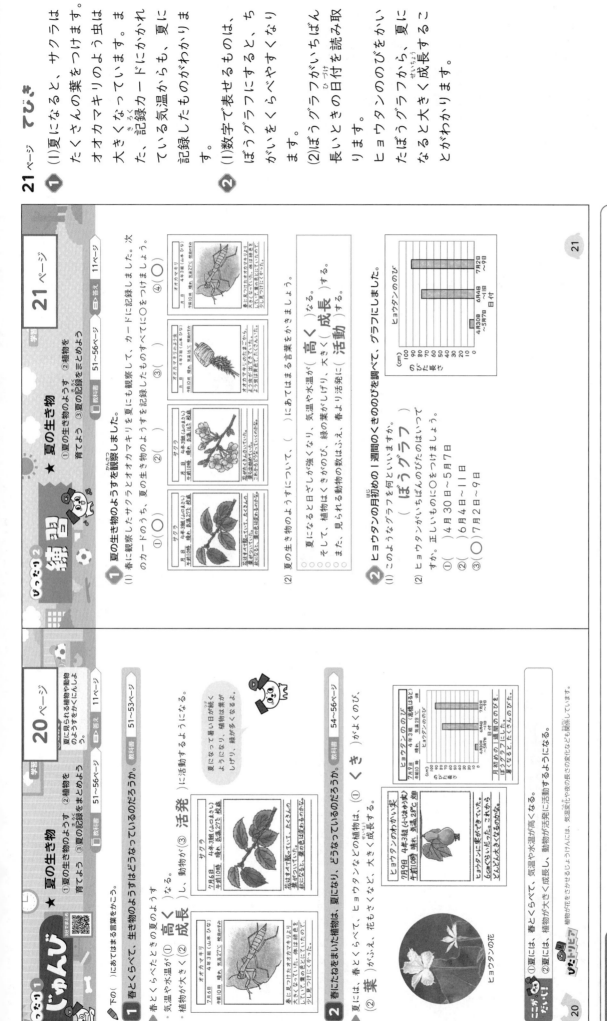

ぴったり3 たしかめのテスト ★ 夏の生き物

22ページ

100 合格 70 点

教科書 50～57ページ　答え 12ページ

よく出る

1 春に調べた生き物が、夏になってどうなっているか観察《かんさつ》しました。

(1)は全部できて5点、(2)、(3)は1つ5点(20点)

(1) 春と夏で、調べるときに変《か》えないものはどれですか。あてはまるものすべてに○をつけましょう。

ア(◯)調べる時こく
イ(　)気温
ウ(◯)観察する場所と生き物

① ②

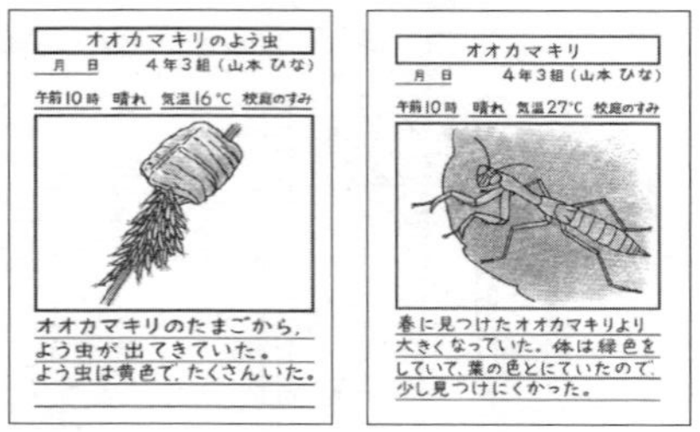

オオカマキリのよう虫
月 日　4年3組（山本 ひな）
午前10時　晴れ　気温16℃　校庭のすみ
オオカマキリのたまごから、
よう虫が出てきていた。
よう虫は黄色で、たくさんいた。
オオカマキリ
月 日　4年3組（山本 ひな）
午前10時　晴れ　気温27℃　校庭のすみ
春に見つけたオオカマキリより
大きくなっていた。体は緑色を
していて、葉の色とにていたので、
少し見つけにくかった。

(2) 春と夏の記録《きろく》カードを見くらべました。夏の記録カードは、①、②のどちらですか。

(②)

(3) 夏の生き物のようすについて、(　)にあてはまる言葉をかきましょう。

夏には、春とくらべて、動物が活発に(**活動**)したり、植物が大きく(**成長**)したりする。

2 4月から、毎月20日の午前10時に気温をはかりました。

1つ10点(20点)

はかった日	4月20日	5月20日	6月20日	7月20日
気温	18℃	22℃	26℃	28℃

(1) 作図 表は、はかった気温をまとめたものです。これを折《お》れ線グラフに表しましょう。

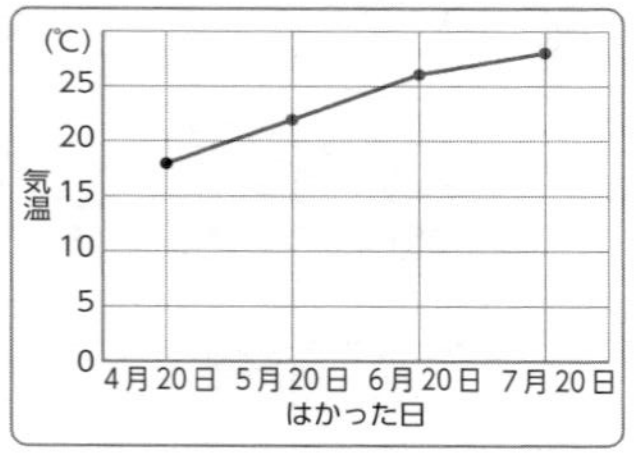

(℃)
25
20
15
10
5
0
気温
4月20日 5月20日 6月20日 7月20日
はかった日

(2) 気温について、表からわかることは何ですか。正しいものに○をつけましょう。

①(　)春は夏より気温が高い。
②(◯)春は夏より気温が低《ひく》い。
③(　)春も夏も気温は同じぐらいである。

23ページ

学習

3 ヒョウタンのくきののびを調べて、表にしました。

1つ10点(40点)

日付《ひづけ》	4月30日～5月7日	6月4日～6月11日	7月2日～7月9日
ヒョウタンののびた長さ	7cm	76cm	92cm

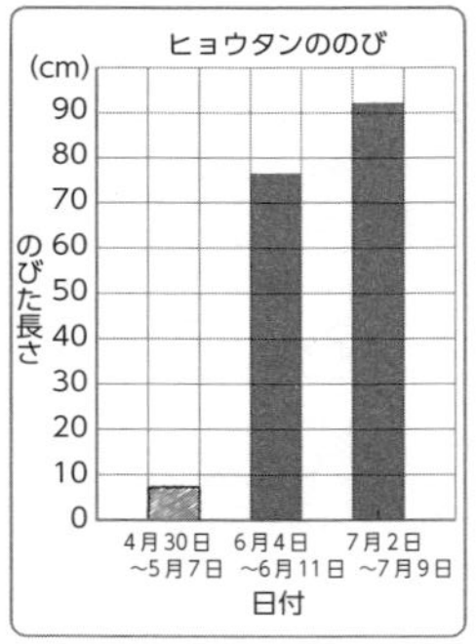

ヒョウタンののび
(cm)
90
80
70
60
50
40
30
20
10
0
のびた長さ
4月30日～5月7日
6月4日～6月11日
7月2日～7月9日
日付

(1) 作図 ヒョウタンのくきののびをはかった結果《けっか》を、ぼうグラフに表しましょう。

(2) 調べた結果から、ヒョウタンののびは、何と関係《かんけい》があると考えられますか。あてはまるものに○をつけましょう。

①(　)天気
②(　)風の向きや強さ
③(◯)気温

(3) 記述 (2)で選《えら》んだものがどのように変わると、ヒョウタンのくきののびが大きくなりますか。(　)にあてはまる言葉をかきましょう。 思考・表現

(**気温**)が(**高く**)なると、ヒョウタンのくきののびが大きくなる。

できたらスゴイ！

4 夏の生き物のようすについてあてはまるものには○を、あてはまらないものには×をつけましょう。

1つ5点(20点)

暑くなって、植物も大きく育っているよ。
①(◯)
見られる動物の数がふえて、活発に活動しているね。
②(◯)
あたたかくなって、サクラの花がさいたよ。
③(×)
気温が低くなり、植物はくきがのび、緑の葉がしげったね。
④(×)

ふりかえり 1がわからないときは、20ページの1にもどってかくにんしてみましょう。
4がわからないときは、20ページの1や2にもどってかくにんしてみましょう。

4 ④夏になると、気温が高くなり、植物はくきがのびて緑の葉がしげり、大きく成長します。

22～23ページ てびき

1 (1)季節《きせつ》と生き物の関係《かんけい》を調べるので、同じ時こく、同じ場所で、同じ生き物を観察《かんさつ》します。

(3)夏の生き物のようすのとくちょうをとらえましょう。

2 (1)4月20日にうってある点と同じように、それぞれの日の気温を表す点をうち、順《じゅん》に直線でつなぎましょう。

(2)表やかいた折《お》れ線グラフから、だんだん気温は上がっていて、夏は春より気温が高い(春は夏より気温が低《ひく》い)ことがわかります。

3 (1)表やかいたぼうグラフから、春より夏のほうがくきののびが大きいことがわかります。

(2)(3)夏になると、植物は大きく成長《せいちょう》します。気温が高くなると、ヒョウタンなどの植物はくきがよくのび、葉がふえます。

ぴったり1 じゅんび ★ 夏の夜空

学習 24ページ
夏の夜空に見られる星の色や明るさ、星座をかくにんしよう。

3分でまとめ

教科書 59～63ページ　答え 13ページ

下の(　)にあてはまる言葉をかこう。

1 夜空にかがやく星には、どんなちがいがあるのだろうか。 教科書 59～63ページ

▶こと座《ざ》、わし座、はくちょう座のように、星の集まりをいろいろな動物や道具などに見立てて名前をつけたものを(① 星座)という。

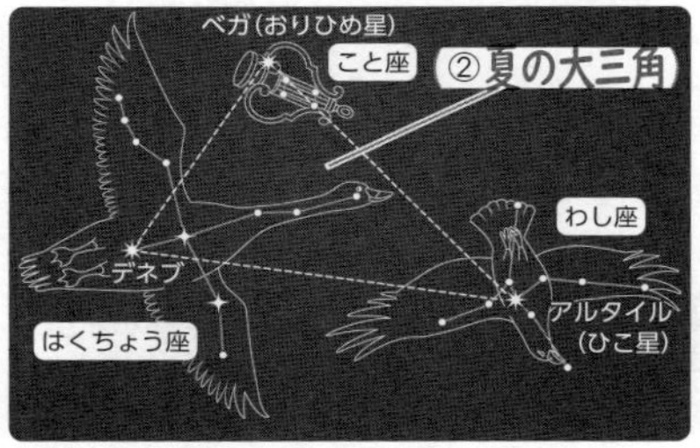

ベガ(おりひめ星)
こと座
②夏の大三角
わし座
デネブ
アルタイル
(ひこ星)
はくちょう座

星座早見…7月7日午後9時(21時)の場合
(③ 時こく)の目もり

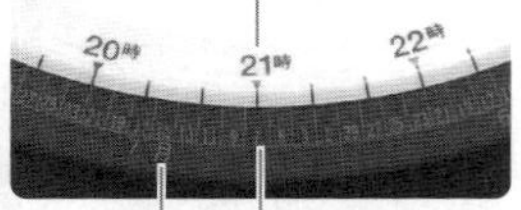

20時
21時
22時

(④ 月日)の目もり

▶星座早見《せいざはやみ》の使い方
・観察《かんさつ》する(③)の目もりを、(④)の目もりに合わせる。
・観察する方位《ほうい》を(⑤ 下)にして、星座早見を空へかざし、夜空の星とくらべる。

▶ベガ、アルタイル、デネブの3つの星はとても(⑥ 明るい)星である。

▶星は(⑥)ものから1等星、2等星、3等星、…と分けられている。

▶夏の大三角をつくる星の色は(⑦ 白)っぽいが、さそり座のアンタレスの色は(⑧ 赤)っぽい。

▶星によって、(⑨明るさ)や(⑩ 色)にちがいがある。

アンタレス
さそり座

夏の大三角のベガ、デネブ、アルタイル、さそり座のアンタレスは1等星だよ。

ここがだいじ！
①夜空には、たくさんの星や星座が見られる。
②星によって、明るさや色にちがいがある。

ぴたトリビア 「デネブ」はアラビア語で「(めんどりの)尾」という意味で、はくちょう座のちょうど尾の位置《いち》にあります。

ぴったり2 練習 ★ 夏の夜空

学習 25ページ

教科書 59～63ページ　答え 13ページ

1 夏の夜空を観察《かんさつ》しました。

(1) 星の集まりを動物や道具などに見立てて名前をつけたものを何といいますか。
(星座)

(2) 21時は何時ですか。正しいものに○をつけましょう。
ア(　)午前3時　イ(　)午前9時
ウ(　)午後3時　エ(○)午後9時

(3) 図の星(北斗七星《ほくとしちせい》)を観察するとき、星座早見《せいざはやみ》は、イのように持ちます。東の空を見る場合、どの向きに持ちますか。正しいものに○をつけましょう。

ア(　)　イ(　)　ウ(○)　エ(　)

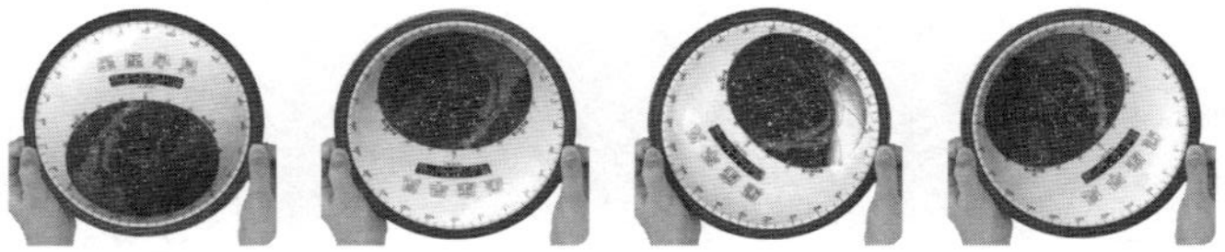

2 7月7日の午後9時ごろ、南の空を見て、さそり座《ざ》を観察しました。

(1) ㋐の星を何といいますか。
(アンタレス)

(2) ㋐の星は1等星です。1等星と2等星はどのようにちがいますか。正しいものに○をつけましょう。
ア(　)1等星は2等星より赤っぽい。
イ(　)1等星は2等星より白っぽい。
ウ(○)1等星は2等星より明るい。
エ(　)1等星は2等星より暗い。

㋐

ヒント
1 (3)北斗七星は、北の空に見えるので、イのように北を下にして星座早見を持ちます。
2 (2)明るい星から、1等星、2等星、3等星、…と分けられています。

25ページ てびき

1 (2)星座《せいざ》早見では、午前と午後に分けずに時こくが表されています。午後1時・2時・3時…は、それぞれ13時・14時・15時…になります。
(3)観察《かんさつ》する方位《ほうい》を下にして持ちます。

2 (1)さそり座《ざ》のアンタレスは、赤っぽい色の1等星です。
(2)明るい星から、1等星、2等星、3等星、…と分けられています。色は関《かん》係《けい》ありません。

おうちのかたへ ★ 夏の夜空

星座と星の色や明るさについて学習します。ここでは、夏の夜空に見られる星を扱います。夜空には星座が見られること、いろいろな明るさや色の星があることを理解しているか、などがポイントです。なお、冬の夜空に見られる星は「★ 冬の夜空」で扱います。また、星の動きについては「5. 月や星」で扱います。

ぴったり3 たしかめのテスト ★ 夏の夜空

26ページ

/100 合格70点

教科書 58〜63ページ　答え 14ページ

よく出る

1 夏の大三角を観察《かんさつ》しました。 1つ5点(30点)

(1) デネブは、何という星座《せいざ》の星ですか。
(はくちょう座)

(2) ㋐の星は何ですか。また、何という星座の星ですか。
星の名前(ベガ)
星座の名前(こと座)

(3) ㋑の星は何ですか。また、何という星座の星ですか。
星の名前(アルタイル)
星座の名前(わし座)

(4) デネブ、㋐、㋑の3つの星は、何等星ですか。
(1等星)

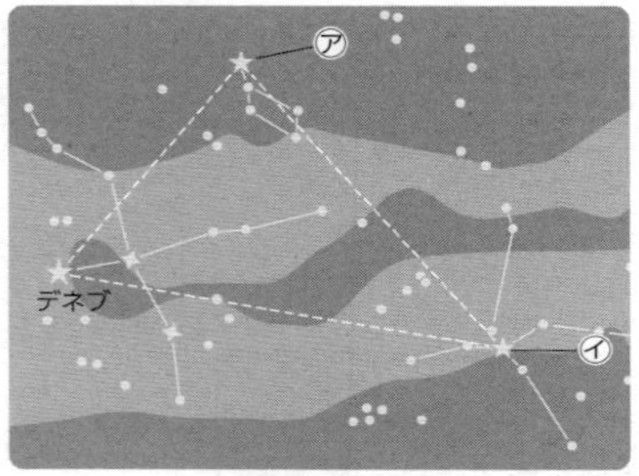

2 9月15日の午後7時に星を観察するとき、星座早見を使って星座をさがしました。 技能 1つ7点(14点)

(1) 観察する時こくの目もりを正しく合わせているものはどれですか。○をつけましょう。
ア(　) イ(　) ウ(○)

(2) 夜空の星を観察する方位《ほうい》を調べるときには、何を使えばよいですか。正しいものに○をつけましょう。
ア(○)方位じしん
イ(　)望遠鏡《ぼうえんきょう》
ウ(　)温度計
エ(　)時計

学習 27ページ

3 夏の夜空に見られるさそり座《ざ》を観察しました。 1つ7点(21点)

(1) ①は、さそり座でいちばん明るい星です。何といいますか。
(アンタレス)

(2) ①は何等星ですか。
(1等星)

(3) ①の星は、どのような色の星ですか。正しいものに○をつけましょう。
ア(　)白っぽい星
イ(　)青っぽい星
ウ(○)赤っぽい星
エ(　)黄色っぽい星

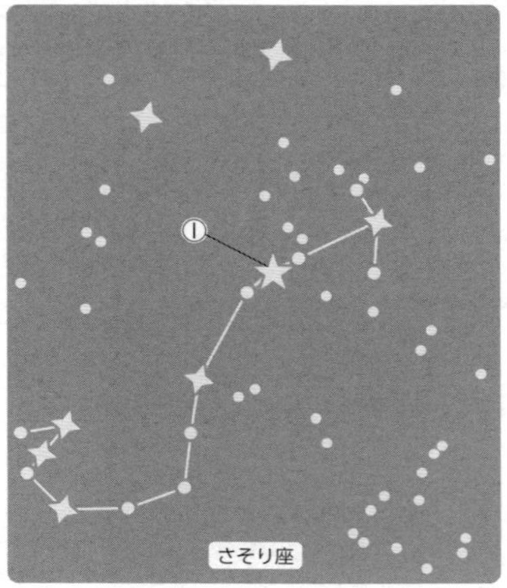

この本の終わりにある「夏のチャレンジテスト」をやってみよう！

できたらスゴイ！

4 夜空に見える星のベガ、アルタイル、デネブ、アンタレスのうち、(1)〜(5)にあてはまるものをすべて選《えら》んでかきましょう。あてはまるものがないときは×をかきましょう。 1つ7点(35点)

(1) 夏の大三角をつくる星
(ベガ、アルタイル、デネブ)

(2) 北斗七星《ほくとしちせい》の星
(×)

(3) わし座の星
(アルタイル)

(4) 1等星
(ベガ、アルタイル、デネブ、アンタレス)

(5) 赤っぽい星
(アンタレス)

ふりかえり
1がわからないときは、24ページの1にもどってかくにんしてみましょう。
4がわからないときは、24ページの1にもどってかくにんしてみましょう。

26〜27ページ てびき

1 (1)デネブは、つばさを広げた白鳥のお(尾)のところにあります。
(4)デネブ、ベガ、アルタイルはすべて1等星です。

2 (1)午後7時は19時なので、月日の目もりの9月15日と時こくの目もりの19時を合わせます。

3 さそり座《ざ》でいちばん明るい星はアンタレスで、赤っぽい色の1等星です。

4 こと座のベガは白っぽい色の1等星、わし座のアルタイルは白っぽい色の1等星、はくちょう座のデネブは白っぽい色の1等星、さそり座のアンタレスは赤っぽい色の1等星です。ベガ、アルタイル、デネブをつないでできる三角形を、夏の大三角といいます。

ぴったり1 じゅんび

5. 月や星
①月の位置《いち》

28ページ

月の形や見られる方位、動きをかくにんしよう。

教科書 68〜71ページ　答え 15ページ

下の(　)にあてはまる言葉をかこう。

1 月も太陽と同じように、時こくとともに位置が変《か》わるのだろうか。 教科書 68〜71ページ

▶月の位置の調べ方

月の高さは(①角の大きさ)で表す。(角度)

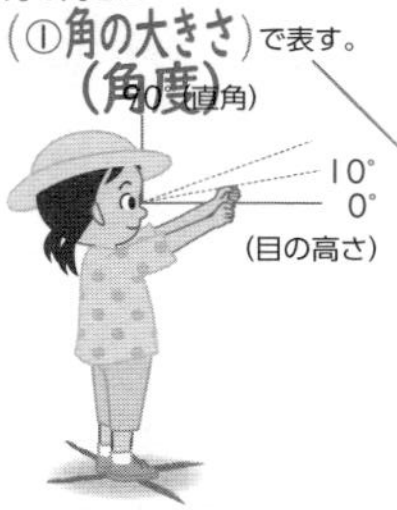

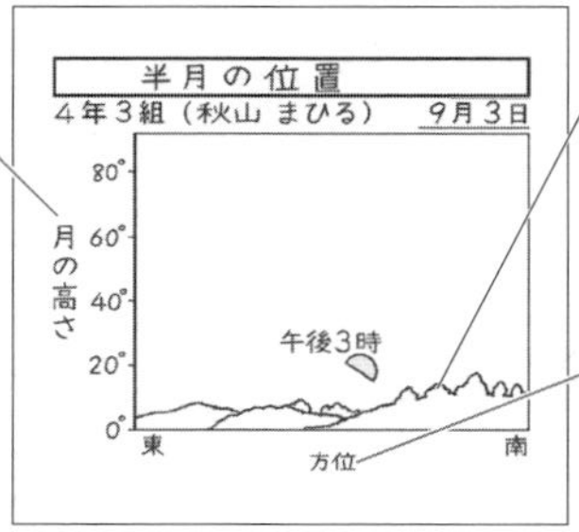

建物《たてもの》などを目印《めじるし》にして、約1時間ごとに、同じ場所で3回以上《いじょう》調べる。

月が見える方位《ほうい》は(③ 方位じしん)を使って調べる。

うでをのばしたとき、にぎりこぶし1つ分が約《やく》(② 10°)となる。

▶月の位置は、(④ 太陽)と同じように、時こくとともに、(⑤ 東)から(⑥ 南)の空の高いところを通り、(⑦ 西)へと変わる。

▶半月《はんげつ》や満月《まんげつ》など、月の(⑧ 形)はちがっても位置の変わり方は同じである。

半月

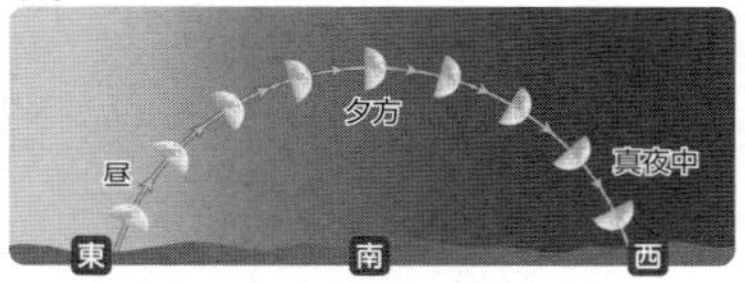

満月

ここがだいじ!
①月の位置は、太陽と同じように、時こくとともに、東から南の空の高いところを通り、西へと変わる。
②月の形がちがっても、位置の変わり方は同じである。

ぴたトリビア 月の形は毎日少しずつ変《か》わり、およそ1か月でもとの形にもどります。

ぴったり2 練習

5. 月や星
①月の位置《いち》

29ページ

教科書 68〜71ページ　答え 15ページ

1 ある日の午後3時に見えた月を観察《かんさつ》しました。

(1) 月が見える方位《ほうい》を右のように調べました。

①方位を調べるときに使った道具は何ですか。　(方位じしん)

②このとき、月が見えた方位は何ですか。　(南東)

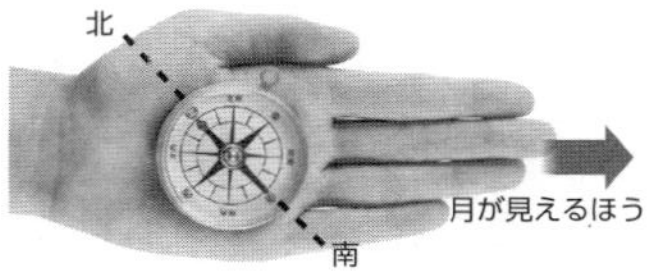

(2) 観察した月を右の記録《きろく》カードにかきました。このときの形の月は何ですか。正しいものに○をつけましょう。

ア(　)三日月《みかづき》　イ(○)半月《はんげつ》
ウ(　)満月《まんげつ》

(3) 午後3時の月の高さは何度ですか。
(20°)

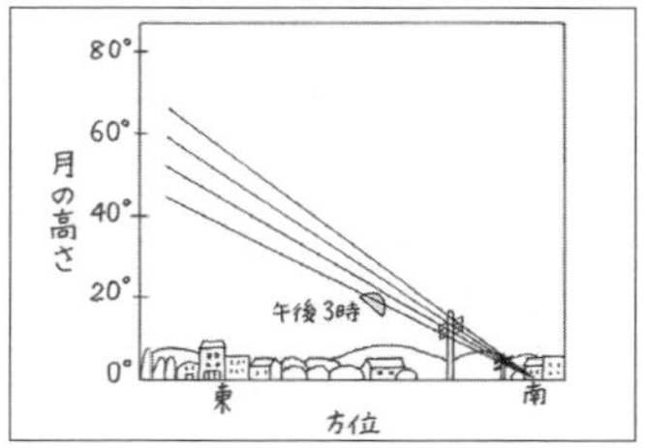

(4) 月の高さは、何をもとにして調べるとよいですか。正しいものに○をつけましょう。
ア(　)身長　イ(　)手のひらのはば　ウ(○)にぎりこぶし1つ分

2 月の位置の変わり方をまとめました。

半月　満月

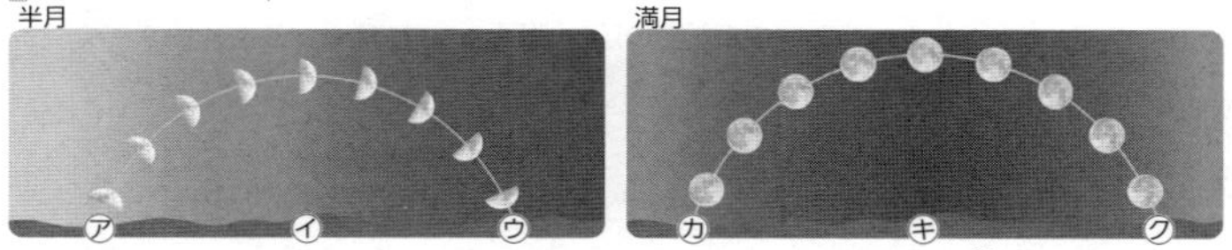

(1) 図で、東はどちらですか。アイウ、カキクからそれぞれ1つずつ選《えら》びましょう。
半月(ア)　満月(カ)

(2) 月が見える方位はどう変《か》わりますか。それぞれ正しいほうに○をつけましょう。
①半月　ア(○)ア→イ→ウ　イ(　)ウ→イ→ア
②満月　ア(○)カ→キ→ク　イ(　)ク→キ→カ

(3) 南の空の高いところを通るのは、いつごろですか。それぞれ正しいものを○でかこみましょう。
半月(明け方　昼　(夕方)　真夜中)　満月(明け方　昼　夕方　(真夜中))

ヒント ② 見える時こくはちがいますが、半月も満月も、太陽と同じように見える位置が変わります。

おうちのかたへ　5. 月や星

「★ 夏の夜空」では星座と星の色や明るさについて学習しましたが、ここでは月や星の動きについて学習します。1日のうちの月の動きを理解しているか、星は時刻とともに並び方を変えずに位置を変えることを理解しているか、などがポイントです。

29ページ　てびき

❶ (1)方位《ほうい》じしんは、「北」の文字をはりの色がついたほうに合わせ、中指を月に向けます。
(3)記録《きろく》カードの半月《はんげつ》がかかれている高さから、20°とわかります。
(4)うでをのばしたとき、にぎりこぶし1つ分が約《やく》10°となります。

❷ (1)(2)月の位置《いち》は、太陽と同じように、時こくとともに、東から南の空の高いところを通り、西へと変《か》わります。
(3)南の空の高いところを通るのは、半月(右)は夕方、満月《まんげつ》は真夜中になります。

おうちのかたへ
地球の自転や、月が地球のまわりを公転していることは、中学校で学習します。ここでは月が日によって形を変えることを観察した事実として捉えます。また、月の動きは3年で学習した太陽の動きと関係づけながら、東からのぼり、南の空の高いところを通って西へと位置を変えるものとして学習します。

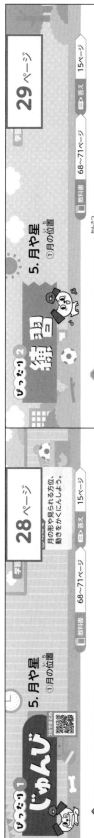

ぴったり1 じゅんび

5. 月や星
②星の動き

星の位置やならび方、動きをかくにんしよう。

教科書 72〜75ページ　答え 16ページ

下の(　)にあてはまる言葉をかこう。

1 星も時こくとともに位置《いち》が変《か》わるのだろうか。　教科書 72〜75ページ

▶夏の大三角は、時間がたつと、(① 西)のほうへと位置を変える。
▶夏の大三角の位置やならび方
・星の見える位置
…時こくとともに(② 変わる)。
・星のならび方
…時こくとともに(③変わらない)。

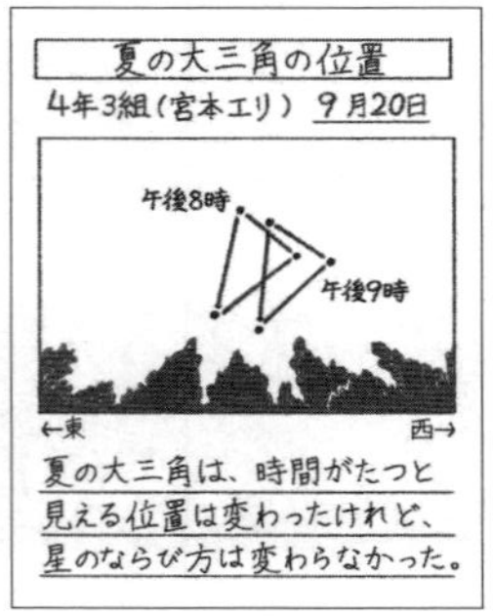

夏の大三角の位置
4年3組(宮本エリ) 9月20日
午後8時
午後9時
←東
西→
夏の大三角は、時間がたつと見える位置は変わったけれど、星のならび方は変わらなかった。

▶カシオペヤ座《ざ》は、時間がたつと、(④ 北)のほうへと位置を変える。
▶カシオペヤ座の位置やならび方
・星の見える位置
…時こくとともに(⑤ 変わる)。
・星のならび方
…時こくとともに(⑥変わらない)。

カシオペヤ座の位置
4年3組(入谷元気) 9月20日
午後9時
午後8時
北
東
カシオペヤ座の位置は、北のほうへ変わった。時間がたっても、星のならび方は変わらなかった。

▶星の見える位置は(⑦ 時こく)とともに動いていく。
しかし、星のならび方は時間がたっても変わらない。

ここが だいじ！　①時こくとともに、星の見える位置は変わるが、星のならび方は変わらない。

ぴたトリビア　星の色と温度は関係《かんけい》していて、青白い星は温度が高く 10000℃以上《いじょう》、赤い星は温度が低《ひく》く、それでも 3000℃ほどはあります。

ぴったり2 練習

5. 月や星
②星の動き

教科書 72〜75ページ　答え 16ページ

1 真上の空に見える夏の大三角を、午後8時と午後9時に観察《かんさつ》しました。

(1) ㋐の方位《ほうい》はどれですか。正しいものに○をつけましょう。
ア(　)北　イ(○)東
ウ(　)西

(2) 夏の大三角の星の見える位置《いち》とならび方は、時こくとともにどうなりますか。それぞれ正しいほうに○をつけましょう。
①星の見える位置
ア(○)時こくとともに変《か》わる。
イ(　)時こくとともに変わらない。
②星のならび方
ア(　)時こくとともに変わる。
イ(○)時こくとともに変わらない。

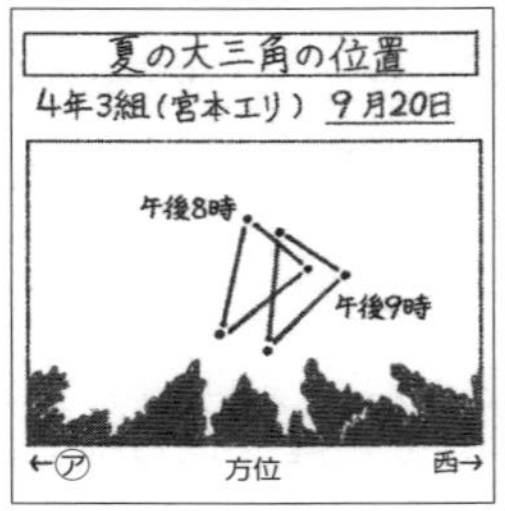

夏の大三角の位置
4年3組(宮本エリ) 9月20日
午後8時
午後9時
←㋐
方位
西→

2 カシオペヤ座《ざ》を、午後8時と午後9時に観察しました。

(1) ㋐の方位はどれですか。正しいものに○をつけましょう。
ア(　)西　イ(　)南
ウ(○)東

(2) カシオペヤ座の星の見える位置とならび方は、時こくとともにどうなりますか。それぞれ正しいほうに○をつけましょう。
①星の見える位置
ア(○)時こくとともに変わる。
イ(　)時こくとともに変わらない。
②星のならび方
ア(　)時こくとともに変わる。
イ(○)時こくとともに変わらない。

カシオペヤ座の位置
4年3組(入谷元気) 9月20日
午後9時
午後8時
北
方位
㋐

31ページ てびき

❶ (2)夏の大三角の星は、そのならび方を変《か》えずに、時こくとともにその位置《いち》を変えていきます。

❷ (2)カシオペヤ座《ざ》の星は、そのならび方を変えずに、時こくとともにその位置を変えていきます。

おうちのかたへ
地球の自転や星の1日の動きは、中学校で学習します。ここでは、星の動きは時刻とともに星座の星が並び方を変えずに動く(時刻がたって星座の見える位置は変わっても、形は変わらない)ことを学習します。北極星を中心にして星は動く、のような詳しい星の動き方の規則性は扱いません。

ぴったり3
たしかめのテスト
5. 月や星

32ページ

/100 合格70点

教科書 66〜79ページ　答え 17ページ

1 月の位置《いち》を調べました。　技能 1つ5点(15点)

(1) 月の位置を調べるとき、どの向きを向くとよいですか。正しいものに○をつけましょう。
ア(　)東から西の位置を調べられるように北を向く。
イ(○)東から西の位置を調べられるように南を向く。
ウ(　)北から南の位置を調べられるように東を向く。
エ(　)北から南の位置を調べられるように西を向く。

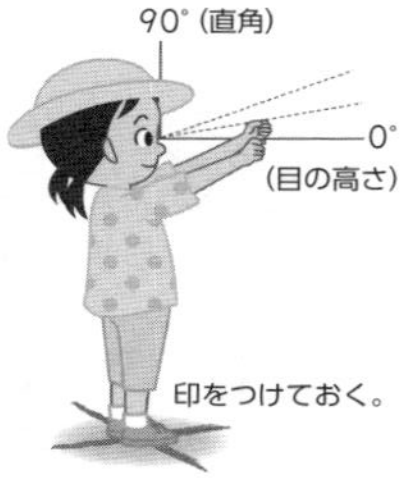

90°(直角)
0°
(目の高さ)
印をつけておく。

(2) うでをのばしたとき、にぎりこぶし１つぶんは約《やく》何度になりますか。正しいものに○をつけましょう。
ア(　)約１°　イ(　)約５°　ウ(○)約１０°

(3) 月の位置を調べるとき、立つ位置に印《しるし》をつけておくのはなぜですか。正しいほうに○をつけましょう。
ア(　)すべってころばないようにするため。
イ(○)同じ位置から月を観察《かんさつ》するため。

よく出る
2 月の形と位置の変《か》わり方を調べました。　1つ5点(25点)

(1) ①〜③の形の月を何といいますか。それぞれ名前をかきましょう。
①(　半月　)
②(　満月　)
③(　三日月　)

①
②
③

(2) 月の動き方について、正しいものを２つ選《えら》んで、○をつけましょう。
ア(○) 月は太陽と同じような位置の変わり方をする。
イ(　) 月の形によって、位置の変わり方はちがう。
ウ(○) 月は、東からのぼる。
エ(　) 月の位置は、南の空を通り、北へと変わる。

学習
33ページ

よく出る
3 真上の空に見える夏の大三角を、午後８時と午後９時に観察しました。　(1)、(2)は1つ5点、(3)は全部できて12点(27点)

(1) ㋐の方位《ほうい》はどれですか。正しいものに○をつけましょう。
ア(　)北　イ(○)東　ウ(　)西

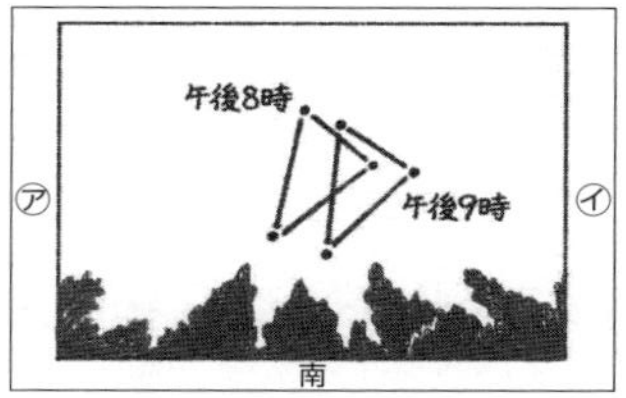

午後8時
午後9時
㋐
㋑
南

(2) 夏の大三角の星の見える位置とならび方は、時こくとともにどうなるといえますか。それぞれ正しいほうに○をつけましょう。
①星の見える位置
ア(○)時こくとともに変《か》わる。　イ(　)時こくとともに変わらない。
②星のならび方
ア(　)時こくとともに変わる。　イ(○)時こくとともに変わらない。

(3) 星の位置とならび方について、あてはまる言葉をかきましょう。　思考・表現
時こくとともに、星の(　見える位置　)は変わるが、
星の(　ならび方　)は変わらない。

てきたらスゴイ！
4 月や星の動き方を調べました。　(1)、(3)は1つ7点、(2)は12点(33点)

(1) 満月《まんげつ》がいちばん高く見える方位はどれですか。正しいものに○をつけましょう。
ア(　)東　イ(　)西　ウ(○)南　エ(　)北

(2) 記述 満月と半月《はんげつ》の位置の変わり方をくらべるとどうなりますか。説明《せつめい》しましょう。　思考・表現
(　満月も半月も、位置の変わり方は同じ。　)

(3) ある日の夜に、デネブとベガを観察しました。１時間後にもう一度観察したところ、デネブは矢印《やじるし》の向きに動いていました。
①ベガはどの向きに動いていましたか。図の㋐〜㋓から選びましょう。　(　㋑　)
② 記述 ①で、その向きを選んだ理由をかきましょう。　思考・表現
(星の見える位置が変わっても、星のならび方は変わらないから。)

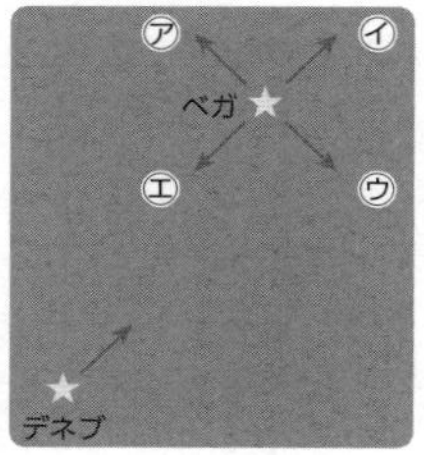

㋐
㋑
ベガ
㋓
㋒
デネブ

ふりかえり
2がわからないときは、28ページの1にもどってかくにんしてみましょう。
4がわからないときは、28ページの1や30ページの1にもどってかくにんしてみましょう。

32〜33ページ　てびき

1 (1)月の位置《いち》は、東→南→西と変《か》わっていくので、南を向いて調べるとよいです。
(3)月や星の位置の変わり方を観察《かんさつ》するときは、調べる場所を決めておきます。

2 (2)月の位置は、太陽と同じように、時こくとともに、東から南の空の高いところを通り、西へと変わります。

3 (1)真上の空を見ているので、記録《きろく》カードの下が南なら、左(㋐)が東、右(㋑)が西になります。

4 (1)月は、太陽と同じように、南の空の高いところを通ります。
(2)満月《まんげつ》と半月《はんげつ》では、観察される時こくはちがいますが、位置の変わり方は同じです。
(3)星のならび方は変わりません。夏の大三角の位置の変わり方で考えるとわかりやすいです。

ぴったり1 **じゅんび**

6. とじこめた空気や水

①とじこめた空気のせいしつ
②とじこめた水のせいしつ

34ページ

学習のめあて：とじこめた空気や水をおしたときの体積や手ごたえをかくにんしよう。

教科書 80〜86ページ　答え 18ページ

下の(　)にあてはまる言葉をかこう。

1 とじこめた空気をおしたとき、空気はどうなっているのだろうか。 教科書 80〜84ページ

▶空気でっぽう
・つつに玉をつめて、おしぼうで位置《いち》を調節《ちょうせつ》する。その後、つつの前から、もう１つの玉をつめる。
・おしぼうで後ろの玉をおすと、前の玉が飛《と》ぶ。

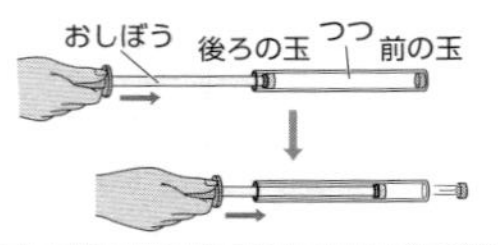

おしぼう
後ろの玉
つつ
前の玉

▶とじこめた空気をおすと、体積《たいせき》が(① **小さく**)なる。

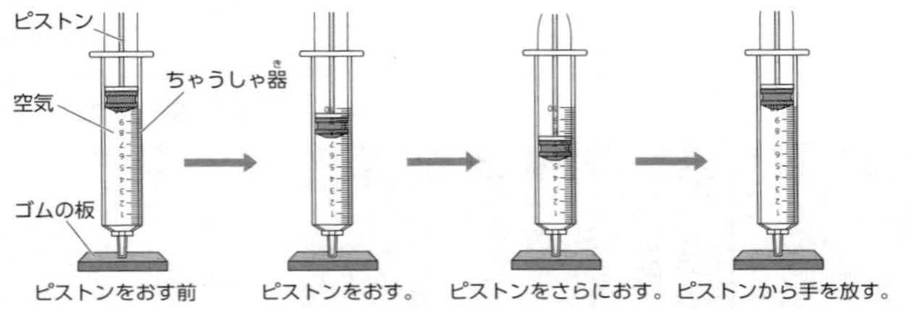

ピストン
空気
ちゅうしゃ器《き》
ゴムの板
ピストンをおす前
ピストンをおす。
ピストンをさらにおす。
ピストンから手を放す。

▶空気の体積が小さくなるほど、空気におし返される手ごたえが(② **大きく**)なる。
▶体積が(①)なった空気は、もとの(③ **体積**)にもどろうとする。

2 水も空気と同じように、おしちぢめることができるのだろうか。 教科書 85〜86ページ

▶とじこめた水をおしても、おしちぢめることは
(① **できない**)。
▶とじこめた水をおしても、体積は
(② **変わらない**)。

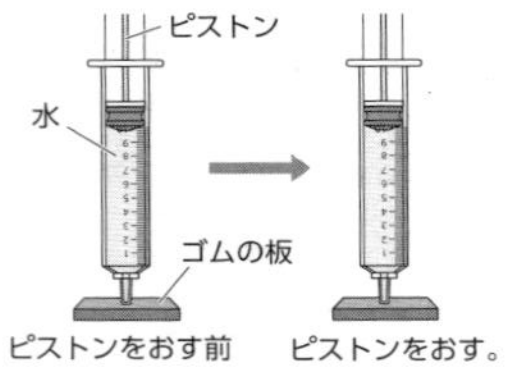

ピストン
水
ゴムの板
ピストンをおす前
ピストンをおす。

ここがだいじ！
①とじこめた空気をおすと体積が小さくなり、もとの体積にもどろうとする。
空気の体積が小さくなるほど、空気におし返される手ごたえは大きくなる。
②とじこめた水をおしても、体積は変《か》わらない。

ぴたトリビア　自転車や自動車では、空気入りのタイヤを使うことで、地面からのしんどうやしょうげきが伝《つた》わるのをやわらげています。

ぴったり2 **練習**

6. とじこめた空気や水

①とじこめた空気のせいしつ
②とじこめた水のせいしつ

35ページ

教科書 80〜86ページ　答え 18ページ

1 ちゅうしゃ器《き》に空気をとじこめて、ピストンをおしました。

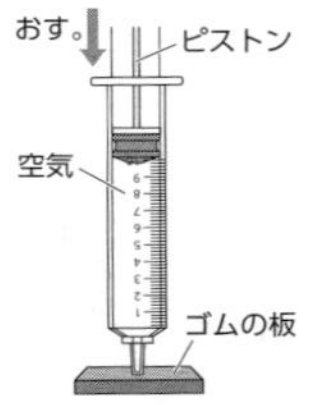

おす。
ピストン
空気
ゴムの板

(1) ちゅうしゃ器のピストンをおすと、中の空気の体積《たいせき》はどうなりますか。正しいものに○をつけましょう。
ア(　)大きくなる。
イ(○)小さくなる。
ウ(　)変《か》わらない。

(2) ちゅうしゃ器のピストンを強くおすと、その手ごたえはどうなりますか。正しいものに○をつけましょう。
ア(○)大きくなる。
イ(　)小さくなる。
ウ(　)変わらない。

(3) ピストンから手を放すと、ピストンはどうなりますか。正しいものに○をつけましょう。
ア(○)もとの位置《いち》にもどろうとする。
イ(　)さらに下がろうとする。
ウ(　)手を放した位置から動かない。

2 ちゅうしゃ器に水をとじこめて、ピストンをおしました。

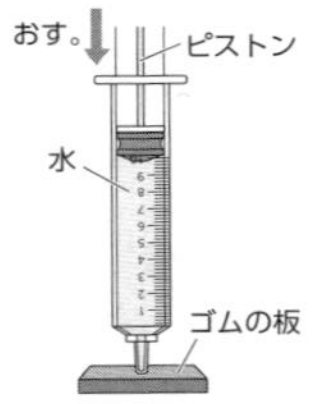

おす。
ピストン
水
ゴムの板

(1) ちゅうしゃ器のピストンをおすと、中の水の体積はどうなりますか。正しいものに○をつけましょう。
ア(　)大きくなる。
イ(　)小さくなる。
ウ(○)変わらない。

(2) ピストンから手を放すと、ピストンはどうなりますか。正しいものに○をつけましょう。
ア(　)上に上がろうとする。
イ(　)さらに下がろうとする。
ウ(○)手を放した位置から動かない。

35ページ　てびき

1 (1)とじこめた空気をおすと、体積《たいせき》が小さくなります。
(2)体積が小さくなるほど、空気におし返される手ごたえが大きくなります。
(3)体積が小さくなった空気は、もとの体積にもどろうとします。

2 (1)とじこめた水をおしても、体積は変《か》わりません。
(2)水をおしていたピストンから手を放しても、水の体積は変わらないので、ピストンは動きません。

おうちのかたへ　6. とじこめた空気や水

空気や水を押したときの現象について学習します。閉じこめた空気を押すと体積が小さくなって押し返す力が大きくなること、閉じこめた水は押し縮められないことを理解しているか、などがポイントです。

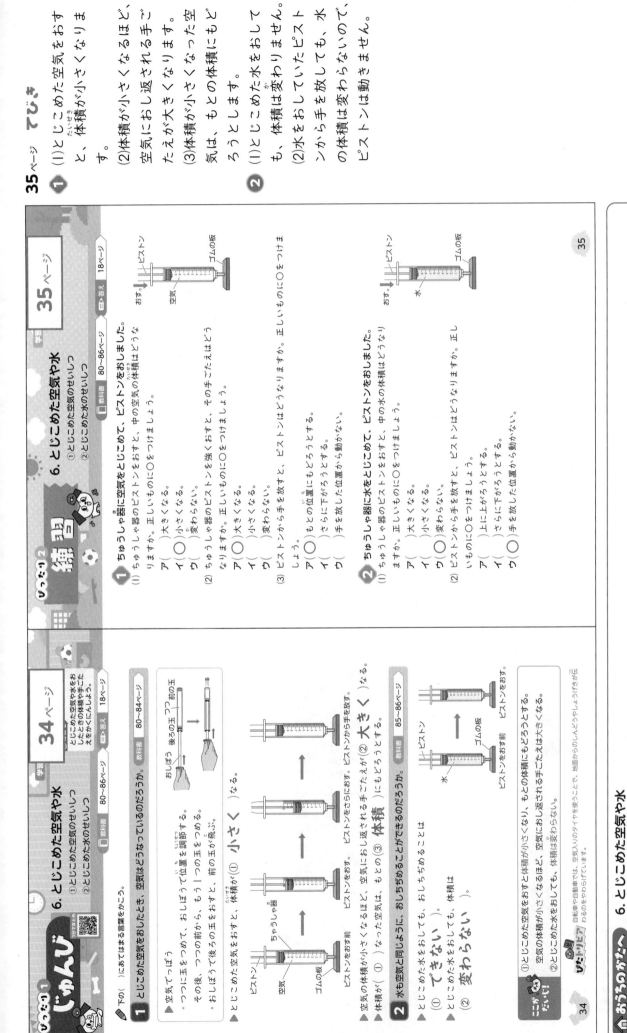

ぴったり3
たしかめのテスト
6. とじこめた空気や水

36ページ

/100 合格70点

教科書 80〜89ページ　答え 19ページ

よく出る

1 ちゅうしゃ器《き》に空気をとじこめて、ピストンをおしたときの手ごたえや体積《たいせき》の変《へん》化《か》を調べました。　(1)、(2)、(4)は1つ7点、(3)は8点、(5)は全部できて8点(44点)

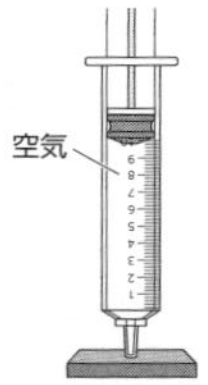

(1) ちゅうしゃ器のピストンを手でおすと、中の空気の体積はどうなりますか。　（　小さくなる。　）

(2) おしていたピストンから手を放すと、ピストンはどうなりますか。　（もとの位置にもどる。）

(3) 記述 (2)のように答えた理由を説明《せつめい》しましょう。　思考・表現

（(おされて)体積が小さくなった空気は、もとの体積にもどろうとするから。）

(4) ピストンをおして手を放し、もう一度ピストンをおしました。2回目におしたときのほうが、1回目より中の空気の体積が小さくなりました。

①ピストンを強くおしたのは、1回目と2回目のどちらですか。　（　2回目　）

②おし返される手ごたえが大きいのは、1回目と2回目のどちらですか。　（　2回目　）

(5) とじこめた空気の体積と手ごたえについて、（　）にあてはまる言葉をかきましょう。

空気の体積が（　小さく　）なるほど、空気におし返される手ごたえが（　大きく　）なる。

2 空気でっぽうで、玉を飛《と》ばしました。おしぼうで後ろの玉をおして前の玉が飛び出すときのようすはどちらですか。正しいほうに○をつけましょう。　7点(7点)

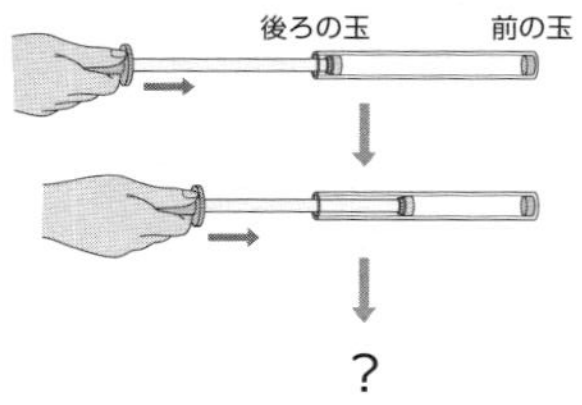

ア（　）後ろの玉が前の玉をちょくせつおすことで、前の玉が飛び出す。

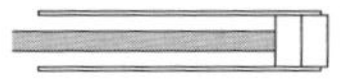

イ（〇）後ろの玉が前の玉にふれる前に前の玉が飛び出す。

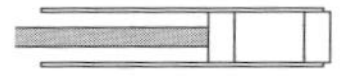

37ページ

学習

よく出る

3 ちゅうしゃ器に水をとじこめて、ピストンをおしたときの手ごたえや体積の変化を調べました。　1つ7点(14点)

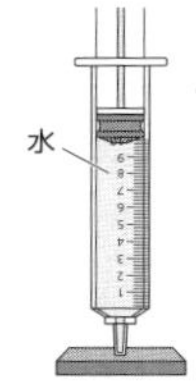

(1) ちゅうしゃ器のピストンを手でおすと、中の水の体積はどうなりますか。　（　変わらない　）

(2) 1回目にピストンをおしてから手を放し、2回目は1回目よりも強くピストンをおしました。中の水の体積はどうなりますか。　（　変わらない　）

できたらスゴイ!

4 ちゅうしゃ器に水と空気を半分ずつ入れて、ピストンをおしました。　1つ7点(35点)

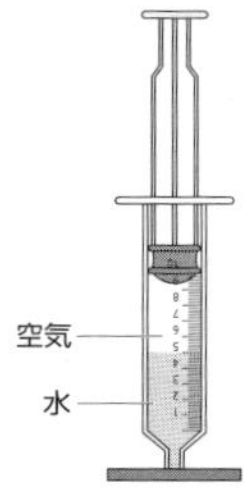

(1) ピストンをおすと、ちゅうしゃ器の中の空気の体積と水の体積はどうなりましたか。それぞれ正しいほうに○をつけましょう。

①空気の体積

ア（　）変《か》わらなかった。　イ（〇）小さくなった。

②水の体積

ア（〇）変わらなかった。　イ（　）小さくなった。

(2) 1回目にピストンをおしてから手を放し、2回目に1回目よりも強くピストンをおしました。ちゅうしゃ器の中の空気の体積と水の体積はどうなりましたか。それぞれ正しいものに○をつけましょう。

①空気の体積

ア（　）変わらなかった。　イ（　）1回目と同じだけ、小さくなった。

ウ（〇）1回目より小さくなった。

②水の体積

ア（〇）変わらなかった。　イ（　）1回目と同じだけ、小さくなった。

ウ（　）1回目より小さくなった。

(3) 1回目にピストンをおしてから手を放し、2回目は1回目よりも強くピストンをおしました。手ごたえはどうなりましたか。正しいものに○をつけましょう。

ア（　）1回目も2回目も、おし返される手ごたえはなかった。

イ（　）おし返される手ごたえはあったが、1回目も2回目も同じだった。

ウ（〇）おし返される手ごたえがあり、1回目より2回目のほうが大きかった。

ふりかえり

1がわからないときは、34ページの1にもどってかくにんしてみましょう。
3がわからないときは、34ページの2にもどってかくにんしてみましょう。

36〜37ページ　てびき

1 (4)強くおすほど、空気の体積《たいせき》は小さくなるので、強くおしたのは2回目です。また、空気の体積が小さくなるほど、空気におし返される手ごたえが大きくなるので、手ごたえが大きいのは2回目です。

2 空気でっぽうの中の空気がおしちぢめられると、空気はもとの体積にもどろうとして、前の玉をおします。そのため、後ろの玉が前の玉にふれる前に、前の玉が飛《と》び出します。

3 とじこめた水をおしても、体積は変《か》わりません。おす力を変えても、体積はもとのままです。

4 (1)とじこめた空気はおしちぢめることができますが、とじこめた水はおしちぢめることができません。

(2)(3)強くおしても、水の体積は変わりませんが、空気の体積は、強くおすほど小さくなります。そのため、強くおすほど、おし返される手ごたえは大きくなります。

38ページ

ぴったり1 じゅんび

3分でまとめ

7.ヒトの体のつくりと運動

①体のつくり

ヒトの体がほねと筋肉でできていることをかくにんしよう。

教科書 92～94ページ　答え 20ページ

下の(　)にあてはまる言葉をかこう。

1 体が曲がるところはどこだろうか。　教科書 92～94ページ

▶ヒトの体には、かたくてじょうぶな(① ほね)と、やわらかい(② きん肉)がある。

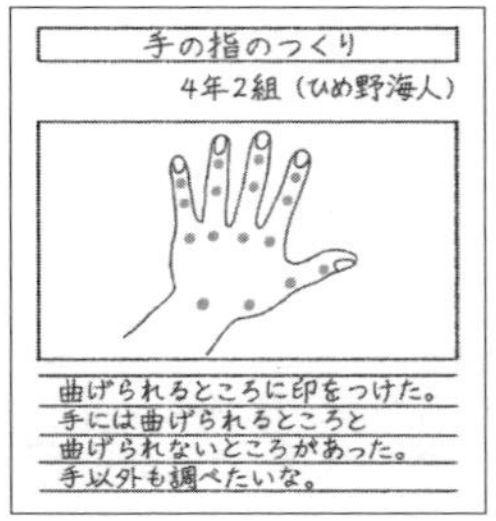

手の指のつくり
4年2組（ひめ野海人）
曲げられるところに印をつけた。
手には曲げられるところと
曲げられないところがあった。
手以外も調べたいな。

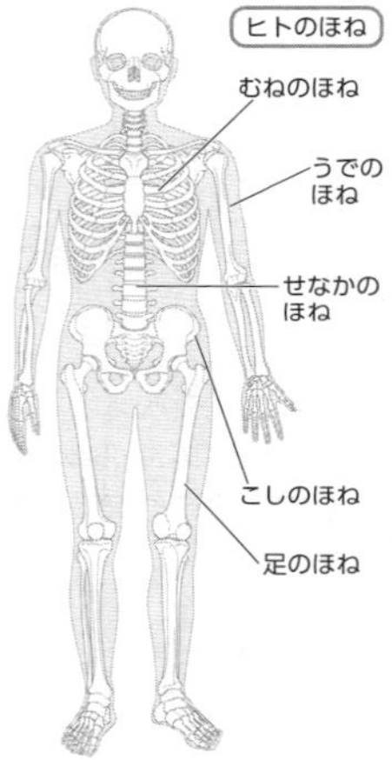

ヒトのほね
むねのほね
うでのほね
せなかのほね
こしのほね
足のほね

▶体の中には、曲がるところと曲がらないところがある。曲がるところはどこも、ほねと(③ ほね)のつなぎ目である。このつなぎ目を(④ 関節)という。

▶図の⑤～⑦の部分の名前をかきましょう。

(⑤ ほね)
(⑥ きん肉)
(⑦ 関節)

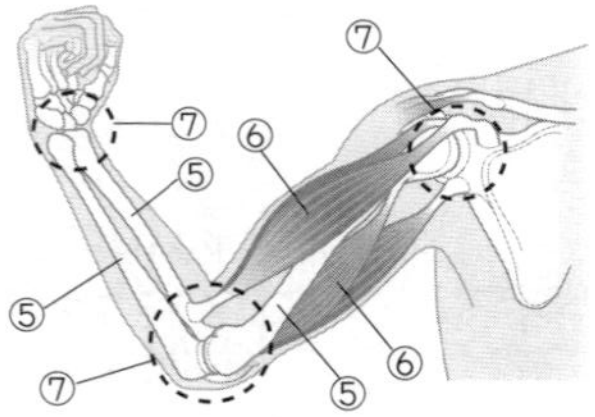

⑦
⑥
⑤
⑦
⑤
⑦
⑤
⑥

▶ヒトの体には、たくさんの(⑧ ほね)があり、わたしたちの体をささえている。

ここがだいじ！
①ヒトの体には、かたくてじょうぶなほねと、やわらかいきん肉がある。
②体を曲げられるところは、ほねとほねのつなぎ目で、関節《かんせつ》という。

ぴたトリビア ふだん食べている肉や魚は、きん肉であることが多いです。

38

39ページ

ぴったり2 練習

7.ヒトの体のつくりと運動

①体のつくり

教科書 92～94ページ　答え 20ページ

1 図の㋐～㋒は、ヒトのほねを表したものです。

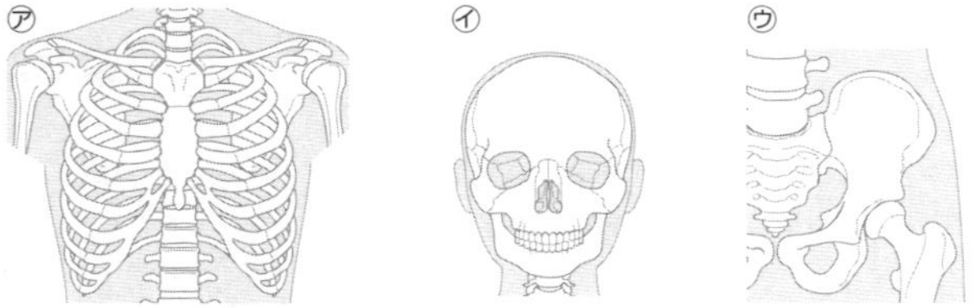

㋐
㋑
㋒

(1) 次のほねは、それぞれ㋐～㋒のどれですか。
①こしのほね(㋒)　②むねのほね(㋐)

(2) ヒトの体をさわると、かたいほねの部分のほかに、やわらかい部分があります。やわらかい部分にあるものは何ですか。(きん肉)

2 ヒトが体を曲げるしくみを調べました。

(1) 右の㋐、㋑は、それぞれほね・きん肉のどちらですか。
㋐(きん肉)
㋑(ほね)

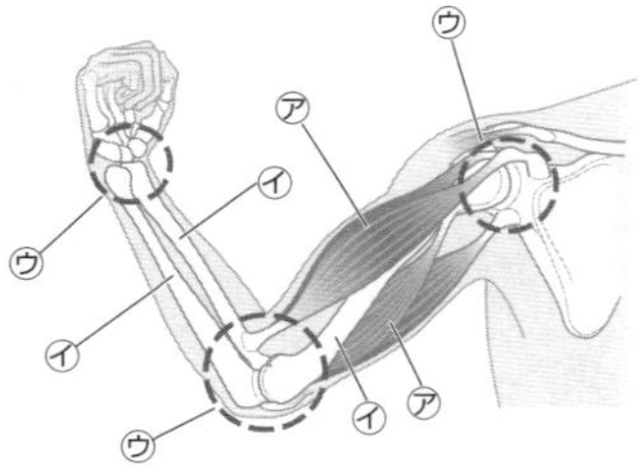

㋒
㋐
㋑
㋒
㋑
㋒
㋐
㋑
㋐
㋒

(2) ◌のように、㋑と㋑のつなぎ目になっているところである㋒を何といいますか。
(関節)

(3) ヒトが体を曲げられるのは、どのようなところですか。正しいものに○をつけましょう。
ア(　)ほねがやわらかくなっているところ。
イ(　)きん肉がかたくなっているところ。
ウ(○)ほねとほねのつなぎ目になっているところ。
エ(　)ほねときん肉のつなぎ目になっているところ。
オ(　)きん肉ときん肉のつなぎ目になっているところ。

39

39ページ　てびき

1 (1)㋑は頭のほねです。
(2)ヒトの体には、かたくてじょうぶなほねと、やわらかいきん肉があります。

2 図は、うでのほねやきん肉をかいたものです。
(2)㋒はそれぞれ、手首、ひじ、かたの関節《かんせつ》をしめしています。
(3)体の中には曲げられるところがたくさんありますが、どこも、ほねとほねのつなぎ目です。

おうちのかたへ　7.ヒトの体のつくりと運動
ヒトの体には骨と筋肉があり、これらのはたらきで体を動かすことができることを学習します。かたい骨ややわらかい筋肉、曲げられる部分には関節があることを理解しているか、体を動かすしくみを考えることができるか、などがポイントです。

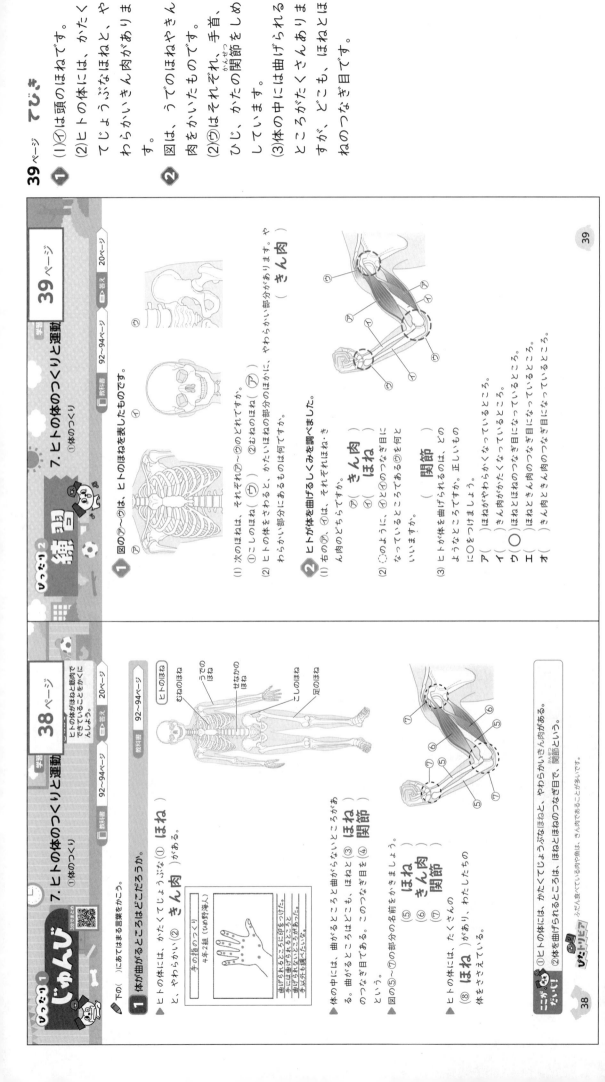

ぴったり1
じゅんび

7. ヒトの体のつくりと運動

②体が動くしくみ
③動物の体のつくりとしくみ

学習 **40ページ**

ヒトや動物の体が動くときのしくみをかくにんしよう。

教科書 95～98ページ　答え 21ページ

下の(　)にあてはまる言葉をかこう。

1 体を動かすとき、きん肉はどうなっているのだろうか。 教科書 95～96ページ

▶うでが(① **曲がる**)とき　▶うでが(② **のびる**)とき

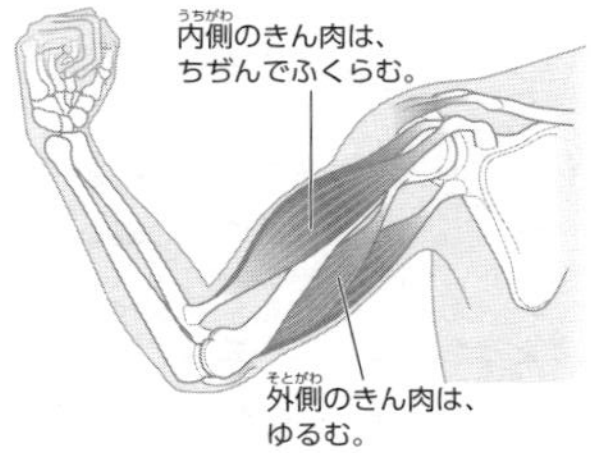

内側《うちがわ》のきん肉は、ちぢんでふくらむ。
外側《そとがわ》のきん肉は、ゆるむ。

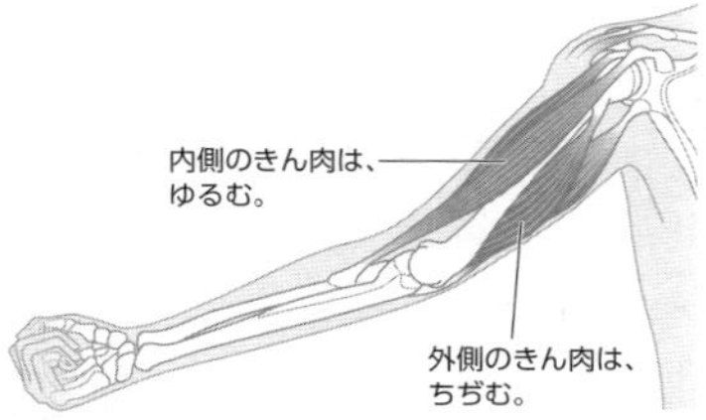

内側のきん肉は、ゆるむ。
外側のきん肉は、ちぢむ。

▶(③ **内側**)のきん肉がちぢみ、(④ **外側**)のきん肉がゆるむことで、うでが曲がる。

▶(⑤ **外側**)のきん肉がちぢみ、(⑥ **内側**)のきん肉がゆるむことで、うでがのびる。

▶(⑦ **力**)を入れると、きん肉はちぢみ、かたくなる。

2 ほかの動物も、ヒトと同じしくみで体を動かしているのだろうか。 教科書 97～98ページ

▶ヒト以外《いがい》の動物の体にも、(① **ほね**)、(② **関節**)、きん肉がある。

▶ヒトと同じように、ほね、関節《かんせつ》、きん肉のはたらきで、体をささえたり、動かしたりしている。

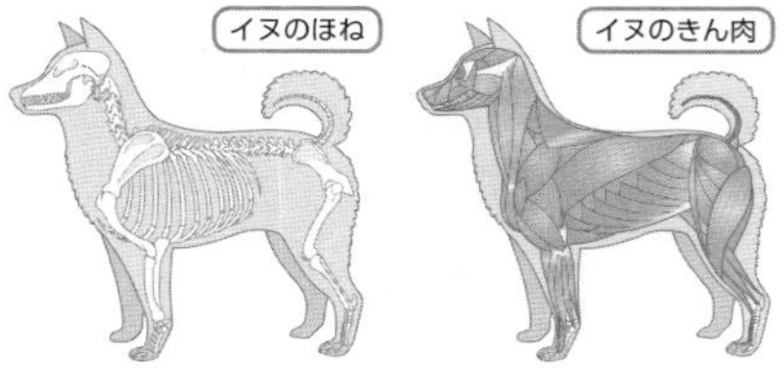

イヌのほね
イヌのきん肉

ここがだいじ!

①いろいろなきん肉がちぢんだり、ゆるんだりすることで、体を動かすことができる。

②ヒト以外の動物の体にも、ほね、関節、きん肉があり、体をささえたり、動かしたりしている。

ぴたトリビア　ほねにはカルシウムという成分《せいぶん》が多くふくまれます。カルシウムが多くふくまれている食品には牛にゅう、にゅうせい品、小魚などがあります。

ぴったり2
練習

7. ヒトの体のつくりと運動

②体が動くしくみ
③動物の体のつくりとしくみ

学習 **41ページ**

教科書 95～98ページ　答え 21ページ

1 ヒトがうでを動かすしくみを調べました。

(1) うでを曲げたときにちぢむのは、㋐、㋑のどちらのきん肉ですか。

(㋐)

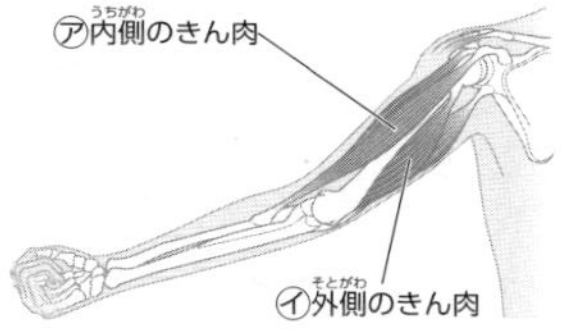

㋐内側《うちがわ》のきん肉
㋑外側《そとがわ》のきん肉

(2) きん肉がちぢむと、そのかたさはどうなりますか。正しいほうに○をつけましょう。

ア(○)かたくなる。
イ(　)やわらかくなる。

(3) ㋐のきん肉がちぢむと、㋑のきん肉はどうなりますか。正しいほうに○をつけましょう。

ア(　)ちぢむ。　イ(○)ゆるむ。

2 ヒト以外《いがい》の動物の体の動くしくみを、ヒトとくらべました。

イヌのほね

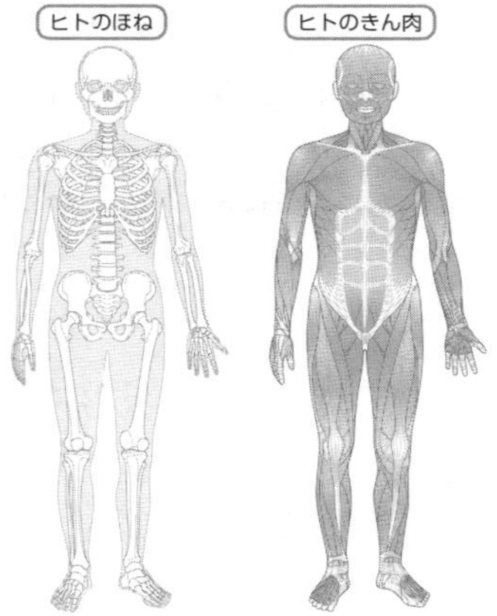

ヒトのほね
ヒトのきん肉

(1) イヌのほねの形は、ヒトと同じですか、ちがいますか。

(**ちがう。**)

(2) イヌには、きん肉がありますか、ありませんか。

(**ある。**)

(3) イヌには、関節《かんせつ》がありますか、ありませんか。

(**ある。**)

41ページ　てびき

❶ (1)うでを曲げたとき、内《うち》側《がわ》のきん肉はちぢみ、外《そと》側《がわ》のきん肉はゆるみます。
(2)力を入れると、きん肉はちぢみ、かたくなります。
(3)内側のきん肉がちぢむとき、外側のきん肉はゆるみます。

❷ イヌなど、ヒト以外《いがい》の動物の体にも、ほね、きん肉、関節《かんせつ》はあり、体をささえたり、動かしたりしています。

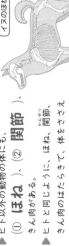

ぴったり3 たしかめのテスト

7. ヒトの体のつくりと運動

/100 合格70点

教科書 90〜101ページ　答え 22ページ

1 ヒトの体のつくりを調べました。

1つ7点(28点)

(1) 体を曲げることができるところはどこですか。2つ選《えら》んで、○をつけましょう。

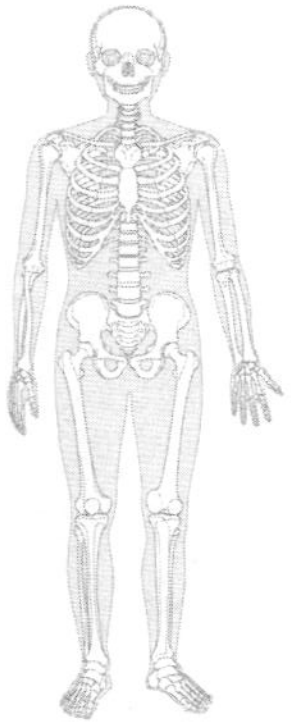

ア(　)頭
イ(○)手首
ウ(　)ふともも
エ(○)ひざ

(2) 体を曲げることができるのは、どのようなところですか。正しいものに○をつけましょう。

ア(○)ほねとほねのつなぎ目
イ(　)ほねときん肉のつなぎ目
ウ(　)きん肉ときん肉のつなぎ目

(3) ヒトの体で、曲げることができるところを何といいますか。

(　関節　)

よく出る

2 重いものを手で持ったときのきん肉のようすを調べました。

1つ6点(18点)

(1) 図のように重いものを持ったときにかたくなったのは、どちらのきん肉ですか。正しいほうに○をつけましょう。

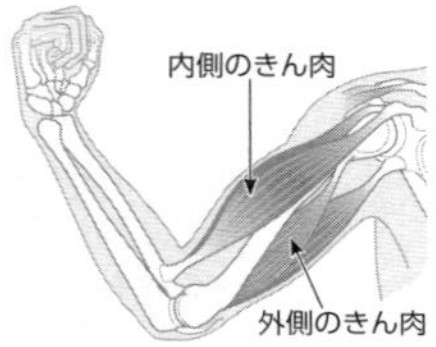

ア(○)内側《うちがわ》のきん肉
イ(　)外側《そとがわ》のきん肉

(2) 図のように重いものを持ったとき、きん肉はどうなりましたか。それぞれ正しいものに○をつけましょう。

①内側のきん肉
ア(○)ちぢむ。　イ(　)ゆるむ。　ウ(　)変《か》わらない。

②外側のきん肉
ア(　)ちぢむ。　イ(○)ゆるむ。　ウ(　)変わらない。

3 イヌの体のつくりを調べました。

(1)は全部できて12点、(2)は1つ7点(26点)

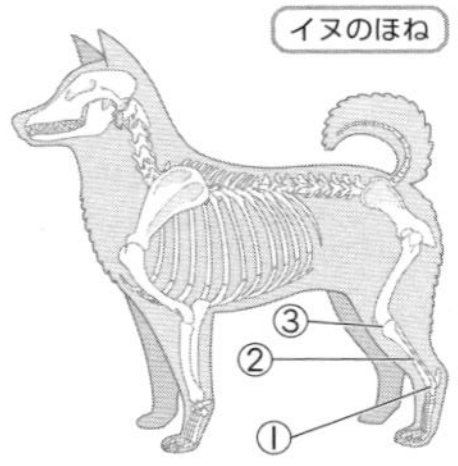

(1) ①〜④のうち、関節《かんせつ》はどこですか。2つ選んでかきましょう。　思考・表現

(　①、③　)

(2) イヌとヒトの体のつくりをくらべました。(　)にあてはまる言葉をかきましょう。

イヌにも、ヒトと同じように、(　ほね　)、関節、きん肉があります。ヒトと同じように、これらのはたらきで、体を(　ささえ　)たり、動かしたりしています。

できたらスゴイ！

4 ①〜④は、ほね、関節、きん肉のどれについてのことですか。(　)に「ほね」「関節」「きん肉」のうち、あてはまるものをかきましょう。

1つ7点(28点)

ちぢんだりゆるんだりして、体を動かしているんだね。　①(　きん肉　)

かたくてじょうぶで、体をささえるはたらきがあるよ。　②(　ほね　)

これのあるところで、体は曲げられるんだね。　③(　関節　)

これとこれのつなぎ目が関節だね。　④(　ほね　)

ふりかえり
2がわからないときは、40ページの1にもどってかくにんしてみましょう。
4がわからないときは、38ページの1や40ページの1にもどってかくにんしてみましょう。

42〜43ページ　てびき

1 (1)頭やふとももは、曲げることはできません。
(2)(3)ほねとほねのつなぎ目を関節《かんせつ》といい、関節のあるところで、体を曲げることができます。

2 重いものを手で持つときは、うでを曲げるように力を入れます。このとき、内側《うちがわ》のきん肉はちぢんでかたくなり、外側《そとがわ》のきん肉はゆるみます。

3 (1)関節はほねとほねのつなぎ目なので、イヌのほねの図から、①と③が関節とわかります。
(2)ヒト以外《いがい》の動物も、ほね、関節、きん肉があり、体をささえたり、動かしたりしています。

4 ほねはかたくてじょうぶで、体をささえています(②)。ほねとほねのつなぎ目が関節で(④)、ここで体を曲げることができます(③)。きん肉がちぢんだりゆるんだりして、体を動かすことができます(①)。

ぴったり1 じゅんび

★ 秋の生き物

①秋の生き物のようす ②植物を育てよう ③秋の記録《きろく》をまとめよう

学習 秋に見られる植物や動物のようすをかくにんしよう。

教科書 103〜108ページ 答え 23ページ

下の( )にあてはまる言葉をかこう。

1 春や夏とくらべて、生き物のようすはどうなっているのだろうか。 教科書 103〜105ページ

▶春や夏とくらべたときの秋のようす

- 気温や水温が(① 低く)なる。
- 植物の葉の(② 色)が変《か》わったり、草がかれ始めたりする。
- 動物は活動が(③ にぶく)なったり、すがたがあまり見られなくなったりする。

オオカマキリとたまご
11月9日 4年3組（山本 ひな）
午前10時 晴れ 気温16℃ 校庭のすみ
オオカマキリが、たまごを産んでいた。
冬になると、オオカマキリとたまごはどうなるのかな。

イチョウ
11月9日 4年3組（田中 りょう）
午前10時 晴れ 気温16℃ プールの横
葉が黄色になった。
下に落ちている葉もあった。
すべて落ちてしまうのかな。

秋になってすずしい日が多くなり、植物は葉が緑色から黄色や赤色に変わってきたね。

2 春にたねをまいた植物は、秋になり、どうなっているのだろうか。 教科書 106〜108ページ

▶秋には、夏とくらべて、ヒョウタンなどの植物は、葉がかれたり、(① くき)ののびが止まったり、(② 実)が大きくなったりする。

季節《きせつ》と気温の変化《へんか》（例）

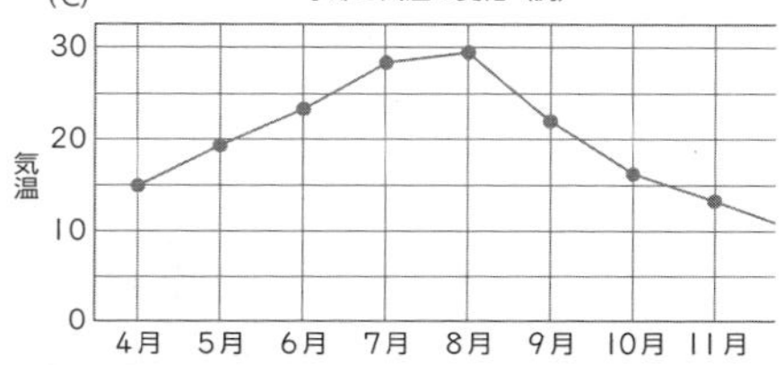

(℃)
30
20
10
0
気温
4月
5月
6月
7月
8月
9月
10月
11月

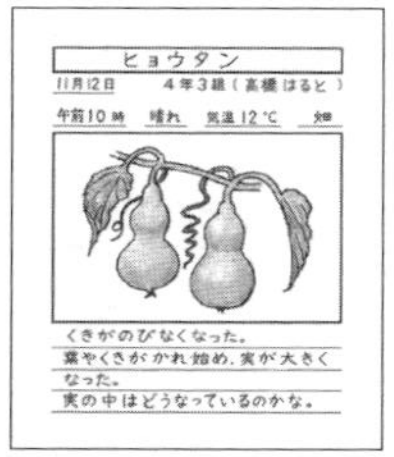

ヒョウタン
11月12日 4年3組（高橋 はると）
午前10時 晴れ 気温12℃ 畑
くきがのびなくなった。
葉やくきがかれ始め、実が大きくなった。
実の中はどうなっているのかな。

ここがだいじ!
①秋には、春や夏とくらべて、気温や水温が低《ひく》くなる。
②秋には、動物は活動がにぶくなり、植物は成長《せいちょう》が止まったり実が大きくなったりする。

ぴたトリビア 秋になると、ツバメは海をこえて南の国へわたっていきます。このように1年を通じて長いきょりをいどうする鳥をわたり鳥といいます。

ぴったり2 練習

★ 秋の生き物

①秋の生き物のようす ②植物を育てよう ③秋の記録《きろく》をまとめよう

教科書 103〜108ページ 答え 23ページ

1 秋の生き物のようすを観察《かんさつ》しました。

(1) 春や夏に観察したイチョウとオオカマキリを秋にも観察して、カードに記録しました。秋の生き物のようすを記録したものをすべて選《えら》び、○をつけましょう。

①(○) ②( ) ③(○) ④( )

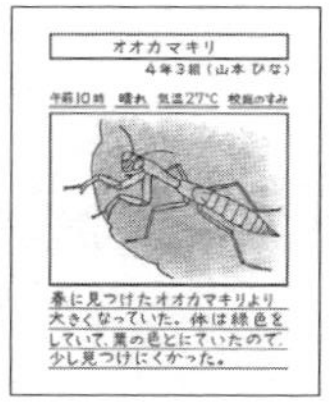

(2) 秋の生き物のようすについて、( )にあてはまる言葉をかきましょう。

秋になるとすずしい日が多くなり、気温や水温が(低く)なります。そして、植物の葉の(色)が赤色や黄色などに変《か》わったり、草がかれ始めたりします。動物は、活動が(にぶく)なったり、すがたがあまり見られなくなったりします。

2 秋のヒョウタンのようすを観察しました。

ヒョウタン
11月12日 4年3組（高橋 はると）
午前10時 晴れ 気温12℃ 畑
くきがのびなくなった。
葉やくきがかれ始め、実が大きくなった。
実の中はどうなっているのかな。

(1) 夏とくらべて、くきののびはどうなりましたか。正しいほうに○をつけましょう。
①( )よくのびる。
②(○)のびが止まった。

(2) 夏とくらべて、葉のようすはどうなりましたか。正しいほうに○をつけましょう。
①(○)かれ始めた。
②( )緑色の葉がふえた。

(3) 夏とくらべて、実の大きさはどうなりましたか。正しいほうに○をつけましょう。
①( )小さくなった。
②(○)大きくなった。

45ページ てびき

1 (1)秋になると、イチョウは葉が黄色くなります。オオカマキリはたまごを産《う》みます。
(2)気温が低《ひく》くなると、植物の成長《せいちょう》が止まったり、動物の活動がにぶくなったりします。

2 秋になると、葉がかれたり、くきののびが止まったりします。また、実が大きくなります。

おうちのかたへ ★ 秋の生き物

「1．春の生き物」「★ 夏の生き物」に続いて、身の回りの生き物を観察して、動物の活動や植物の成長が季節によって違うことを学習します。ここでは秋の生き物を扱います。

ぴったり3 たしかめのテスト ★ 秋の生き物

46ページ

/100 合格70点

教科書 102～109ページ　答え 24ページ

よく出る

1 春や夏に調べた生き物が秋になってどうなっているか観察《かんさつ》しました。

(1)、(2)は全部できて10点、(3)は1つ8点(44点)

(1) オオカマキリの記録《きろく》カードを、春、夏、秋の順《じゅん》にならべましょう。

①　②　③

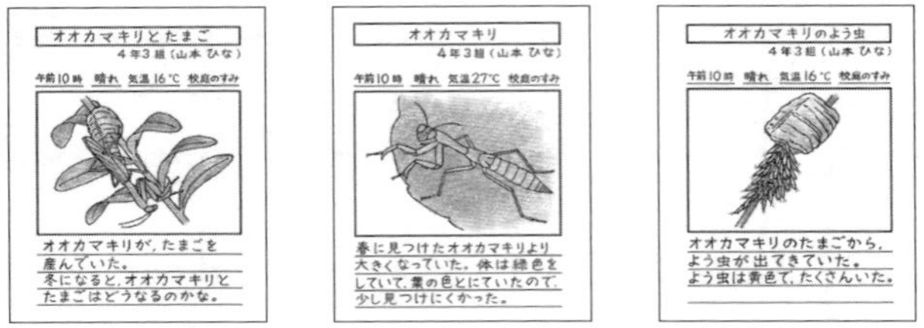

オオカマキリとたまご
4年3組（山本 ひな）
午前10時　晴れ　気温16℃　校庭のすみ
オオカマキリが、たまごを産んでいた。冬になると、オオカマキリとたまごはどうなるのかな。
オオカマキリ
4年3組（山本 ひな）
午前10時　晴れ　気温27℃　校庭のすみ
春に見つけたオオカマキリより大きくなっていた。体は緑色をしていて、葉の色とにていたので、少し見つけにくかった。
オオカマキリのよう虫
4年3組（山本 ひな）
午前10時　晴れ　気温16℃　校庭のすみ
オオカマキリのたまごから、よう虫が出てきていた。よう虫は黄色で、たくさんいた。

(③)→(②)→(①)

(2) サクラの記録カードを春、夏、秋の順にならべましょう。

①　②　③

サクラ
4年3組（山口まさし）
午前10時　晴れ　気温16℃　校庭
花がたくさんさいていた。葉も出始めていた。これからどうなっていくのかな。
サクラ
4年3組（山口まさし）
午前10時　晴れ　気温27℃　校庭
花はすべて散っていて、たくさんの葉がついていた。秋になると、葉の色は変わるのかな。
サクラ
4年3組（山口まさし）
午前10時　晴れ　気温16℃　校庭
葉の色が赤く変わった。散っている葉もあった。ほかの木でも、葉の色が赤色や黄色、茶色になっていた。

(①)→(②)→(③)

(3) 秋の生き物のようすについて、(　　)にあてはまる言葉をかきましょう。

- 秋は、春や夏とくらべて、気温や水温が(**低く**)なる。
- 植物の葉の(**色**)が変《か》わったり、草がかれ始めたり、実が大きくなったりする。
- 動物は、(**活動**)がにぶくなったり、すがたがあまり見られなくなったりする。

学習日

47ページ

2 育てているヒョウタンを観察しました。

1つ8点(24点)

ヒョウタン
11月12日　4年3組（高橋 はると）
午前10時　晴れ　気温12℃　畑
くきがのびなくなった。
葉やくきがかれ始め、実が大きくなった。
実の中はどうなっているのかな。

(1) 秋のくきののびのようすについてかいているものに○をつけましょう。

①(◯)くきののびが止まった。
②(　　)芽《め》が出て、のび始めた。
③(　　)大きくのびた。

(2) 秋の葉のようすについてかいているものに○をつけましょう。

①(　　)子葉が出て、葉がふえてきた。
②(◯)葉がかれ始めた。
③(　　)葉の数がふえた。

(3) 秋のヒョウタンのようすについてかいているほうに○をつけましょう。

①(　　)花がさき始めた。
②(◯)実が大きくなり始めた。

できたらスゴイ！

3 秋の生き物のようすについてあてはまるものには○を、あてはまらないものには×をつけましょう。

1つ8点(32点)

暑くなって、
ヒョウタンに
実ができたよ。

①(×)

動物の活動がにぶくなって、
見られる動物の数も
へったみたいだ。

②(◯)

すずしい日が多くなって、
緑色だった葉が
黄色や赤色になった。

③(◯)

気温が低《ひく》くなり、
ヒョウタンなどの植物は
成長《せいちょう》しなくなったようだね。

④(◯)

ふりかえり　1がわからないときは、44ページの1にもどってかくにんしてみましょう。
3がわからないときは、44ページの1と2にもどってかくにんしてみましょう。

46～47ページ　てびき

1 春には植物が花をさかせたり、動物が活動を始めたりします。夏には植物が大きく成長《せいちょう》したり、動物が活発に活動したりします。秋には植物の成長が止まったり、動物の活動がにぶくなったりします。

2 秋には、ヒョウタンなどの植物は、葉がかれたり、くきののびが止まったり、実が大きくなったりします。

3 ①暑い日が続く夏は、ヒョウタンは大きく成長し、花をさかせます。秋になってすずしくなると、実が大きくなり始めます。

ぴったり1 じゅんび

8. ものの温度と体積《たいせき》

①空気の温度と体積
②水の温度と体積

3分でまとめ

学習 **48ページ**

温度によって空気や水の体積がどう変わるのか、かくにんしよう。

教科書 116〜121ページ　答え 25ページ

下の(　)にあてはまる言葉をかこう。

1 空気は、温度によって体積が変《か》わるのだろうか。　教科書 116〜118ページ

▶温度による空気の体積の変化《へんか》

・空気の入った丸底《まるぞこ》フラスコをあたためたり冷《ひ》やしたりして、ガラス管《かん》の中のゼリーの位置《いち》の変化を見る。

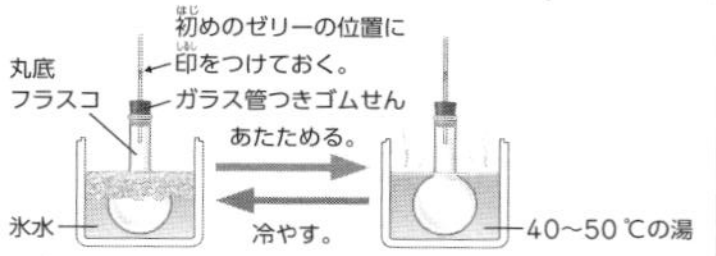

▶空気は、あたためると体積が(① **大きく**)なり、冷やすと体積が(② **小さく**)なる。

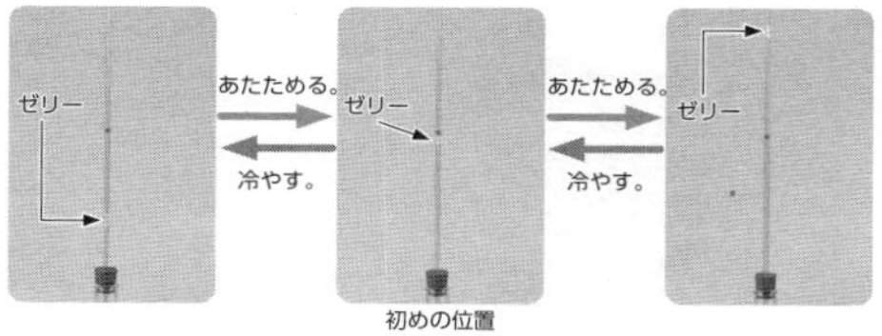

2 水も、空気と同じように、温度によって体積が変わるのだろうか。　教科書 119〜121ページ

▶温度による水の体積の変化

・水の入った丸底フラスコをあたためたり冷やしたりして、ガラス管の中の水面の位置の変化を見る。

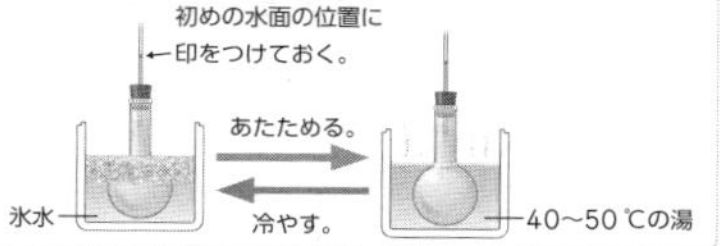

▶水は、あたためると体積が(① **大きく**)なり、冷やすと体積が(② **小さく**)なる。

▶空気と水をくらべると、(③ **空気**)のほうが体積の変化が大きい。

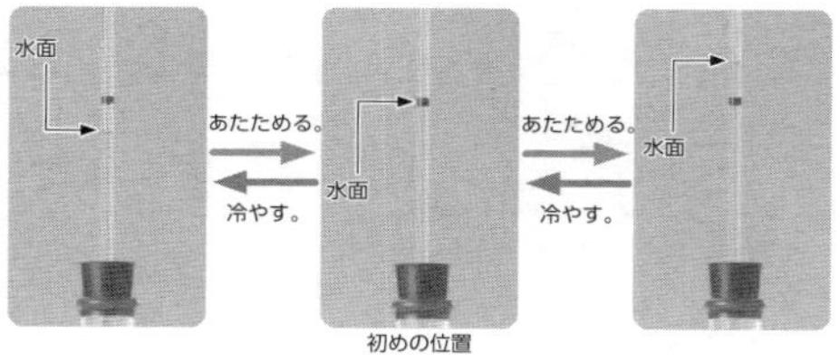

ここがだいじ!
①空気はあたためると体積が大きくなり、冷やすと体積が小さくなる。
②水はあたためると体積が大きくなり、冷やすと体積が小さくなる。体積の変化は、空気にくらべると小さい。

ぴたトリビア　空気がぬけてへこんだピンポン玉を湯につけるとへこみが直るのは、玉の中の空気の体積が大きくなるためです。

ぴったり2 練習

8. ものの温度と体積《たいせき》

①空気の温度と体積
②水の温度と体積

学習 **49ページ**

教科書 116〜121ページ　答え 25ページ

1 ガラス管《かん》つきゴムせんをはめた丸底《まるぞこ》フラスコをあたためたり冷《ひ》やしたりして、温度による空気の体積の変化《へんか》を調べました。

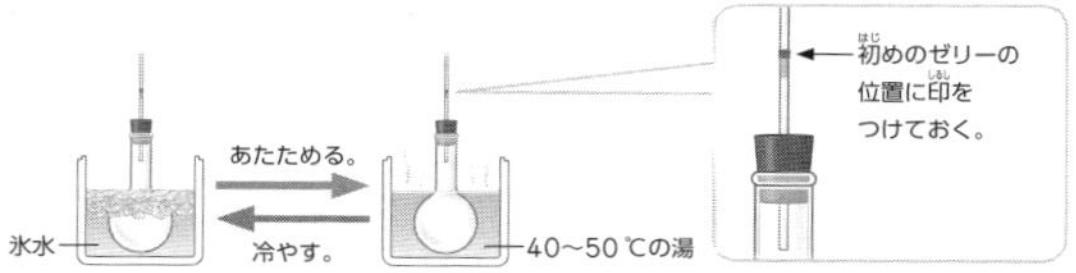

(1) 丸底フラスコをあたためたとき、ガラス管の中のゼリーはどうなりますか。正しいものに○をつけましょう。
①(○)上へ動く。　②(　)下へ動く。　③(　)動かない。

(2) 丸底フラスコを冷やしたとき、ガラス管の中のゼリーはどうなりますか。正しいものに○をつけましょう。
①(　)上へ動く。　②(○)下へ動く。　③(　)動かない。

(3) 空気の温度と体積の変化について、(　)にあてはまる言葉をかきましょう。
空気をあたためると、体積が(**大きく**)なる。
一方、空気を冷やすと、体積は(**小さく**)なる。

2 図のようにして、丸底フラスコにいっぱいまで水を入れ、あたためたり冷やしたりして、温度による水の体積の変化を調べました。

(1) 丸底フラスコを冷やすと、ガラス管の中の水面の位置《いち》はどうなりますか。正しいものに○をつけましょう。
①(　)高くなる。
②(○)低《ひく》くなる。
③(　)変《か》わらない。

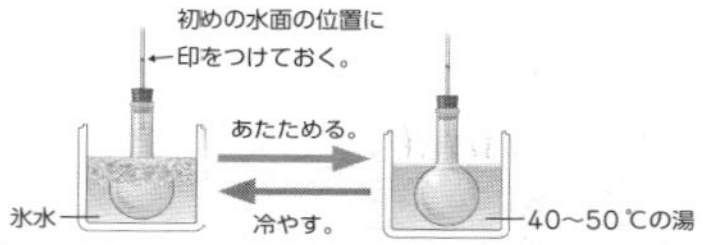

(2) 丸底フラスコをあたためると、ガラス管の中の水面の位置はどうなりますか。正しいものに○をつけましょう。
①(○)高くなる。　②(　)低くなる。　③(　)変わらない。

(3) 水の温度と体積の変化について、(　)にあてはまる言葉をかきましょう。
水をあたためると、体積が(**大きく**)なる。
一方、水を冷やすと、体積は(**小さく**)なる。

ヒント **1** 丸底フラスコの中の空気の体積が大きくなると、ガラス管の中のゼリーをおし上げます。一方、体積が小さくなると、ゼリーの位置は下がります。

49ページ　てびき

1 (1)(2)ガラス管《かん》の中のゼリーの動きで、丸底《まるぞこ》フラスコの中の空気の体積《たいせき》の変化《へんか》がわかります。ゼリーが上へ動くのは空気の体積が大きくなったからで、下へ動くのは空気の体積が小さくなったからです。
(3)先の(1)(2)の結果《けっか》から、空気はあたためると体積が大きくなり、冷《ひ》やすと体積が小さくなることがわかります。

2 (1)(2)水面の位置《いち》の変化で、丸底フラスコの中の水の体積の変化がわかります。水面の位置が上へ動くのは水の体積が大きくなったからで、下へ動くのは水の体積が小さくなったからです。
(3)先の(1)(2)の結果から、水はあたためると体積が大きくなり、冷やすと体積が小さくなることがわかります。

おうちのかたへ　**8. ものの温度と体積**
実験器具を使い、金属、水、空気をあたためたときの体積の変化について学習します。どれもあたためる(冷やす)と体積が増える(減る)が、変化の程度は異なることを理解しているかがポイントです。

ぴったり1 じゅんび　8. ものの温度と体積《たいせき》

③金ぞくの温度と体積

温度によって金ぞくの体積がどう変わるのか、かくにんしよう。

教科書 122〜124ページ　答え 26ページ

下の(　)にあてはまる言葉をかくか、あてはまるものを○でかこもう。

1 金ぞくも、温度によって体積が変《か》わるのだろうか。

教科書 122〜124ページ

▶温度による金ぞくの体積の変化《へんか》

・金ぞくの輪《わ》をぎりぎり通る金ぞくの玉を熱《ねっ》して、金ぞくの玉が輪を通りぬけるかどうか調べる。

玉が輪を通りぬけられなくなったら、体積が大きくなったということだね。

金ぞくの玉を熱すると、金ぞくの輪を通りぬけなかった。

金ぞくの玉を冷やすと、金ぞくの輪を通りぬけた。

▶金ぞくも、空気や水と同じように、(① (あたためる)・ 冷《ひ》やす)と体積が大きくなり、(② あたためる ・(冷やす))と体積が小さくなる。

▶金ぞくの体積の変化は、空気や水の体積の変化にくらべると、(③ 小さい)。

▶実験用《じっけんよう》ガスコンロ

・金ぞくの玉を熱するには、実験用ガスコンロやアルコールランプ、ガスバーナーを使う。

・点火したり、ほのおの大きさを調節《ちょうせつ》したり、火を消したりするのは、(④ 調節つまみ)で行う。

④

実験用ガスコンロ

ここがだいじ！ ①金ぞくはあたためると体積が大きくなり、冷やすと体積が小さくなる。体積の変化は、空気や水にくらべると小さい。

ぴたトリビア 寒い冬より暑い夏のほうが電線の体積が大きいため、夏のほうが電線がたるんでいます。

ぴったり2 練習　8. ものの温度と体積《たいせき》

③金ぞくの温度と体積

教科書 122〜124ページ　答え 26ページ

1 金ぞくの玉と、その玉がぎりぎり通る金ぞくの輪《わ》を使って、温度による金ぞくの体積の変化《へんか》を調べました。

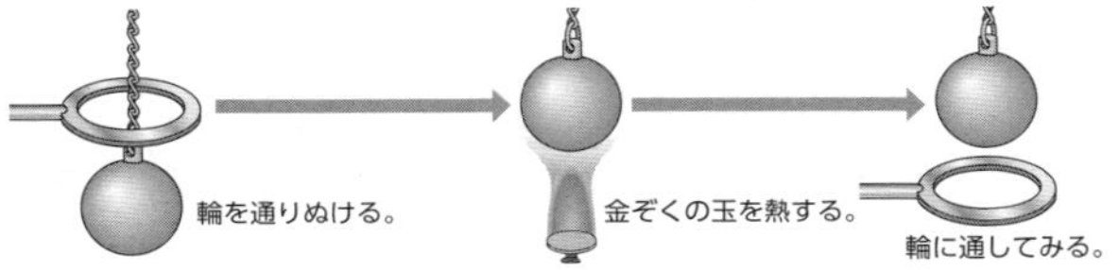

輪を通りぬける。
金ぞくの玉を熱する。
輪に通してみる。

(1) 金ぞくの玉を熱《ねっ》するのに、写真の器具《きぐ》を使いました。この器具の名前をかきましょう。

(実験用ガスコンロ)

(2) じゅうぶんに熱した後の金ぞくの玉は、金ぞくの輪を通りぬけますか。正しいほうに○をつけましょう。

①(　)通りぬける。　②(○)通りぬけない。

(3) 熱した金ぞくの玉を水につけてじゅうぶんに冷《ひ》やしました。金ぞくの玉は、金ぞくの輪を通りぬけますか。正しいほうに○をつけましょう。

①(○)通りぬける。　②(　)通りぬけない。

(4) 金ぞくの温度と体積の変化について、(　)にあてはまる言葉をかきましょう。

金ぞくをあたためると、体積が(大きく)なる。

一方、金ぞくを冷やすと、体積は(小さく)なる。

2 空気、水、金ぞくをあたためたときの体積の変化について、まとめました。

(1) あたためると体積が大きくなり、冷やすと体積が小さくなるものすべてに○をつけましょう。

①(○)空気　②(○)水　③(○)金ぞく

(2) 同じようにあたためたとき、体積の変化が大きいほうから順《じゅん》に、1〜3をかきましょう。

①(1)空気　②(2)水　③(3)金ぞく

ヒント 1 2 見た目ではわかりませんが、金ぞくの体積は、温度によって変化しています。

51ページ てびき

1 (2)金ぞくの玉を熱《ねっ》すると体積《たいせき》が大きくなるため、金ぞくの輪《わ》を通りぬけることができなくなります。

(3)金ぞくの玉を冷《ひ》やすと、体積が小さくなるため、金ぞくの輪を通りぬけることができるようになります。

(4)先の(2)(3)の結果《けっか》から、金ぞくはあたためると体積が大きくなり、冷やすと体積が小さくなることがわかります。

2 (1)空気、水、金ぞくは、どれもあたためると体積が大きくなり、冷やすと体積が小さくなります。

(2)丸底《まるぞこ》フラスコに入れた空気と水を同じ温度の湯につけると、水より空気のほうが体積の変化《へんか》が大きいことがわかります。

また、金ぞくは実験用《じっけんよう》ガスコンロのほのおで熱しても、見た目ではわからないぐらいしか体積が変化しないので、いちばん体積の変化が小さいとわかります。

ぴったり3 たしかめのテスト

8. ものの温度と体積《たいせき》

52ページ

100 合格70点

教科書 114〜127ページ　答え 27ページ

1 **ガラス管《かん》つきゴムせんをはめた丸底《まるぞこ》フラスコを使って、温度による空気の体積の変化《へんか》を調べました。**　(1)は8点、(2)は全部できて8点(16点)

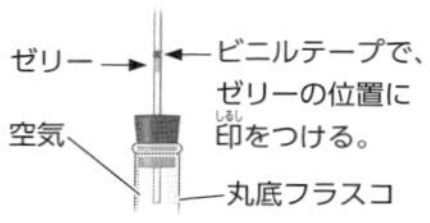

ゼリー
ビニルテープで、ゼリーの位置に印《しるし》をつける。
空気
丸底フラスコ

(1) ガラス管の中にはゼリーを入れておきました。ゼリーの位置《いち》が上に動いたとき、丸底フラスコの中の空気の体積はどうなったといえますか。正しいものに○をつけましょう。　技能

①(○)大きくなった。
②(　)変《か》わらない。
③(　)小さくなった。

(2) ゼリーの位置が上へ動くのは、どの場合ですか。あてはまるものすべてに○をつけましょう。

①(○)丸底フラスコを湯につける。
②(　)丸底フラスコを氷水につける。
③(○)氷水につけておいた丸底フラスコを、氷水の外に出して置《お》いておく。

よく出る

2 **丸底フラスコに水をいっぱいまで入れて、ガラス管つきゴムせんをはめました。**　(1)、(2)は1つ8点、(3)は10点(26点)

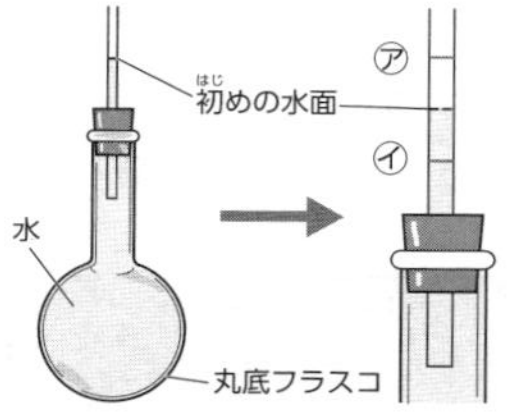

初《はじ》めの水面
㋐
㋑
水
丸底フラスコ

(1) 水面を㋐の位置にするには、丸底フラスコをどうすればよいですか。正しいほうに○をつけましょう。

①(○)あたためる。
②(　)冷《ひ》やす。

(2) 水面を㋑の位置にするには、丸底フラスコをどうすればよいですか。正しいほうに○をつけましょう。

①(　)あたためる。
②(○)冷やす。

(3) 記述 (1)、(2)のように答えた理由を、水の体積の変化と関係《かんけい》づけて説明《せつめい》しましょう。　思考・表現

(**水をあたためると体積が大きくなり、冷やすと体積が小さくなるから。**)

学習

53ページ

3 **金ぞくの玉と、その玉がぎりぎり通る金ぞくの輪《わ》を使って実験《じっけん》しました。**　(1)、(2)、(3)は1つ8点、(4)は1つ10点(34点)

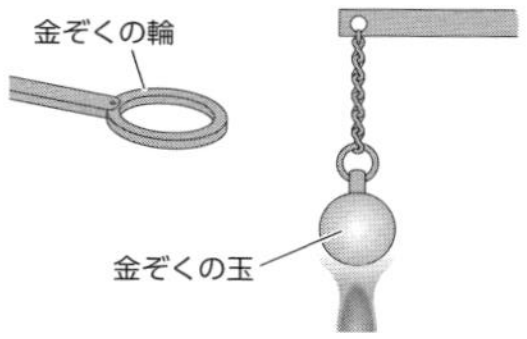

金ぞくの輪
金ぞくの玉

(1) 水で冷やした後の金ぞくの玉は、金ぞくの輪を通りぬけますか。正しいほうに○をつけましょう。

①(○)通りぬける。　②(　)通りぬけない。

(2) 実験用《じっけんよう》ガスコンロのほのおでじゅうぶんに熱《ねっ》した後の金ぞくの玉は、金ぞくの輪を通りぬけますか。正しいほうに○をつけましょう。

①(　)通りぬける。　②(○)通りぬけない。

(3) 熱した金ぞくの玉を水につけて、じゅうぶんに冷やしました。金ぞくの玉は、金ぞくの輪を通りぬけますか。正しいほうに○をつけましょう。

①(○)通りぬける。　②(　)通りぬけない。

(4) 記述 (2)、(3)のように答えた理由を、金ぞくの体積の変化と関係づけて説明しましょう。　思考・表現

(**金ぞくをあたためると体積が大きくなり、冷やすと体積が小さくなるから。**)

この本の終わりにある「冬のチャレンジテスト」をやってみよう！

できたらスゴイ！

4 **①〜④は、空気、水、金ぞくのどれについてのことですか。(　)に「空気」「水」「金ぞく」のうち、あてはまるものをかきましょう。すべてにあてはまる場合は○をかきましょう。**　1つ6点(24点)

冷やすと、
体積が小さくなるよ。
①(○)

あたためたときに、
いちばん体積の変化が大きいよ。
②(空気)

あたためても冷やしても、
体積の変化は見ただけでは
わからないぐらい小さいね。
③(金ぞく)

温度が上がると、
体積が大きくなるよ。
④(○)

ふりかえり
2がわからないときは、48ページの2にもどってかくにんしてみましょう。
4がわからないときは、48ページ1 2や50ページ1にもどってかくにんしてみましょう。

52〜53ページ　てびき

1 (1)空気は目に見えないので、ゼリーを使っています。丸底《まるぞこ》フラスコの中の空気の体積《たいせき》が大きくなると、ガラス管《かん》の中のゼリーをおし上げます。
(2)氷水につけて冷《ひ》やすと、ゼリーは下へ動きますが、氷水から取り出すとあたためられ、ゼリーは上へ動きます。

2 水をあたためると体積が大きくなり、水面は初《はじ》めの位置《いち》より上がります。また、冷やすと体積が小さくなり、水面は初めの位置より下がります。

3 金ぞくの玉を冷やすと体積が小さくなりますが、熱《ねっ》すると体積が大きくなるので、熱した後の金ぞくの玉は、金ぞくの輪《わ》を通りぬけることができなくなります。

4 空気、水、金ぞくは、どれもあたためると体積が大きくなり、冷やすと体積が小さくなりますが、体積の変化《へんか》のしかたにはちがいがあります。

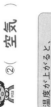

ぴったり1 じゅんび ★冬の夜空

冬の夜空に見られる星の色や明るさ、星座をかくにんしよう。

教科書 129〜131ページ 答え 28ページ

下の(　)にあてはまる言葉をかこう。

1 冬の星の明るさや色、位置《いち》の変《か》わり方はどうなっているのだろうか。 教科書 129〜131ページ

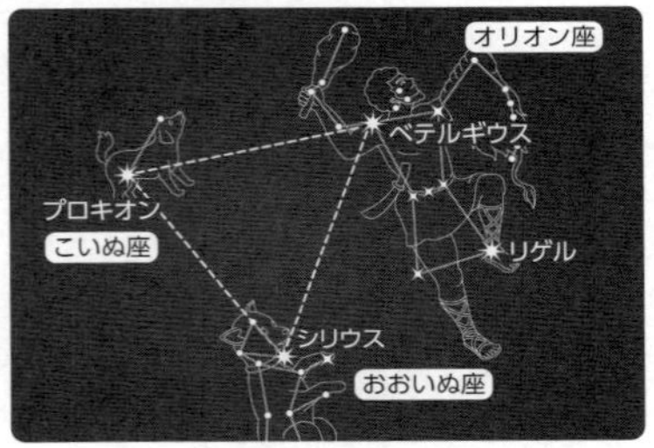

▶ベテルギウス、シリウス、プロキオンの3つの(① **1**)等星をつないでできる三角形を(② **冬の大三角**)という。

▶星と星座《せいざ》

- ベテルギウス…(③ **オリオン**)座《ざ》
- リゲル…(④ **オリオン**)座
- シリウス…(⑤ **おおいぬ**)座
- プロキオン…(⑥ **こいぬ**)座

★で表してあるシリウス、プロキオン、ベテルギウス、リゲルは、どれも1等星だよ。

▶オリオン座の1等星のうち、赤っぽいものは(⑦ **ベテルギウス**)、白っぽいものは(⑧ **リゲル**)である。

▶冬に見られる星も、星によって明るさや色にちがいがある。

▶冬に見られる星も、(⑨ **時こく**)とともに、星の見える位置は変わるが、星のならび方は変わらない。

ここがだいじ！
①冬に見られる星も、星によって明るさや色にちがいがある。
②時こくとともに、星の見える位置は変わるが、星のならび方は変わらない。

ぴたトリビア ギリシャ神話で、オリオンはさそりにさされて死んだので、さそりをおそれ、オリオン座はさそり座と同時に空にのぼらないといわれています。

ぴったり2 練習 ★冬の夜空

教科書 129〜131ページ 答え 28ページ

1 冬の夜空に、図のような星が見られました。

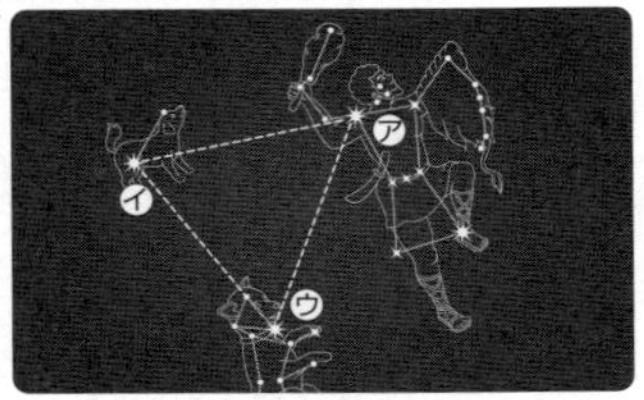

(1) ①〜③の星座《せいざ》にある星を、それぞれア〜ウから選《えら》んで、記号で答えましょう。

①おおいぬ座《ざ》　(ウ)
②こいぬ座　(イ)
③オリオン座　(ア)

(2) ①〜③は、ア〜ウの星の名前です。あてはまるものをそれぞれ選んで、記号をかきましょう。

①ベテルギウス　(ア)
②プロキオン　(イ)
③シリウス　(ウ)

(3) 3つの星ア、イ、ウをつないでできる三角形を何といいますか。
(**冬の大三角**)

2 ある冬の日の午後8時に、オリオン座が見られました。

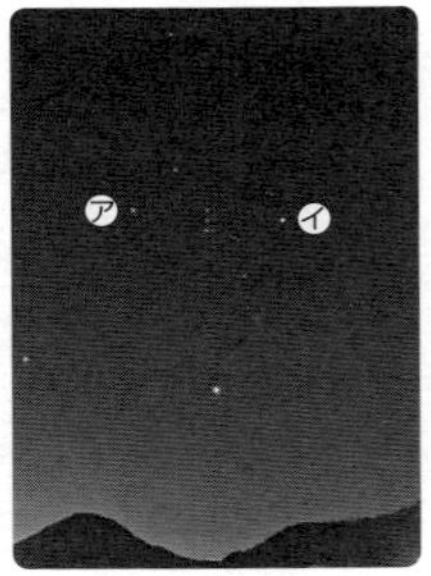

(1) アとイの星の明るさはどうなっていますか。正しいものに○をつけましょう。

①(○)どちらも1等星である。
②(　)アは1等星で、イは2等星である。
③(　)どちらも2等星である。
④(　)アは2等星で、イは1等星である。

(2) アとイの星の色はどうなっていますか。正しいものに○をつけましょう。

①(　)どちらも赤っぽい。
②(○)アは赤っぽく、イは白っぽい。
③(　)どちらも白っぽい。
④(　)アは白っぽく、イは赤っぽい。

(3) 同じ日の午後9時に、星座の位置《いち》は西のほうに変《か》わっていました。星のならび方は変わりますか、変わりませんか。
(**変わらない。**)

おうちのかたへ ★冬の夜空
「★夏の夜空」「5.月や星」に続いて、星の色や明るさ、星の動きを学習します。ここでは冬に夜空に見られる星を扱います。

55ページ てびき

1 オリオン座《ざ》のベテルギウスは赤っぽい色の1等星、オリオン座のリゲル、こいぬ座のプロキオン、おおいぬ座のシリウスは白っぽい色の1等星です。

2 (1)アはベテルギウス、イはリゲルです。
(3)時こくとともに、星の見える位置《いち》は変《か》わりますが、星のならび方は変わりません。

ぴったり3 たしかめのテスト

★ 冬の夜空

56ページ

/100 合格 70 点

教科書 128〜131ページ　答え 29ページ

よく出る

1 夜空に見られる星の集まりのスケッチをまとめました。 1つ8点(40点)

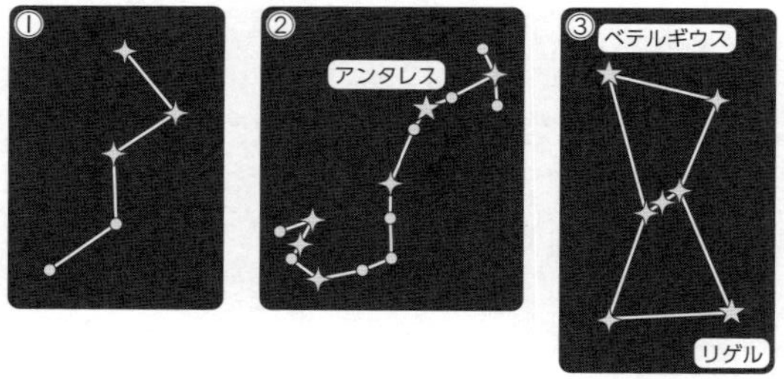

(1) 上のスケッチにかかれた星の集まりのことを、それぞれ何といいますか。次の □ の中から、1つずつ選《えら》びましょう。

①(カシオペヤ座)
②(さそり座)
③(オリオン座)

カシオペヤ座《ざ》	オリオン座	こいぬ座	こと座	冬の大三角
はくちょう座	おおいぬ座	さそり座	わし座	北斗七星《ほくとしちせい》

(2) いろいろな動物や道具などに見立てて名前をつけた星の集まりのことを何といいますか。 (星座)

(3) アンタレス、ベテルギウス、リゲルの明るさや色をくらべると、どのようなことがいえますか。正しいものに○をつけましょう。

ア( )どれも1等星で、白っぽく見える。
イ( )どれも1等星で、赤っぽく見える。
ウ(○)どれも1等星で、白っぽく見えるものと赤っぽく見えるものがある。
エ( )1等星と2等星があり、どれも白っぽく見える。
オ( )1等星と2等星があり、どれも赤っぽく見える。
カ( )1等星と2等星があり、白っぽく見えるものと赤っぽく見えるものがある。

56

57ページ

学習

2 星の観察《かんさつ》をしました。 技能 1つ10点(20点)

(1) 星の観察をするとき、星をさがすのに使う右の図のあを何といいますか。

(星座早見)

(2) 星の動きを観察するときは、どうしますか。正しいほうに○をつけましょう。

ア(○)同じところに立ち、観察する向きを変《か》えないで行う。
イ( )星を見やすいように、観察する場所や向きを変えて行う。

できたらスゴイ！

3 下の図は、冬の大三角とその近くの星を記録《きろく》したものです。 1つ10点(40点)

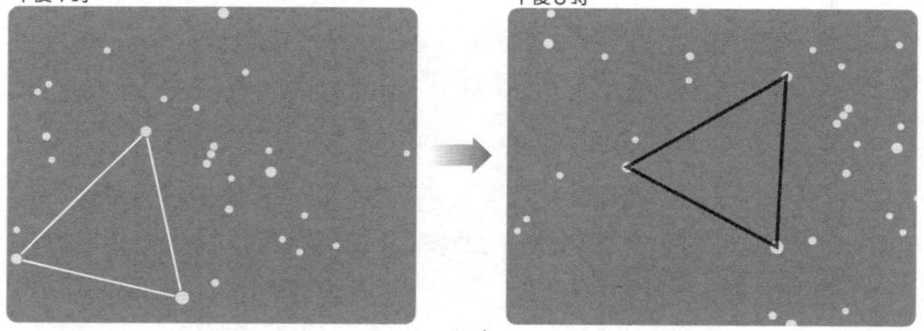

(1) 作図 午後8時には、冬の大三角はどの位置《いち》にありますか。線でつなぎましょう。

(2) 冬の大三角をつくっている星やその近くの星の明るさは、どれも同じだといえますか、いえませんか。

(いえない。)

(3) 記述 星の見える位置は、時こくとともにどうなるといえますか。 思考・表現

((星の見える位置は、)時こくとともに変わる。)

(4) 記述 星のならび方は、時こくとともにどうなるといえますか。 思考・表現

((星のならび方は、)時こくとともに変わらない。)

ふりかえり ①がわからないときは、54ページの1にもどってかくにんしてみましょう。
③がわからないときは、54ページの1にもどってかくにんしてみましょう。

57

56〜57ページ てびき

1 (1)①カシオペヤ座《ざ》は「W」の形をしています。②さそり座は「S」の形をしていて、「うおつり(魚釣り)星」ともよばれます。③オリオン座は、その形から「つづみ(鼓)星」ともよばれます。

(3)1等星でも、星によって、色がちがいます。

2 (2)立つ位置《いち》に印《しるし》をつけておくなどして、時こくが変《か》わっても、観察《かんさつ》する場所と向きを変えずに空を観察します。

3 (1)冬の大三角は、オリオン座やおおいぬ座、こいぬ座などといっしょに動いていきます。

(2)星の明るさはそれぞれちがいます。

(3)(4)時こくとともに星の見える位置は変わっても、星のならび方は変わらないので、星座《せいざ》を決めることができます。

ぴったり1 じゅんび

★ 冬の生き物

①冬の生き物のようす ②植物を育てよう ③冬の記録《きろく》をまとめよう

58ページ

学習 冬に見られる植物や動物のようすをかくにんしよう。

教科書 133～138ページ 答え 30ページ

下の（ ）にあてはまる言葉をかこう。

1 冬の生き物のようすは、どうなっているのだろうか。 教科書 133～135ページ

▶秋とくらべたときの冬のようす
- 気温や水温がさらに（① **低く** ）なる。
- 草がかれたり、動物のすがたが見られなくなったりする。サクラやイチョウは、えだに（② **芽** ）をつけて冬をこす。

▶0℃より低《ひく》い温度は、「（③ **れい下** ）何度」、または「マイナス何度」と表す。
- 下の図のような場合、（④ **れい下5度** ）、またはマイナス5度と読み、（⑤ **－5℃** ）とかく。

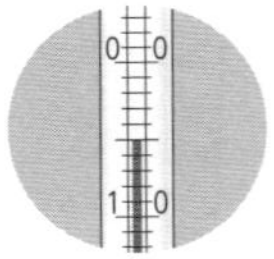

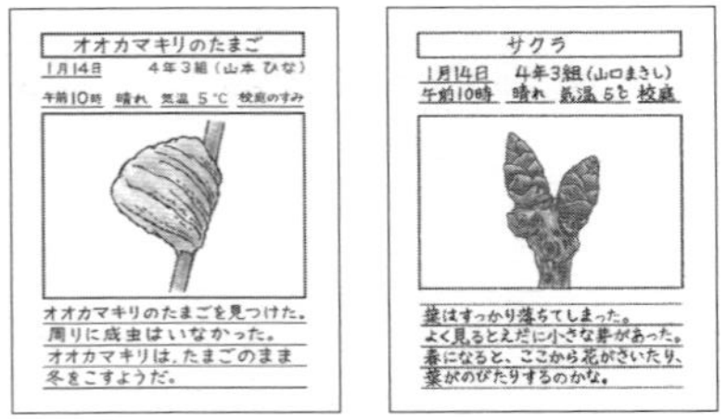

冬になって、寒い日が多くなり、0℃より低い気温になることもあるね。

2 春にたねをまいた植物は、冬になり、どうなっているのだろうか。 教科書 136～138ページ

▶冬にはヒョウタンなどの植物は、葉もくきもかれてしまい、（① **たね** ）を残《のこ》す。この（ ① ）が、春になると、芽《め》を出して成長《せいちょう》する。

ここがだいじ！ ①冬には、秋とくらべて、さらに気温や水温が低くなる。
②冬には、植物がかれたり、動物のすがたが見られなくなったりする。

ぴたトリビア 動物が長い間じっとして冬ごしをする理由は、冬はじゅうぶんな食べ物がないことや、動物によっては体温が下がって活動しにくくなることが考えられます。

58

ぴったり2 練習

★ 冬の生き物

①冬の生き物のようす ②植物を育てよう ③冬の記録《きろく》をまとめよう

59ページ

教科書 133～138ページ 答え 30ページ

1 冬の生き物のようすを観察《かんさつ》しました。

(1) 春から観察してきたオオカマキリの記録カードを見直しました。それぞれ春、夏、秋、冬のどの季節《きせつ》に観察したか、あてはまる季節をかきましょう

①（ **春** ） ②（ **冬** ） ③（ **秋** ） ④（ **夏** ）

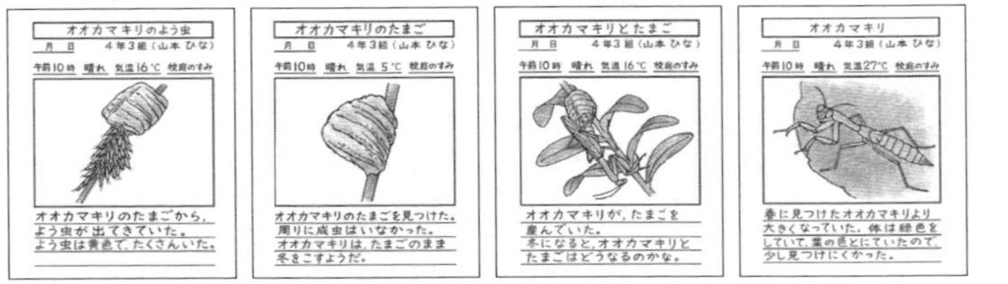

(2) 冬の生き物のようすについて、（ ）にあてはまる言葉をかきましょう。
- 冬になると寒い日が多くなり、秋より気温や水温がさらに（ **低く** ）なります。
- 草むらの植物は（ **かれて** ）しまいます。イチョウやサクラは、葉がかれ落ちても、えだやみきはかれずに、えだに（ **芽** ）をつけて冬をこします。
- 草むらのこん虫などの動物も、すがたが見られなくなります。

2 育てているヒョウタンのようすを観察しました。

(1) 気温を温度計で調べたところ、図のようになりました。何℃かかきましょう。

（ **－3℃** ）

(2) 冬になって、ヒョウタンはどうなりましたか。正しいものに○をつけましょう。

①（ ）くきはよくのび、葉の数もふえる。
②（ ）花をさかせたり、実ができ始める。
③（ ○ ）葉もくきもかれて、たねを残《のこ》す。
④（ ）たねから芽《め》を出して成長《せいちょう》する。

ヒント ❷ (1)0℃より低《ひく》い温度をかき表すときには、ーを使います。

59

おうちのかたへ ★ 冬の生き物

「1．春の生き物」「★ 夏の生き物」「★ 秋の生き物」に続いて、身の回りの生き物を観察して、動物の活動や植物の成長が季節によって違うことを学習します。ここでは冬の生き物を扱います。

59ページ てびき

❶ (1)オオカマキリは、春にはたまごからよう虫が出てきて、夏には大きくなり、秋にはたまごを産《う》みます。たまごで冬をこします。

(2)冬になると、気温や水温はさらに低《ひく》くなり、植物はかれ、動物のすがたは見られなくなります。

❷ (1)0℃より3目もり下なので、れい下3度（マイナス3度）と読み、「－3℃」とかきます。

(2)ヒョウタンは、冬にはたねを残《のこ》してかれてしまいます。①と②は夏、④は春のようすです。

おうちのかたへ

小学校の算数では、負（マイナス）の数は学習しません。0℃より低い温度の学習では、0℃の目盛りからいくつ下かを数えて、ーの記号をつけて表す、ということを意識づけさせるとよいでしょう。

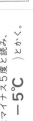

ぴったり3
たしかめのテスト ★冬の生き物

60ページ

/100 合格70点

教科書 132〜139ページ　答え 31ページ

よく出る

1 これまでに調べた生き物が、冬になってどのように変《か》わってきたか観察《かんさつ》しました。

（1)、(2)はそれぞれ全部できて10点、(3)、(4)は1つ8点(44点)

(1) オオカマキリの記録《きろく》カードを、春、夏、秋、冬の順《じゅん》にならべましょう。

①　②　③　④

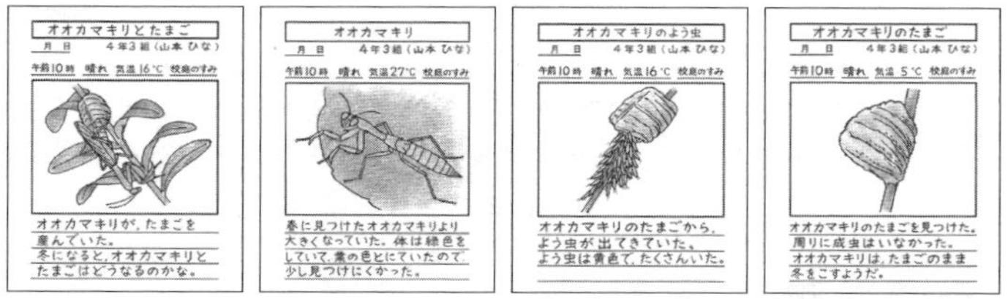

(③)→(②)→(①)→(④)

(2) サクラの記録カードを春、夏、秋、冬の順にならべましょう。

①　②　③　④

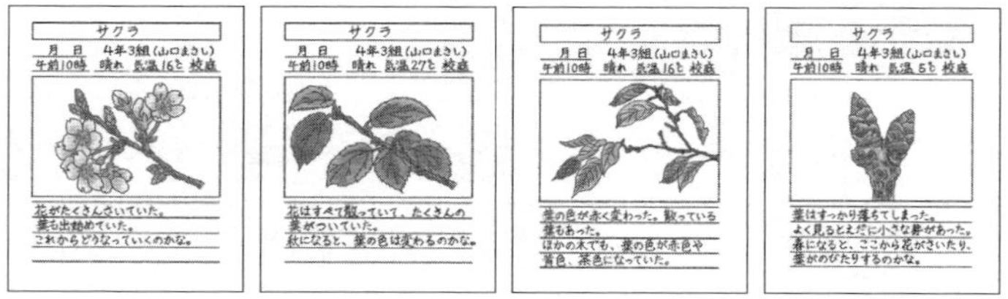

(①)→(②)→(③)→(④)

(3) イチョウやサクラは、葉がかれて落ちても、えだやみきはかれていません。えだには何をつけて冬をこしますか。　(芽)

(4) 温度計で気温を調べたとき、図のようになっていました。それぞれ何℃かかきましょう。 技能

①(0℃)
②(−3℃)

①　②

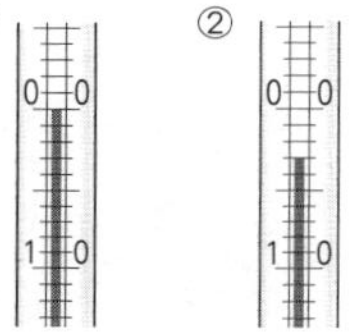

60

61ページ

2 育てているヒョウタンを観察して、これまでのことをふり返りました。

1つ7点(28点)

(1) 冬のくきのようすについてかいているものに○をつけましょう。
①(　)芽《め》が出て、のび始めた。
②(○)かれてしまった。
③(　)大きくのびた。

(2) 冬の葉のようすについてかいているものに○をつけましょう。
①(　)子葉が出て、葉がふえてきた。
②(○)かれてしまった。
③(　)葉がかれ始めた。
④(　)葉の数がふえた。

(3) 冬のヒョウタンのようすについてかいているものに○をつけましょう。
①(　)花がさき始めた。
②(　)実が大きくなり始めた。
③(○)たねを残《のこ》した。

(4) ヒョウタンは、どのように冬をこしますか。正しいほうに○をつけましょう。
①(　)えだに芽をつけて冬をこす。
②(○)たねのすがたで冬をこす。

できたらスゴイ！

3 冬の生き物のようすについてあてはまるものには○を、あてはまらないものには×をつけましょう。

1つ7点(28点)

ヒョウタンは
たねを残して
かれてしまったよ。
①(○)

草むらの植物はかれて、
そこにいたこん虫も
見られなくなった。
②(○)

寒い日が多くなってきたけど、
動物はたくさん見られるね。
③(×)

イチョウなどは、
えだに芽を残して
冬をこすんだね。
④(○)

ふりかえり
1がわからないときは、58ページの1にもどってかくにんしてみましょう。
3がわからないときは、58ページの1や2にもどってかくにんしてみましょう。

61

60〜61ページ てびき

1 (1)(2)それぞれの季節《きせつ》の動物や植物のようすをふり返ってみましょう。
(3)サクラなどの木は、冬にはえだに芽《め》をつけて冬をこします。
(4)①はえきの先がちょうど0のところにあるので、0℃です。②は0から3目もり下がっているので、れい下3度(マイナス3度)です。「−3℃」とかきます。

2 ヒョウタンなどの植物は、春にたねから芽を出し、夏に大きく成長《せいちょう》し、秋にはかれ始め、冬にたねを残《のこ》してかれてしまいます。
(1)①は春、③は夏のようすです。
(2)①は春、③は秋、④は夏のようすです。
(3)①は夏、②は秋のようすです。
(4)①はサクラなどの木の冬ごしです。

3 ③動物は暑い季節に多く見られます。寒い季節にはすがたが見られなくなります。

ぴったり1 じゅんび

9. もののあたたまり方

①金ぞくのあたたまり方
②水のあたたまり方(1)

3分でまとめ

金ぞくや水はどのようにあたたまっていくのか、かくにんしよう。

教科書 142〜146ページ　答え 32ページ

下の(　)にあてはまる言葉をかくか、あてはまるものを○でかこもう。

1 金ぞくはどのようにあたたまっていくのだろうか。

教科書 142〜144ページ

▶金ぞくのあたたまり方
・示温《しおん》シール(温度によって色が変化《へんか》するシール)を使って、金ぞくのあたたまり方を調べる。

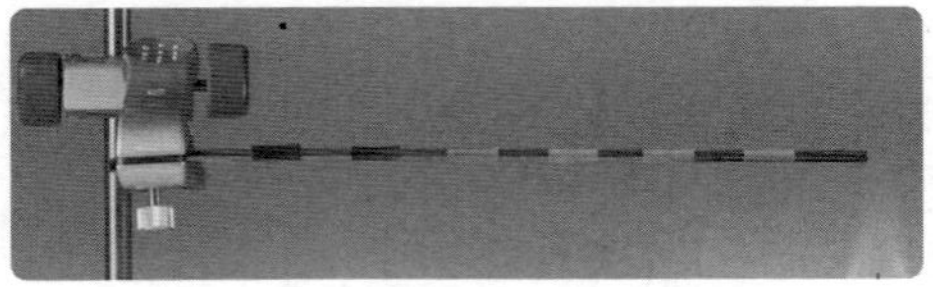

▶金ぞくは、熱《ねつ》した部分から順《じゅん》に、(① 熱)が伝《つた》わってあたたまっていく。

▶金ぞくの形が変《か》わっても、あたたまり方は(② 変わる ・ 変わらない)。

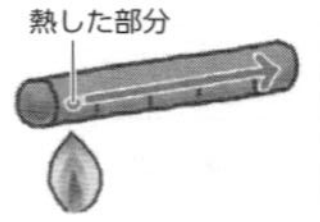

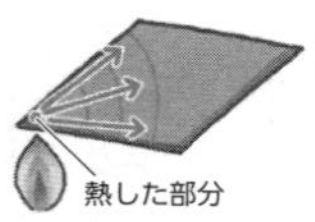

2 水は、どのようにあたたまっていくのだろうか。

教科書 145〜146ページ

▶試験管《しけんかん》の中の水のあたたまり方
・示温インク(温度によって色が変化するえき)を使って、水のあたたまり方を調べる。
・急に湯がわき立つのをふせぐため、ふっとう石を入れてから熱し始める。

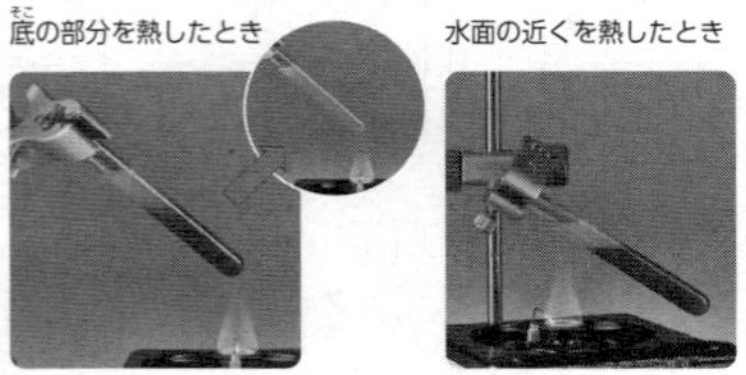

▶試験管に入れた水は、下のほうを熱したときは、(① 上 ・ 下)のほうが先にあたたまり、やがて全体があたたまった。上のほうを熱したときは、(② 上 ・ 下)のほうはなかなかあたたまらなかった。

ここがだいじ! ①金ぞくは、熱した部分から順に熱《ねつ》が伝わってあたたまっていく。形が変わっても、あたたまり方は変わらない。

ぴたトリビア 木よりも金ぞくのほうが熱が伝わる速さが速いので、部屋《へや》にある金ぞくの手すりと木の手すりでは、金ぞくの手すりのほうが冷たく感じます。

ぴったり2 練習

9. もののあたたまり方

①金ぞくのあたたまり方
②水のあたたまり方(1)

教科書 142〜146ページ　答え 32ページ

1 金ぞくのぼうと金ぞくの板のはしの部分を熱《ねつ》しました。

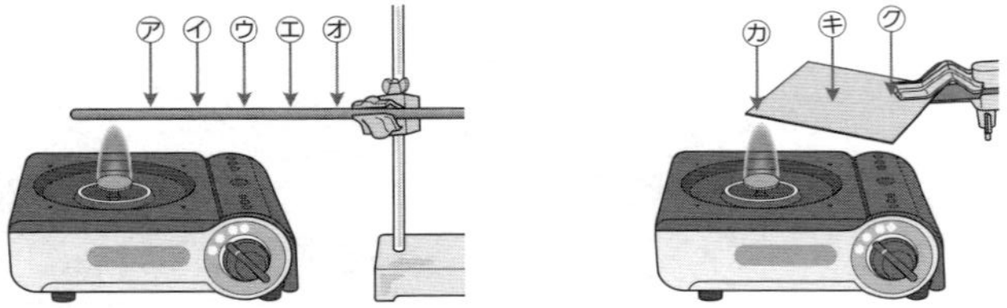

(1) 金ぞくを熱するのに使っているこの加熱器具《かねつきぐ》の名前をかきましょう。
(実験用ガスコンロ)

(2) 金ぞくのぼうを熱したとき、熱が伝《つた》わる順《じゅん》に㋐、㋑、㋒、㋓、㋔をならべましょう。
はやい　　　　おそい
(㋐)→(㋑)→(㋒)→(㋓)→(㋔)

(3) 金ぞくの板を熱したとき、熱が伝わる順に㋕、㋖、㋗をならべましょう。
はやい　　　　おそい
(㋕)→(㋖)→(㋗)

(4) 金ぞくの形が変《か》わると、あたたまり方は変わりますか、変わりませんか。
(変わらない。)

2 示温《しおん》インク(温度によって色が変化《へんか》するえき体)をまぜた水を試験管《しけんかん》に入れて、水のあたたまり方を調べました。

(1) 水面近くを熱した場合、どのようになりますか。正しいものに○をつけましょう。
①(○)水面近くだけ色が変わる。
②(　)底《そこ》のほうだけ色が変わる。
③(　)全体の色が変わる。

(2) 底のほうを熱した場合、どのようになりますか。正しいものに○をつけましょう。
①(　)水面近くだけ色が変わる。
②(　)底のほうだけ色が変わる。
③(○)全体の色が変わる。

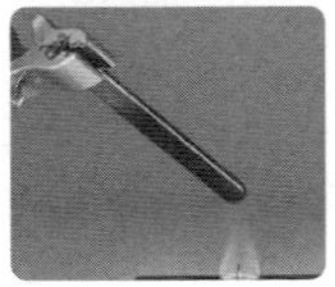

おうちのかたへ　9. もののあたたまり方

実験器具を使い、金属、水、空気をあたためたときの熱の伝わり方(あたたまり方)を学習します。金属は熱せられた部分から順にあたたまること(熱伝導)、水と空気は熱せられた部分が移動してあたたまること(対流)を理解しているかがポイントです。

63ページ　てびき

❶ (2)(3)(4)ぼうでも板でも、金ぞくは熱《ねつ》した部分から順《じゅん》に熱《ねつ》が伝《つた》わって、あたたまっていきます。

❷ (1)水面近くを熱すると、上のほうは色が変《か》わりますが、下のほうはなかなか色が変わりません。
(2)底《そこ》のほうを熱すると、上のほうが先に色が変わり、その後、下のほうまで全体の色が変わります。

おうちのかたへ
ここでは、金属のあたたまり方と、水や空気のあたたまり方が異なることを学習します。
なお、熱の伝わり方の詳しい内容や、「伝導(熱伝導)」「対流」「放射(熱放射)」の用語は、中学校で学習します。

ぴったり1 じゅんび

9. もののあたたまり方

②水のあたたまり方(2)
③空気のあたたまり方

64ページ

水や空気はどのようにあたたまっていくのか、かくにんしよう。

教科書 147〜150ページ　答え 33ページ

下の(　)にあてはまる言葉をかくか、あてはまるものを○でかこもう。

1 水は、どのようにして、全体があたたまっていくのだろうか。 教科書 147〜148ページ

▶ビーカーの中の水のあたたまり方
・示温《しおん》インク(温度によって色が変化《へんか》するえき)をまぜた水を使って、水のあたたまり方を調べる。

温度が高くなったところがピンク色になり、上のほうへ動いた。
上のほうからだんだんと色が変《か》わり、全体がピンク色になった。

▶水を熱《ねつ》すると、あたためられた部分が(① 上)に動く。このような動きを続《つづ》けて、水全体があたたまっていく。

2 空気は、どのようにあたたまっていくのだろうか。 教科書 149〜150ページ

▶だんぼうを入れている部屋《へや》で、上のほうと下のほうの空気の温度をはかると、(① (上)・ 下)のほうの温度が高い。

	空気の温度(℃)
部屋の上のほう	21、22、20
部屋の下のほう	17、18、17

あたためられた空気が、上に上がっていった。
上に動く。

▶あたためられた空気を観察《かんさつ》すると、(② (上)・ 下)に動いていった。

▶空気は(③ 金ぞく ・(水))と同じように、あたためられた部分が(④ 上)に動いて、全体があたたまっていく。

ここがだいじ！
①水を熱すると、あたためられた部分が上に動き、全体があたたまっていく。
②空気を熱すると、あたためられた部分が上に動き、全体があたたまっていく。

ぴたトリビア　だんぼうを入れている部屋では上のほうだけがあたたかくなったり、れいぼうをかけている部屋では下のほうだけがすずしくなったりすることがあります。

ぴったり2 練習

9. もののあたたまり方

②水のあたたまり方(2)
③空気のあたたまり方

65ページ

教科書 147〜150ページ　答え 33ページ

1 示温《しおん》インク(温度によって色が変化《へんか》するえき)をまぜた水を使って、水のあたたまり方を調べました。

㋐
㋑

(1) 水を入れているガラス器具《きぐ》の名前をかきましょう。
(ビーカー)

(2) 底《そこ》のはしの部分を熱《ねつ》したとき、㋐と㋑では、どちらが先に色が変《か》わりますか。
(㋐)

(3) 水はどのようにあたたまりますか。正しいものに○をつけましょう。
①(　)熱した部分から順《じゅん》にあたたまっていく。
②(○)あたためられた部分が上へ動き、全体があたたまっていく。
③(　)あたためられた部分が下へ動き、全体があたたまっていく。

2 だんぼうを入れている部屋《へや》で、上のほうと下のほうの空気の温度を調べました。

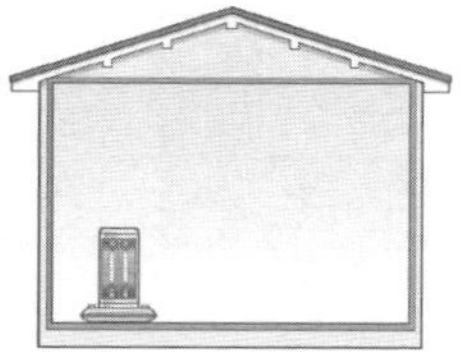

(1) 空気の温度を3回ずつはかった結果《けっか》は、次のようになりました。部屋の上のほうをはかった結果はどちらですか。正しいほうに○をつけましょう。
①(○)23℃、22℃、24℃
②(　)17℃、17℃、16℃

(2) 空気はどのようにあたたまりますか。正しいほうに○をつけましょう。
①(　)熱した部分から順にあたたまっていく。
②(○)あたためられた部分が上へ動き、全体があたたまっていく。

(3) 空気のあたたまり方について、どのようなことがいえますか。正しいものに○をつけましょう。
①(　)金ぞくと同じようにあたたまる。
②(○)水と同じようにあたたまる。
③(　)金ぞくとも水ともちがうあたたまり方をする。

ヒント 2 空気のあたたまり方は目で見ることができないので、金ぞくのあたたまり方や水のあたたまり方とくらべて考えましょう。

65ページ てびき

1 (2)(3)ビーカーの底《そこ》のはしの部分を熱《ねっ》すると、㋐のほうが先に色が変《か》わります。これは、あたためられた部分が上へ動き、全体があたたまっていくからです。

2 空気も、水と同じように、あたためられた部分が上に動いて、全体があたたまります。そのため、だんぼうを入れている部屋《へや》で空気の温度をはかると、部屋の上のほうの温度が高いです。

ぴったり3
たしかめのテスト
9. もののあたたまり方

/100 合格70点

教科書 140〜153ページ　答え 34ページ

1 金ぞくのぼうを熱《ねつ》して、あたたまり方を調べました。図の●の点どうしの間かくはどこも同じです。　1つ10点(20点)

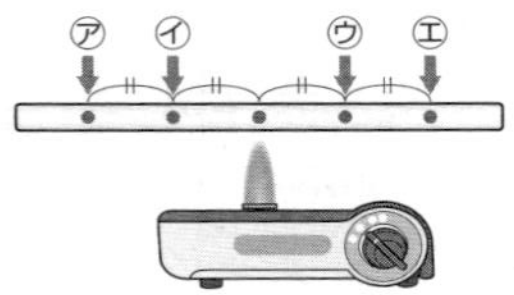

(1) 金ぞくのぼうを水平にして、その真ん中を熱したとき、㋐と㋓のあたたまり方はどうなりますか。正しいものに○をつけましょう。
①(　)㋐のほうが先にあたたまる。
②(　)㋓のほうが先にあたたまる。
③(○)㋐と㋓は同時にあたたまる。

(2) 記述 (1)のように答えた理由を説明《せつめい》しましょう。　思考・表現
(金ぞくは、熱した部分から順にあたたまる(ので、同じだけはなれているところなら同時にあたたまる)から。)

よく出る
2 示温《しおん》インクをまぜた水をビーカーに入れて、ビーカーの底《そこ》のはしを熱しました。　(1)、(3)は1つ10点、(2)は全部できて10点(30点)

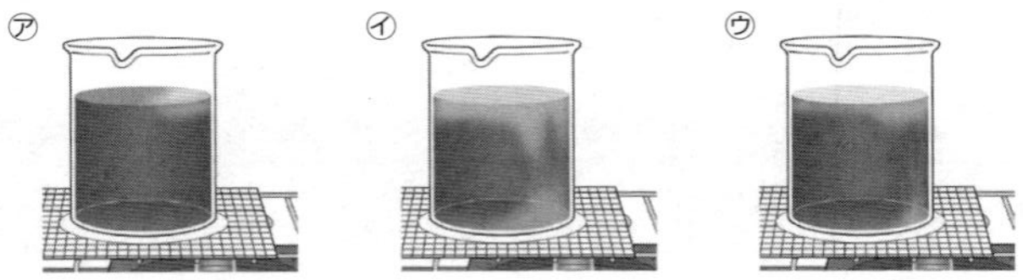

(1) 水に示温インクをまぜた理由として、正しいものに○をつけましょう。　技能
①(　)水の体積《たいせき》を変《か》えないため。　②(　)水をゆっくりあたためるため。
③(○)水のあたたまり方をわかりやすくするため。

(2) ビーカーの底のはしを熱すると、示温インクの色はどのように変わっていきますか。上の㋐、㋑、㋒を正しい順《じゅん》にならべましょう。　(㋐)→(㋒)→(㋑)

(3) 水はどのようにあたたまるといえますか。正しいほうに○をつけましょう。
①(　)水は熱した部分から順に熱《ねつ》が伝《つた》わるので、下のほうからあたたまり、やがて水全体があたたまる。
②(○)あたためられた水は上のほうに動くので、上のほうからあたたまる。このような動きを続《つづ》けて、水全体があたたまる。

学習

3 ヒーターであたためている部屋《へや》で、空気の温度を調べました。　1つ10点(20点)

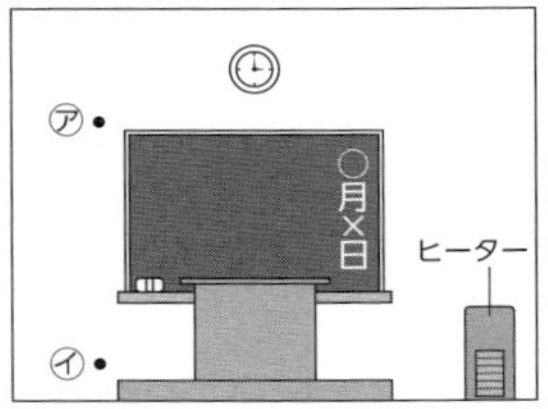

(1) ヒーターをつけてしばらくしてから、上のほう(㋐)と、ゆかの近く(㋑)で空気の温度をはかりました。はかった温度について、正しいほうに○をつけましょう。
①(○)㋐のほうが温度が高い。
②(　)㋑のほうが温度が高い。

(2) 空気のあたたまり方について、あてはまるものに○をつけましょう。
①(　)空気は金ぞくと同じあたたまり方をする。
②(○)空気は水と同じあたたまり方をする。
③(　)空気は金ぞくや水と同じあたたまり方をする。

できたらスゴイ!
4 金ぞくの板と金ぞくのぼうを熱しました。なお、①と②の金ぞくの板は、水平に固定《こてい》して、下から熱します。　1つ10点(30点)

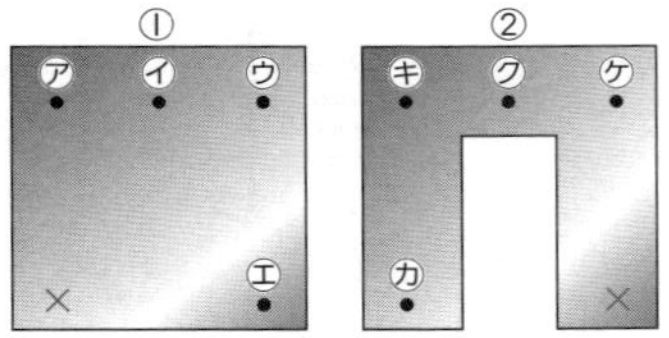

(1) ①の金ぞくの板の×印《じるし》のところを熱したとき、あたたまるのがいちばんおそいのは、㋐〜㋓のどこですか。　(㋒)

(2) ②の金ぞくの板の×印のところを熱したとき、あたたまるのがいちばんおそいのは、㋕〜㋘のどこですか。　(㋕)

(3) ③のように金ぞくのぼうをかたむけて、その真ん中を熱したとき、㋐と㋓のあたたまり方はどうなりますか。正しいものに○をつけましょう。
①(　)㋐のほうが先にあたたまる。
②(　)㋓のほうが先にあたたまる。
③(○)㋐と㋓は同時にあたたまる。

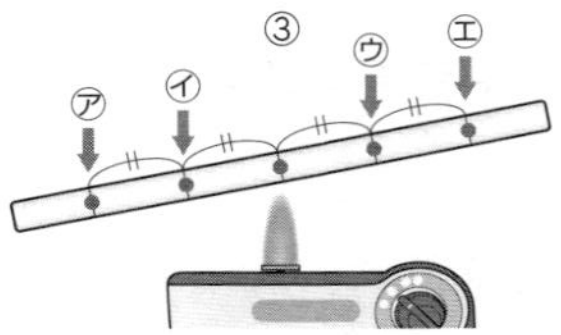

ふりかえり
2がわからないときは、64ページの**1**にもどってかくにんしてみましょう。
4がわからないときは、62ページの**1**にもどってかくにんしてみましょう。

66〜67ページ　てびき

1 金ぞくは、熱《ねつ》した部分から順《じゅん》に熱《ねつ》が伝《つた》わってあたたまっていきます。そのため、金ぞくのぼうの真ん中を熱すると、その左右のどちらも同じようにあたたまっていきます。

2 (1)温度で色が変《か》わる示温《しおん》インクや示温テープを使って、あたたまり方を調べます。
(2)上のほうからだんだんと色が変わっていきます。

3 空気と水は同じあたたまり方をします。

4 (1)(2)金ぞくは、熱した部分から順に熱が伝わってあたたまっていきます。そのため、熱している部分に遠いところほど、あたたまるのがおそいです。
(3)金ぞくのぼうがかたむいていても、熱した部分から順に熱が伝わることは変わりません。

ぴったり1 じゅんび

10. 水のすがた

①水を熱《ねっ》したときの変化《へんか》

68ページ

水を熱し続けたときの変化をかくにんしよう。

教科書 156〜161ページ　答え 35ページ

下の(　　)にあてはまる言葉をかくか、あてはまるものを○でかこもう。

1 水を熱し続《つづ》けると、どうなるのだろうか。

教科書 156〜158ページ

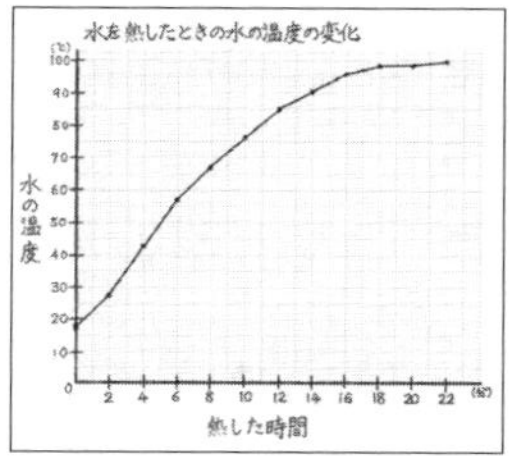

- 水をしばらく熱すると、水面から(①　湯気　)が出始め、やがて、あわが出るようになる。
- 熱せられた水は100℃近くで、さかんにあわを出しながら、わき立つ。これを(②　ふっとう　)という。
- 水を熱し続けても、(　②　)している間の温度は(③　変《か》わる　・　変わらない　)。（変わらない に○）

2 水を熱したときに出てきたあわは、何だろうか。

教科書 159〜161ページ

- 水を熱し続けたとき、水の中からさかんに出るあわは、水が目に見えないすがたに変わったもので、(①　水じょう気　)という。
- 水じょう気は空気中で冷《ひ》やされて、目に見える小さな水のつぶになる。これを(②　湯気　)という。
- 水が水じょう気になることを(③　じょう発　)という。

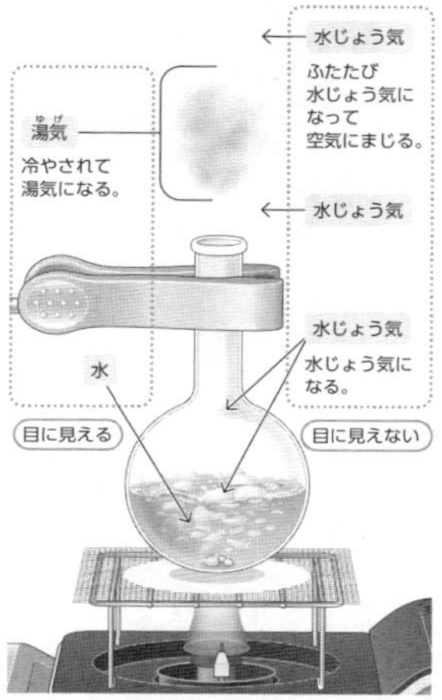

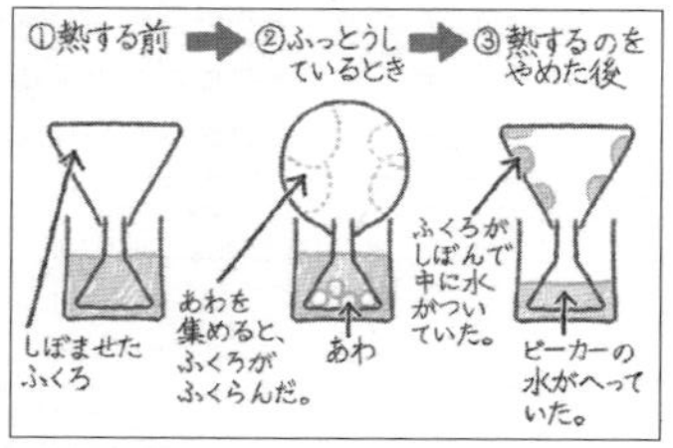

ここがだいじ!
①水を熱し続けると、ほぼ100℃でふっとうする。
②水が水じょう気になることをじょう発という。

ぴたトリビア　水は約《やく》100℃まであたためるとえき体から気体になりますが、このとき、体積《たいせき》は約1700倍になります。

ぴったり2 練習

10. 水のすがた

①水を熱《ねっ》したときの変化《へんか》

69ページ

教科書 156〜161ページ　答え 35ページ

1 水を熱したときの温度と、そのようすの変化を調べました。

(1) 水を熱するとき、急に湯がわき立つのをふせぐために、水に入れておくものは何ですか。　(　ふっとう石　)

(2) 水を熱し続《つづ》けたとき、水面から出てくる白く見えるものを何といいますか。　(　湯気　)

(3) 熱せられた水が、さかんにあわを出しながらわき立つことを何といいますか。　(　ふっとう　)

(4) 水を熱したときの、温度の変化を表したグラフはどれですか。正しいものに○をつけましょう。

①(　　)　②(　○　)　③(　　)

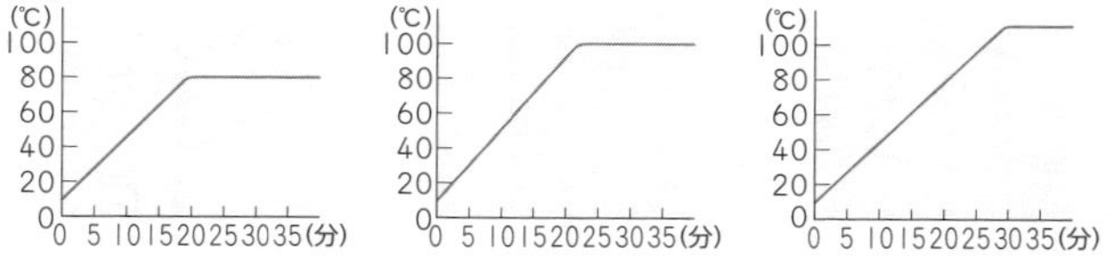

2 ビーカーの水を熱したときに出てくるあわを、ふくろに集めました。

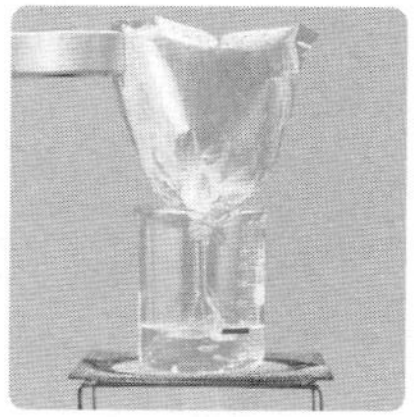

(1) ビーカーの水を熱し続けると、ビーカーの水の量《りょう》はどうなりますか。正しいものに○をつけましょう。

①(　○　)へる。　②(　　)ふえる。
③(　　)変《か》わらない。

(2) ビーカーの水を熱するのをやめると、ふくらんでいるふくろはどうなりますか。正しいものに○をつけましょう。

①(　○　)しぼむ。　②(　　)さらにふくらむ。
③(　　)変わらない。

(3) 水を熱したときに出てくるあわは、水が目に見えないすがたに変わったものです。これを何といいますか。　(　水じょう気　)

(4) 水が、目に見えないすがたに変わることを何といいますか。　(　じょう発　)

69ページ　てびき

❶ (1)水を熱《ねっ》する実験《じっけん》では、急に湯がわき立つのをふせぐため、ふっとう石を入れておきます。
(2)水面から出た水じょう気が冷《ひ》やされて、目に見えるようになったものが湯気《ゆげ》です。
(4)水は、ほぼ100℃でふっとうします。熱していても、ふっとうしている間は、温度が変《か》わりません。

❷ (1)水がじょう発して、空気中に出ていくので、ビーカーの水はへります。
(2)水じょう気が冷えて、水にもどるので、ふくろはしぼみます。
(3)目に見える湯気は、小さな水のつぶです。

おうちのかたへ　**10. 水のすがた**

実験器具を使い、水が温度によって水蒸気や氷になることを学習します。水を熱すると約100℃で沸騰して水蒸気になること、冷やすと0℃で氷になることを理解しているか、水の状態変化(固体・液体・気体)を考えることができるか、などがポイントです。

ぴったり1 じゅんび

10. 水のすがた

②水を冷《ひ》やしたときの変化《へんか》
③水の3つのすがた

水を冷やし続けたときの変化や、水の3つのすがたをかくにんしよう。

教科書 162〜165ページ 答え 36ページ

下の(　)にあてはまる言葉をかくか、あてはまるものを○でかこもう。

1 水を冷やし続《つづ》けると、どうなるのだろうか。

教科書 162〜164ページ

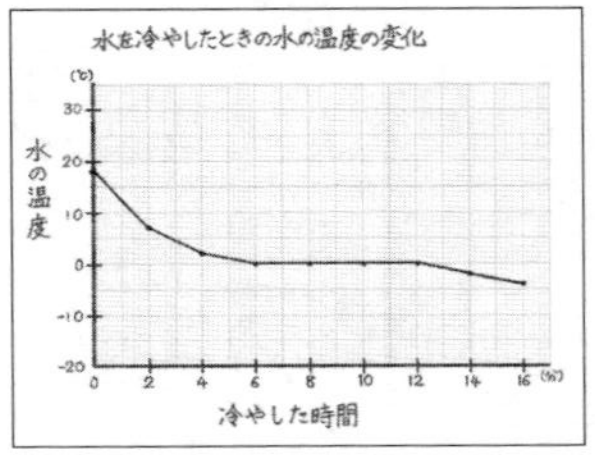

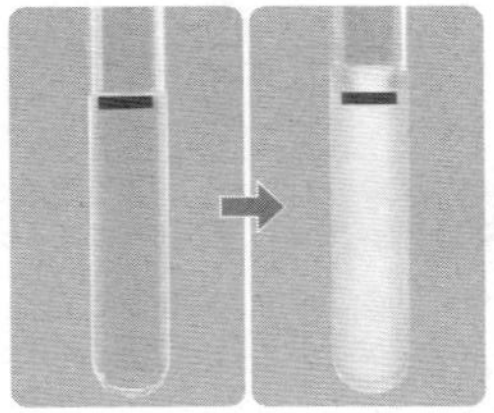

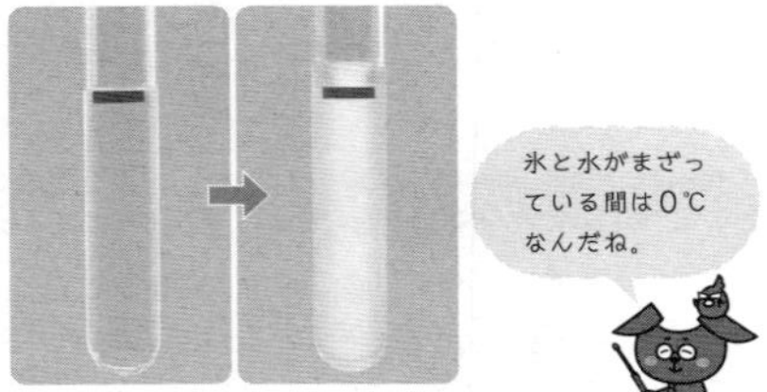

冷やす前のようす 冷やした後のようす

氷と水がまざっている間は0℃なんだね。

▶水を冷やし続けて、(① **0**)℃になるとこおり始める。水がこおり始めてから、全部が氷になるまで、温度は(①)℃から変《か》わらない。

▶水は氷に変わると、体積《たいせき》が(② (大きく)・ 小さく)なる。

2 水のすがたと温度の関係《かんけい》をまとめよう。

教科書 165ページ

▶水は(① **温度**)によって、氷、水、水じょう気とすがたを変える。

▶水じょう気は目に見えず、自由に形を変えられる。このようなすがたを(② **気体**)という。

▶水は目に見えて、自由に形を変えられる。このようなすがたを(③ **えき体**)という。

▶氷はかたまりになっていて自由に形を変えられない。このようなすがたを(④ **固体**)という。

ここが だいじ!
①水は0℃で氷になり、体積が大きくなる。
②水は温度によって、氷(固体《こたい》)、水(えき体)、水じょう気(気体)とすがたを変える。

ぴたトリビア 水は温度が4℃のとき、いちばん体積が小さいです。

ぴったり2 練習

10. 水のすがた

②水を冷《ひ》やしたときの変化《へんか》
③水の3つのすがた

教科書 162〜165ページ 答え 36ページ

1 図のようにして、水を冷やしたときの変化を調べました。

(1) 温度計にストローをつけたのはなぜですか。
正しいものに○をつけましょう。
①(　)温度を読み取りやすくするため。
②(○)温度計をわらないようにするため。
③(　)温度計がこおらないようにするため。

(2) 試験管《しけんかん》の水をこおらせるために、氷水にはあるものをまぜました。あるものとは何ですか。
(**食塩**)

(3) 水を冷やしていくと、何℃でこおり始めますか。
(**0℃**)

(4) 水が氷に変《か》わると、体積《たいせき》はどうなりますか。
正しいものに○をつけましょう。
①(　)小さくなる。　②(　)変わらない。　③(○)大きくなる。

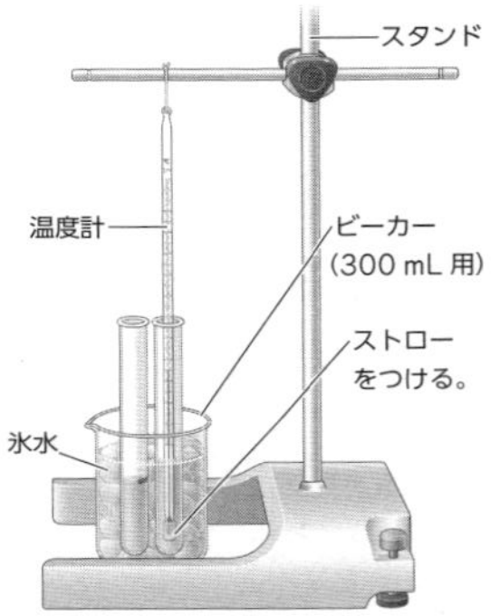

2 水は、温度によって、氷・水・水じょう気とすがたを変えます。

(1) 水の3つのすがた㋐〜㋒は、それぞれ何といいますか。
㋐(**固体**)
㋑(**えき体**)
㋒(**気体**)

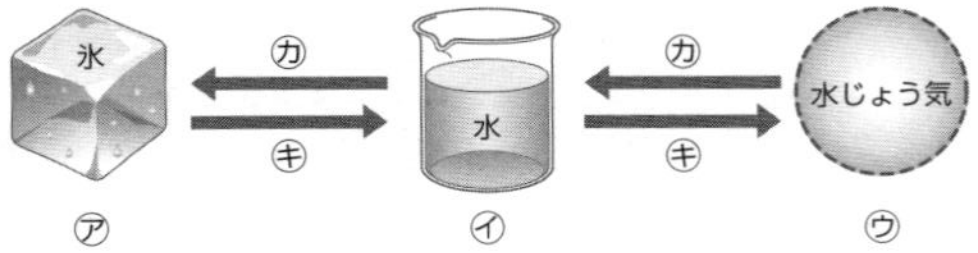

(2) 熱《ねつ》することを表している矢印《やじるし》は、㋕、㋖のどちらですか。
(㋖)

(3) 次のせいしつをもつすがたは、それぞれ氷、水、水じょう気のどれですか。
①目に見えない。自由に形を変えられる。(**水じょう気**)
②目に見え、自由に形を変えられる。(**水**)
③かたまりになっていて自由に形を変えられない。(**氷**)

71ページ てびき

1 (1)温度計のえきだめと試《し》験管《けんかん》がぶつかって、温度計がわれないように、温度計の先にストローをつけます。

(4)試験管に入れた水の水面に印《しるし》をつけておくと、氷に変《か》わると体積《たいせき》が大きくなることがわかります。

2 (3)水と水じょう気は、自由に形が変えられます。

おうちのかたへ
「10. 水のすがた」と「11. 水のゆくえ」では、多くの用語が出てきて、間違いやすいです。一度まとめて、確認しておくとよいでしょう。
●「水じょう気」と「湯気」
水蒸気は気体(目に見えない)。湯気は液体(目に見える)。
●「じょう発」と「ふっとう」
蒸発は水(液体)が水蒸気(気体)になること。沸騰は約100℃で起こる、水の中からも蒸発が起こること。

ぴったり3 たしかめのテスト

10. 水のすがた

　／100　合格70点

教科書 154〜169ページ　答え 37ページ

よく出る

1 水を熱《ねっ》したときの温度の変化《へんか》をグラフに表しました。

1つ7点(28点)

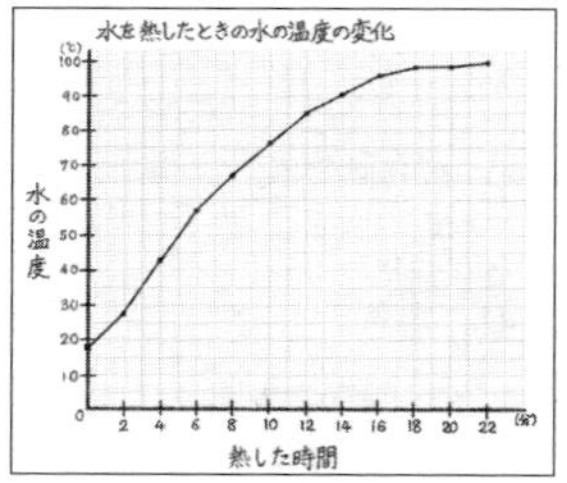

(1) 水を熱するとき、急に湯がわき立つのをふせぐために水に入れておくものは何ですか。

技能

(ふっとう石)

(2) このようなグラフを何グラフといいますか。

技能

(折れ線グラフ)

(3) 水の中に大きなあわがたくさん出てきたのは、熱し始めてから、約《やく》何分後ですか。正しいものに○をつけましょう。

①(　)約6分後　②(　)約12分後　③(〇)約18分後

(4) 水の量《りょう》を2倍にふやして同じ実験《じっけん》をすると、水がふっとうする温度はどうなりますか。正しいものに○をつけましょう。

①(　)100℃よりもずっと低《ひく》くなる。

②(　)100℃よりもずっと高くなる。

③(〇)ほぼ100℃で、ふやす前と変《か》わらない。

2 やかんに水を入れて、熱しました。

(1)は全部できて7点、(2)、(3)は1つ7点(21点)

(1) 湯気《ゆげ》と水じょう気は、固体《こたい》・えき体・気体のうちのどれですか。それぞれかきましょう。

湯気(えき体)

水じょう気(気体)

(2) 図は、水を入れたやかんがわき立っているようすです。湯気を表しているのは、㋐〜㋒のどれですか。(㋐)

(3) 水が水じょう気になることを何といいますか。

(じょう発)

学習日

3 水を冷《ひ》やして氷になったときの温度の変化をグラフに表しました。

(1)〜(3)は1つ7点、(4)は10点(31点)

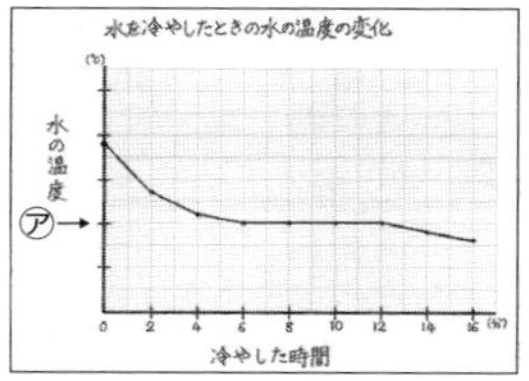

(1) ㋐の温度は何℃ですか。正しいものに○をつけましょう。

①(　)−10℃　②(〇)0℃

③(　)20℃　④(　)100℃

(2) 水がこおり始めたのは、冷やし始めてから約何分後でしたか。正しいものに○をつけましょう。

①(　)約2分後　②(〇)約6分後　③(　)約10分後

(3) 水が全部氷に変わったのは、冷やし始めてから約何分後でしたか。正しいものに○をつけましょう。

①(　)約4分後　②(　)約8分後　③(〇)約12分後

(4) 記述 (3)のように答えた理由をかきましょう。　思考・表現

(全部氷になるまで、温度は0℃のまま変わらないから。)
(全部氷になると、温度が0℃より下がり始めるから。)

できたらスゴイ！

4 コップに水を入れ、氷をうかべました。

1つ10点(20点)

(1) 氷がとけ始める温度と、水がこおり始める温度はどちらが高いですか、または同じですか。(同じ)

(2) 同じ体積《たいせき》の水と氷の重さをくらべると、どうなっていると考えられますか。正しいものに○をつけましょう。　思考・表現

①(〇)水が氷になると体積がふえるので、同じ体積の氷の重さは水より小さい。

②(　)水が氷になると体積がふえるので、同じ体積の氷の重さは水より大きい。

③(　)水が氷になると体積がふえるが、同じ体積の氷の重さは水と変わらない。

④(　)水が氷になると体積がへるので、同じ体積の氷の重さは水より小さい。

⑤(　)水が氷になると体積がへるので、同じ体積の氷の重さは水より大きい。

⑥(　)水が氷になると体積がへるが、同じ体積の氷の重さは水と変わらない。

ふりかえり
1がわからないときは、68ページの1にもどってかくにんしてみましょう。
4がわからないときは、70ページの1にもどってかくにんしてみましょう。

72〜73ページ　てびき

1 (3)(4)水がふっとうしている間は、温度がほぼ100℃で変《か》わりません。これは、熱《ねっ》している水の量《りょう》が変わっても変わりません。

2 (1)(2)湯気《ゆげ》(㋐)は、小さな水のつぶ(えき体)なので、目に見えます。水じょう気(㋑、㋒)は気体なので、目に見えません。

3 (1)水は0℃になると、こおり始めます。
(2)(3)(4)水が全部氷になるまで、0℃のままです。グラフから、0℃になった時こく、0℃より下がり始めた時こくを読み取ります。

4 (1)氷は0℃でとけ始め、水は0℃でこおり始めます。
(2)水が氷になると体積《たいせき》が大きくなります。つまり、水と氷が同じ体積なら、氷のほうが軽いことになります。

ぴったり1 じゅんび

11.水のゆくえ

①消えた水のゆくえ
②空気中の水

3分でまとめ

学習 74ページ

じょう発して見えなくなった水のゆくえをかくにんしよう。

教科書 172~176ページ　答え 38ページ

下の(　)にあてはまる言葉をかこう。

1 水はふっとうしなくても、じょう発していくのだろうか。 教科書 172~174ページ

▶よう器《き》に水を入れて、日なたに置《お》いておくと、ふたをしていないよう器の水が多くへっていた。

ラップシートでふたをする。
初《はじ》めの水面の位置《いち》につけていた印《しるし》
ふたの内側《うちがわ》に水てきがついていた。

▶水はふっとうしなくても、(① じょう発)し、水じょう気に変《か》わる。水じょう気に変わった水は、(② 空気中)に出ていく。

ふたについた水てきは、水じょう気がふたたび水に変わったものだよ。

2 空気中から、水を取り出すことはできるのだろうか。 教科書 175~176ページ

▶空気中には、(① 水じょう気)がふくまれていて、冷《ひ》やすと(② 水)になる。

▶空気中の(①)が冷やされて、水てきがつくことを(③ 結ろ)という。

初めの水面の位置につけていた印
ビーカーの外側《そとがわ》に水てきがつく。

氷水を入れたビーカー

ビーカーの中の水はへっていないことから、ビーカーの中の水が外にしみ出したのではないことがわかるね。

ここがだいじ！ ①水はふっとうしなくても、じょう発して水じょう気に変わり、空気中に出ていく。
②空気中には、水じょう気がふくまれていて、冷やすと水になる。

ぴたトリビア 自然《しぜん》の中では、水はたえずじょう発しています。水じょう気は、空の高いところで冷えて、小さな水や氷のつぶになります。これが雲の正体です。

ぴったり2 練習

11.水のゆくえ

①消えた水のゆくえ
②空気中の水

学習 75ページ

教科書 172~176ページ　答え 38ページ

1 同じよう器《き》を2つ用意し、同じ量《りょう》の水を入れて、1つにだけラップシートでふたをしました。その後、2つのよう器を日なたに置《お》いておくと、2日後にはどちらも水の量がへっていました。

(1) 水の量が多くへっているのは、㋐と㋑のどちらですか。
(㋐)

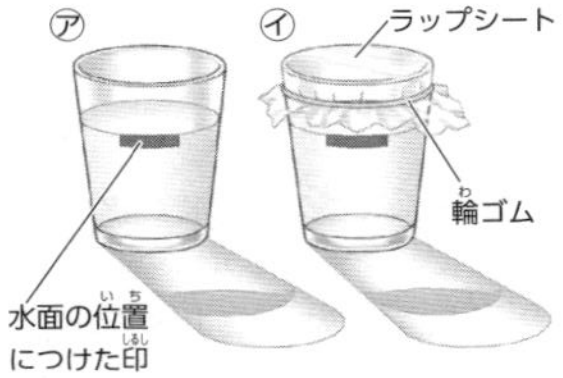

㋐
㋑
ラップシート
輪《わ》ゴム
水面の位置《いち》につけた印《しるし》

(2) ㋑には、どのような変化《へんか》が見られましたか。正しいものに○をつけましょう。
①(○)ラップシートの内側《うちがわ》に水てきがついていた。
②(　)よう器の外側《そとがわ》に、水てきがついていた。
③(　)ラップシートやよう器には、何も変化が見られなかった。

(3) 水はふっとうしなくても、じょう発するといえますか、いえませんか。
(いえる。)

2 ビーカーに氷水を入れて、ラップシートでふたをして置いておきました。しばらくすると、ビーカーの外側に水てきがついていました。

(1) ビーカーの内側の水はどうなりますか。正しいものに○をつけましょう。
①(　)じょう発して、へっている。
②(　)ビーカーの外にしみ出して、へっている。
③(○)水はへっていない。

(2) 空気中の水じょう気が冷《ひ》やされると、何になりますか。
(水)

(3) 空気中の水じょう気が冷やされて、水てきがつくことを何といいますか。
(結ろ)

75ページ　てびき

1 (2)(3)水はふっとうしなくても、じょう発して水じょう気に変《か》わります。じょう発してできた水じょう気がふたたび水に変わり、ラップシートの内側《うちがわ》につきます。

2 (2)(3)水じょう気(気体)が冷《ひ》えると水(えき体)になります。空気中の水じょう気が冷《つめ》たいものの表面などで冷やされて、水てきがつくのが結《けつ》ろです。

おうちのかたへ
「3.地面を流れる水のゆくえ」で、水が地面にしみこむことを学習しています。ここでは、コップに入れた水などが自然に減っていく観察をすることで、「水がしみこんだからなくなったのではない」ことに気づかせ、水の蒸発(水が空気中に出て行くこと)を導いています。

おうちのかたへ　11.水のゆくえ
水が水面などから蒸発すること、水蒸気が結露して水に変わることを学習します。熱しなくても水が蒸発して水蒸気となること、空気中の水蒸気が結露して水に変わることを理解しているか、などがポイントです。

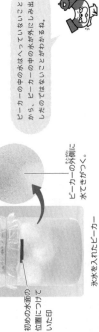

76ページ

ぴったり3 たしかめのテスト

11. 水のゆくえ

合格70点 /100

教科書 170～179ページ　答え 39ページ

1 教室に置《お》いていた水そうの水が、何日かたつと自然《しぜん》にへっていました。

1つ6点(12点)

(1) 水そうの水は、どのすがたになって空気中に出ていきましたか。正しいものに○をつけましょう。
①(　)固体《こたい》
②(　)えき体
③(◯)気体

(2) 水そうにラップシートでふたをすると、どうなると考えられますか。正しいものに○をつけましょう。　思考・表現
①(　)ラップシートの外側《そとがわ》に水てきがつく。
②(◯)ラップシートの内側《うちがわ》に水てきがつく。
③(　)ラップシートに水てきはつかない。

2 日なたのしめった地面に、よう器《き》をさかさまにして置いておいたところ、よう器の内側に水てきがつきました。

1つ6点(30点)

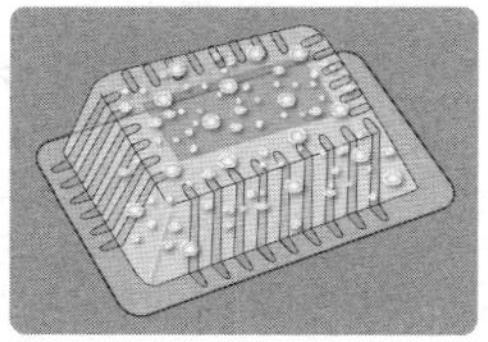

(1) よう器の内側に水てきがついたのはなぜですか。(　)にあてはまる言葉を、▭から選《えら》んで入れましょう。　思考・表現
土の中の水が(① じょう発　)してできた水じょう気が、ふたたび(②　水　)に変《か》わって、よう器の内側につくから。

じょう発　ふっとう
水じょう気　水　氷

(2) 水のせいしつについて、正しいものには○を、まちがっているものには×をつけましょう。
①(×)水はふっとうしないと、じょう発しない。
②(◯)水じょう気に変わった水は、空気中に出ていく。
③(◯)水はふっとうしなくても、じょう発する。

学習

よく出る

3 冷《れい》ぞう庫から出した冷《つめ》たい水をコップに入れたところ、コップの外側に水てきがつきました。

(1)、(2)は1つ5点、(3)は10点(20点)

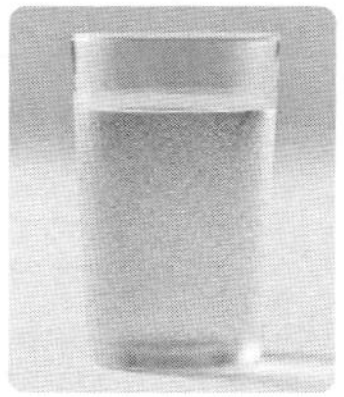

(1) このように、冷たいものの表面などに水てきがつくことを何といいますか。　(　結ろ　)

(2) 空気中にふくまれている水は、どのすがたになっていますか。正しいものに○をつけましょう。
①(　)固体
②(　)えき体
③(◯)気体

(3) 記述 コップの外側に水てきがついたのはなぜですか。説明《せつめい》しましょう。　思考・表現
(空気中の水じょう気が冷やされて水に変わってついたから。)

4 次の説明にあてはまるものを選んで、○でかこみましょう。

1つ6点(18点)

(1) 熱《ねっ》せられた水が100℃近くになり、さかんにあわを出しながらわき立つこと。
(〔ふっとう〕・じょう発・水じょう気)

(2) 水(えき体)が水じょう気(気体)になること。
(ふっとう・〔じょう発〕・湯気《ゆげ》)

(3) 水じょう気が空気中で冷《ひ》やされて、目に見える小さな水のつぶになったもの。
(じょう発・〔湯気〕・結ろ《けつ》)

できたらスゴイ!

5 空気と水の関係《かんけい》について、次の問題に答えましょう。　思考・表現　1つ10点(20点)

(1) 記述 しめっていたせんたく物がかわくのはなぜですか。説明しましょう。
(せんたく物にふくまれていた水が水じょう気に変わり、空気中に出ていくから。)

(2) 記述 気温の低《ひく》い日に、外から帰ってきてあたたかい部屋《へや》に入ったところ、めがねのレンズがくもりました。レンズがくもったのはなぜですか。説明しましょう。
(空気中の水じょう気が(冷たいめがねの)レンズで冷やされて、水(水てき)がつくから。
(めがねのレンズに冷やされて結ろしたから。))

ふりかえり
3がわからないときは、74ページの2にもどってかくにんしてみましょう。
5がわからないときは、74ページの1や2にもどってかくにんしてみましょう。

76～77ページ　てびき

1 (1)水じょう気(気体の水)になって出ていきます。
(2)水を入れたコップにラップシートでふたをしたときと同じようになると考えられます。

2 水はふっとうしなくてもじょう発して水じょう気に変《か》わり、空気中に出ていきます。

3 (2)水は、空気中では水じょう気(気体)のすがたでふくまれています。
(3)空気中の水じょう気が、冷《つめ》たい水の入ったコップの表面で冷《ひ》やされて、水に変わります。

4 「じょう発」と「ふっとう」、「水じょう気」と「湯気《ゆげ》」はまちがいやすいので注意しましょう。

5 身の回りでも、水がじょう発して水じょう気に変わって空気中に出ていったり、空気中の水じょう気が結《けつ》ろして水に変わったりすることは、起こっています。

ぴったり1 じゅんび

★生き物の1年間

学習 78ページ

植物や動物の1年間の変化をかくにんしよう。

教科書 184〜187ページ　答え 40ページ

下の(　)にあてはまる言葉をかこう。

1 生き物のようすは、1年間でどのように変《か》わってきたのだろうか。 教科書 184〜187ページ

▶植物は、あたたかくなると(① 葉)をしげらせ、(② くき)をのばし、大きく成長《せいちょう》する。寒くなると、(③ たね)を残《のこ》してかれたり、サクラのようにえだに(④ 芽)をつけたりして、冬をこす。

▶動物は、あたたかくなると、活動が(⑤ 活発)になり、成長したり、数がふえたりする。寒くなると、活動が(⑥ にぶく)なり、冬ごしのじゅんびをする。

(℃) 1年間の気温の変化

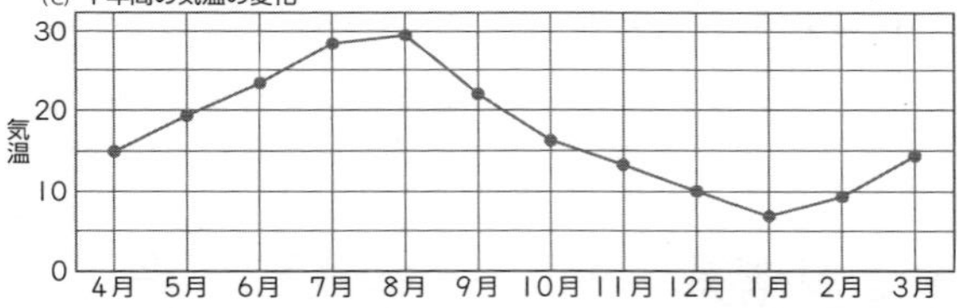

ここがだいじ！

①植物は、あたたかい季節《きせつ》には大きく成長し、寒い季節にはたねを残してかれたり、えだに芽《め》をつけたりして、冬をこす。

②動物は、あたたかい季節には活発に活動し、寒い季節には活動がにぶくなる。

ぴったり2 練習

★生き物の1年間

学習 79ページ

教科書 184〜187ページ　答え 40ページ

1 春、夏、秋、冬の記録《きろく》カードをもとに、調べてきた生き物のようすをふり返りました。

(1) オオカマキリの記録カードを、春、夏、秋、冬の順《じゅん》にならべましょう。

①　②　③　④

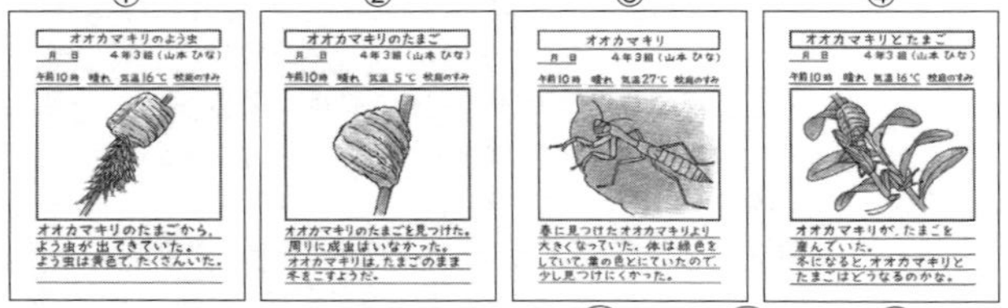

(①)→(③)→(④)→(②)

(2) サクラの記録カードを、春、夏、秋、冬の順にならべましょう。

①　②　③　④

(②)→(④)→(③)→(①)

(3) あたたかい季節《きせつ》の動物のようす、寒い季節の植物のようすを説明《せつめい》しているのは、それぞれどれですか。

① 活動が活発になったり、成長《せいちょう》したり、数がふえたりする。

② 葉をしげらせ、くきをのばし、大きく成長する。

③ たねを残《のこ》してかれたり、えだに芽《め》をつけたりする。

④ 活動がにぶくなり、すがたが見えなくなったりする。

あたたかい季節の動物のようす(①)

寒い季節の植物のようす(③)

79ページ　てびき

1 (1)オオカマキリは、春にたまごからよう虫が出てきて、夏には成長《せいちょう》し、秋にたまごを残《のこ》します。冬はたまごでこします。

(2)サクラは春に花をさかせ、夏にはたくさんの葉をつけて成長し、秋には葉が赤くなります。冬には葉がかれ落ちても、えだに芽《め》をつけて冬をこします。

(3)②はあたたかい季節《きせつ》の植物のようす、④は寒い季節の動物のようすを表しています。

おうちのかたへ　★生き物の1年間

「1．春の生き物」「★夏の生き物」「★秋の生き物」「★冬の生き物」の学習をまとめます。動物の活動や植物の成長が季節によって違うことを理解しているかがポイントです。

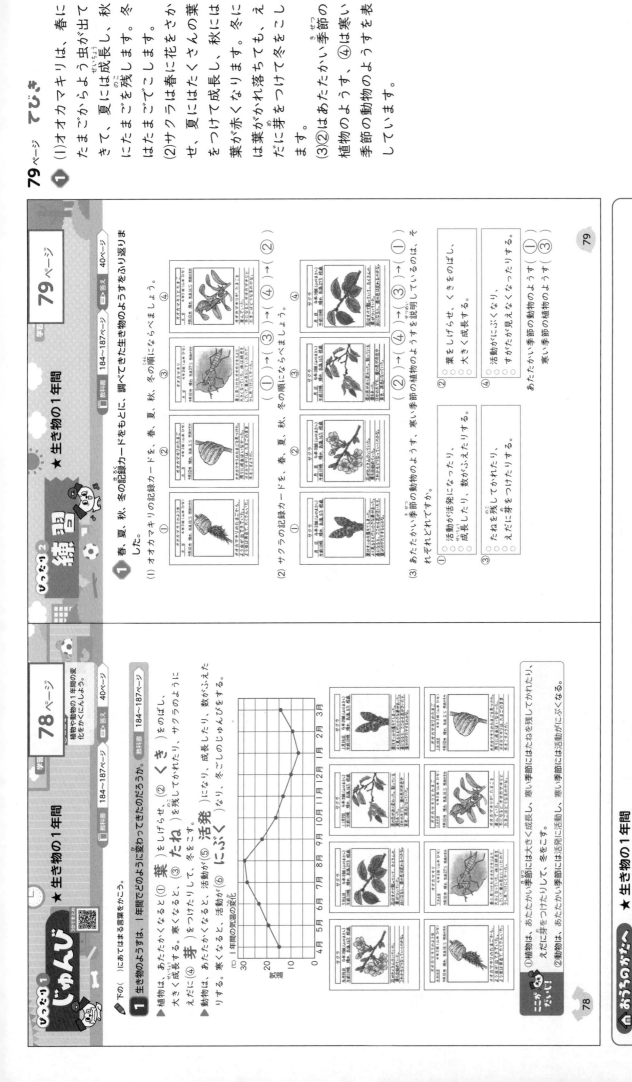

ぴったり3 たしかめのテスト

★生き物の１年間

80ページ

／50 合格35点

教科書 182～187ページ　答え 41ページ

1 これまでに調べた生き物のようすについて、気温の変化《へんか》と関係《かんけい》しているかどうかを考えました。

(1)は1つ5点、(2)は1つ10点(50点)

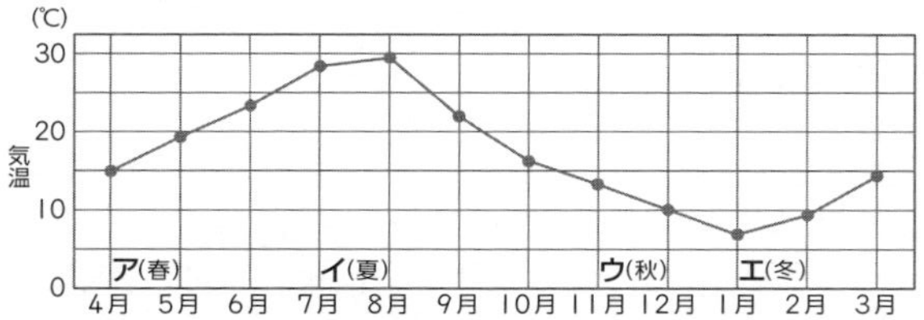

(1) 次の記録《きろく》カードは、いつごろ観察《かんさつ》したものですか。ア～エをかきましょう。

①(エ)

②(エ)

③(ウ)

④(ア)

⑤(ア)

⑥(ア)

(2) 記述 イチョウやサクラと、ヒョウタンでは冬ごしのしかたがちがいます。どのように冬をこすのか、それぞれ説明《せつめい》しましょう。　思考・表現

イチョウやサクラ(えだに芽をつけて冬をこす。)

ヒョウタン(たねを残す。(たねのすがたで冬をこす。))

この本の終わりにある「春のチャレンジテスト」をやってみよう！

この本の終わりにある「学力しんだんテスト」をやってみよう！

80ページ てびき

1 (1)あたたかい季節《きせつ》、寒い季節で、動物や植物のようすがちがいます。教科書や記録《きろく》カードなどをふり返って、見直しておきましょう。

(2)サクラやイチョウなどの木は、冬に葉はかれ落ちますが、えだには芽《め》をつけていて、春になると花がさいたり、葉が出たりします。

ヒョウタンなどは、秋にたねを残《のこ》してかれますが、春になるとたねから芽が出て、成長《せいちょう》していきます。

おうちのかたへ

教科書やこの問題集などの「１.春の生き物」「★ 夏の生き物」「★ 秋の生き物」「★ 冬の生き物」のところを見直して、季節と生き物の関係をまとめて確認しておくとよいでしょう。

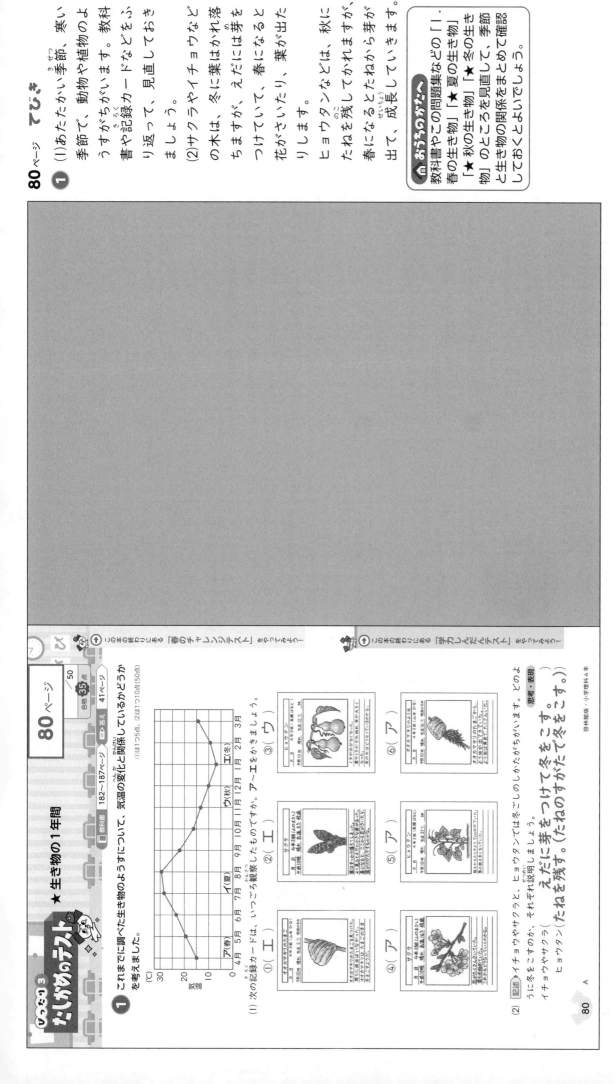

夏のチャレンジテスト

教科書　8～63ページ

名前　　月　日

時間 40分

知識・技能	思考・判断・表現	ごうかく80点
/60	/40	/100

答え 42～43ページ

知識・技能

1 春から夏にかけて、生き物のようすを観察《かんさつ》しました。

1つ3点(18点)

(1) 春に見られるサクラはどちらですか。あてはまるほうに○をつけましょう。

① 

②  ○

(2) 夏の気温や水温は、春にくらべてどうなっていますか。正しいものに○をつけましょう。

①(○)高くなっている。
②(　　)低《ひく》くなっている。
③(　　)変《か》わらない。

(3) 気温や水温は、何を使ってはかりますか。器具《きぐ》の名前をかきましょう。

(温度計)

(4) ①～③のうち、ヒョウタンのたねはどれですか。正しいものに○をつけましょう。

① 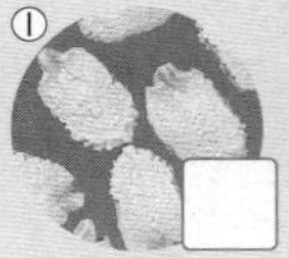

② 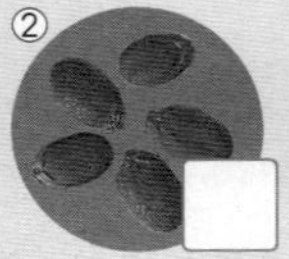

③ 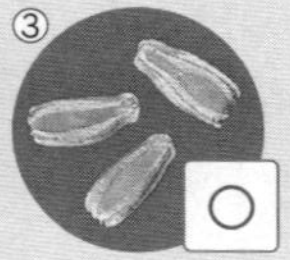 ○

(5) 夏の生き物のようすがかかれているものはどれですか。正しいもの2つに○をつけましょう。

①(○)ヒョウタンなどの植物のくきがよくのび、葉がふえ、大きく成長《せいちょう》している。
②(　　)ヒョウタンなどの植物はかれたり、成長しなくなったりする。
③(○)虫などの動物が活発に活動している。
④(　　)虫などの動物の活動がにぶくなる。

2 ある日の天気と気温を調べました。

(1)は3点、(2)は全部できて6点(9点)

(1) くもりの日の空はどちらですか。正しいほうに○をつけましょう。

① 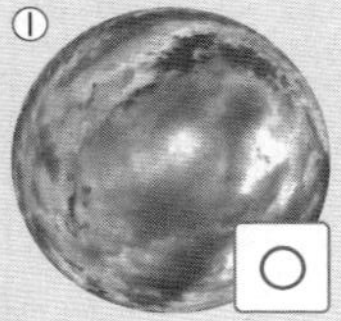 ○

② 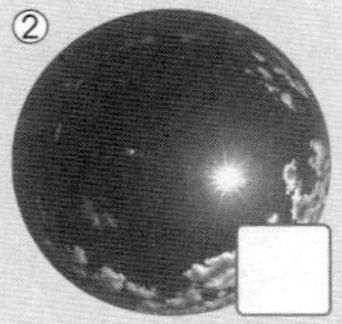

(2) 気温のはかり方について、(　)にあてはまる言葉や数を［　］から選《えら》んでかきましょう。

気温は、(風通し)のよい場所で、地面から(1.2～1.5m)の高さのところではかる。

［風通し　日当たり　30～50 cm　1.2～1.5 m］

3 かん電池とモーターをどう線でつないで、回路をつくりました。

(1)は全部できて6点、(2)～(4)は1つ3点(24点)

(1) かん電池とモーターをどう線でつなぐと、電流はどのように流れますか。(　)にあてはまる記号をかきましょう。

かん電池の(＋)極《きょく》からモーターを通って、(－)極へと電流が流れる。

(2) かんいけん流計を使うと、電流の何を調べることができますか。2つかきましょう。

((電流の)向き)と((電流の)大きさ)

(3) ①～③の電気用図記号は、それぞれ何を表していますか。

① ⊗　(豆電球)

② Ⓜ　(モーター)

③ 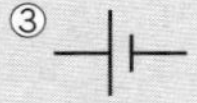　(乾電池)

(4) 電気用図記号を使って表した回路の図のことを、何といいますか。

(回路図)

夏のチャレンジテスト(表)

●うらにも問題があります。

夏のチャレンジテスト　おもて　てびき

1 (1)サクラは、春になると花をさかせます。夏になると葉をしげらせます。

(2)夏の気温や水温は、春にくらべて高くなります。

(3)気温や水温は、温度計を使ってはかることができます。

(4)ヒョウタンのたねは③です。①はツルレイシ(ニガウリ)のたね、②はヘチマのたねです。

(5)夏になると、植物が大きく成長《せいちょう》したり、動物が活発に活動したりします。

2 (1)雲が広がって、青空がほとんど見えないときが「くもり」です(①)。雲があっても、青空が見えているときは「晴れ」です(②)。

(2)教科書などで、気温のはかり方を見直しておきましょう。

3 (1)電流《でんりゅう》は、＋極《プラスきょく》から－極《マイナスきょく》へ向かって流れます。

(2)かんいけん流計を使うと、電流の向きや大きさを調べることができます。はりのふれる向きで電流の流れる向きが、はりのふれぐあいで電流の大きさがわかります。

(3)(4)電気用図記号を使うと、かん電池などを絵にかかなくても、回路を図で表すことができます。電気用図記号を使って表した回路の図を、回路図といいます。

4 夏の南の夜空に、アンタレスが見られました。 1つ3点(9点)

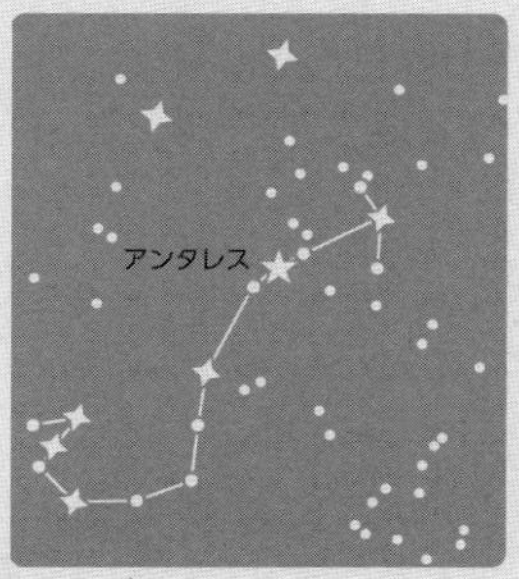

(1) アンタレスは何座《ざ》の星ですか。あてはまるものに○をつけましょう。

①(　　)はくちょう座　②(　　)夏の大三角
③(○)さそり座　④(　　)わし座

(2) アンタレスは何等星ですか。

(**1等星**)

(3) アンタレスは白っぽい星ですか、赤っぽい星ですか。

(**赤っぽい星**)

思考・判断・表現

5 晴れの日とくもりの日に、気温の変化《へんか》を調べて、折《お》れ線グラフにしました。 (1)は4点、(2)は6点(10点)

あ

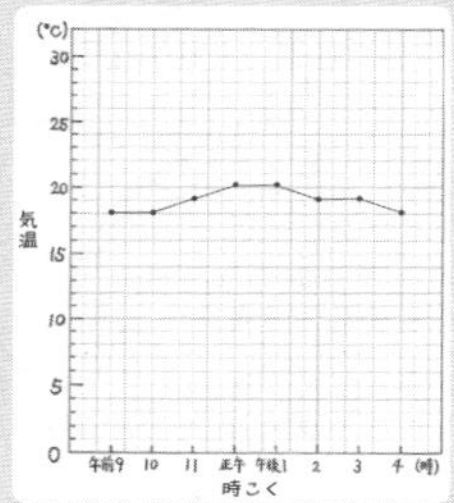

い

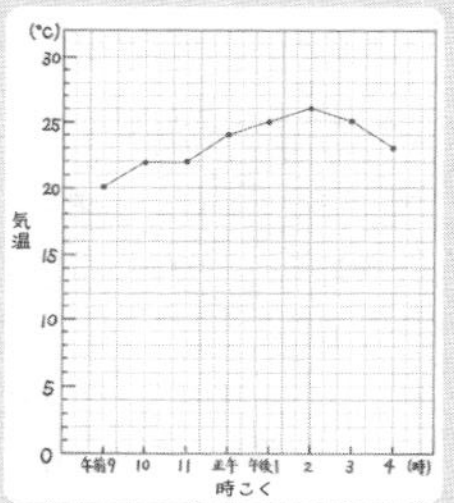

(1) 晴れの日の記録《きろく》は、あ、いのどちらですか。

(**い**)

(2) 記述 (1)のように答えた理由をかきましょう。

(**1日の気温の変化は、くもりの日より晴れの日のほうが大きいから。**)

6 校庭の土とすな場のすなを使って、土の種類《しゅるい》と水のしみこみ方の関係《かんけい》を調べました。 1つ4点(8点)

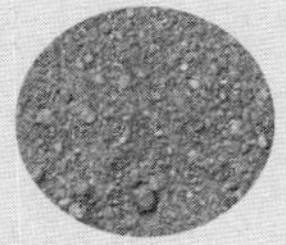

校庭の土

すな場のすな

(1) 校庭の土のほうが、すな場のすなにくらべて、土のつぶが小さかったです。水がしみこみやすいのは、校庭の土ですか、すな場のすなですか。

(**すな場のすな**)

(2) すな場のすなと、じゃりに、同じ量《りょう》の水を注ぐと、じゃりのほうがはやく水がしみこみました。すな場のすなと、じゃりでは、土のつぶの大きさはどちらが大きいと考えられますか。

(**じゃり**)

7 かん電池を2こ使って、モーターの回り方を調べました。 (1)、(2)、(4)は1つ4点、(3)は6点(22点)

あ

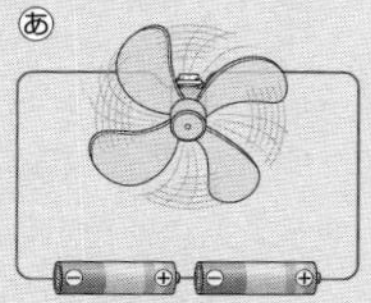

い

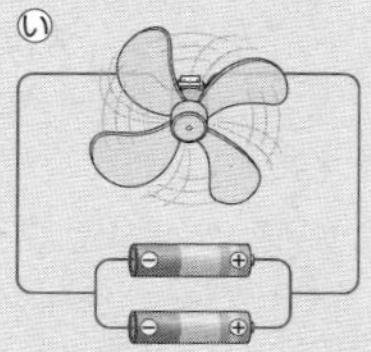

(1) あ、いのかん電池2このつなぎ方を、それぞれ何といいますか。

あ(**直列つなぎ**)
い(**へい列つなぎ**)

(2) あといでは、どちらのモーターが速く回りますか。

(**あ**)

(3) 記述 (2)のように答えた理由をかきましょう。

(**直列つなぎのほうが、(へい列つなぎより)回路に流れる電流が大きいから。**)

(4) あといでは、モーターは同じ向きに回りますか、ちがう向きに回りますか。

(**同じ向き(に回る。)**)

夏のチャレンジテスト　うら　てびき

4 アンタレスはさそり座《ざ》の1等星で、赤っぽい星です。星によって、明るさや色にちがいがあります。

5 天気によって、1日の気温の変化《へんか》のしかたにちがいがあります。晴れの日は、1日の気温の変化が大きく(い)、くもりや雨の日は、1日の気温の変化が小さいです(あ)。

6 (1)土のつぶが大きいほど、土に水がしみこみやすいです。校庭の土より、つぶが大きいすな場のすなのほうが、水がしみこみやすいです。

(2)すな場のすなより、じゃりのほうが水がしみこみやすいということは、じゃりのほうがつぶが大きいことになります。

7 (1)～(3)かん電池2こを直列つなぎにすると、かん電池1このときよりも、回路に流れる電流は大きくなります。かん電池2こをへい列つなぎにすると、かん電池1このときと回路に流れる電流は変《か》わりません。よって、へい列つなぎより直列つなぎのほうが、回路に流れる電流が大きいので、直列つなぎのほうがモーターは速く回ります。

(4)あといの回路で、電流の向きは変わらないので、モーターの回る速さはちがっても、回る向きは同じです。

冬のチャレンジテスト

教科書 66〜127ページ

名前　　　　月　　日

時間 40分

知識・技能	思考・判断・表現	ごうかく80点
/60	/40	/100

答え 44〜45ページ

知識・技能

1 月の動きを調べて、記録《きろく》しました。

1つ4点(12点)

(1) このときに観察《かんさつ》した月は、①〜④のどれですか。あてはまるものに○をつけましょう。

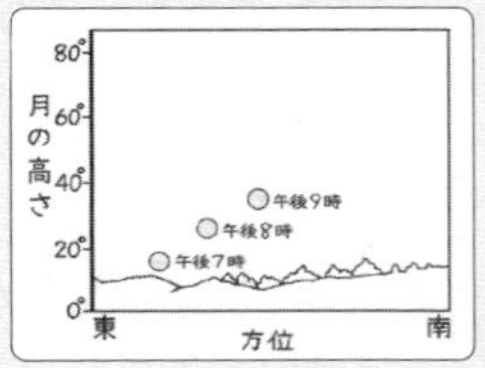

80°
60°
40°
20°
0°
月の高さ
午後9時
午後8時
午後7時
東
方位
南

①(　　)新月《しんげつ》
②(　　)三日月《みかづき》
③(　　)半月《はんげつ》
④(○)満月《まんげつ》

(2) 月は、時こくとともにどのように位置《いち》を変えますか。正しいものに○をつけましょう。

①(○)東から南の空の高いところを通り、西へと変わる。
②(　　)東から南の空の高いところを通り、北へと変わる。
③(　　)東から北の空の高いところを通り、西へと変わる。

(3) 別の日に、ちがう形の月が見えました。月の形によって、月の位置の変わり方はちがいますか、同じですか。

(同じ。)

2 ちゅうしゃ器《き》に空気や水をとじこめ、ピストンをおしました。

1つ4点(8点)

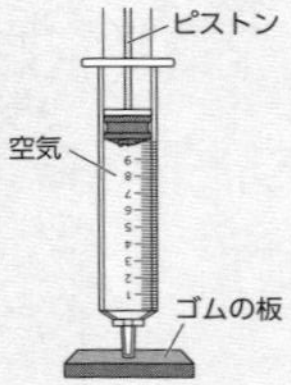

ピストン
空気
ゴムの板

(1) 空気をとじこめてピストンをおすと、空気の体積《たいせき》はどうなりますか。正しいものに○をつけましょう。

①(○)小さくなる。
②(　　)変わらない。
③(　　)大きくなる。

(2) 水をとじこめてピストンをおすと、水の体積はどうなりますか。正しいものに○をつけましょう。

①(　　)小さくなる。　②(○)変わらない。
③(　　)大きくなる。

3 ヒトの体が動くしくみを調べます。

1つ4点(20点)

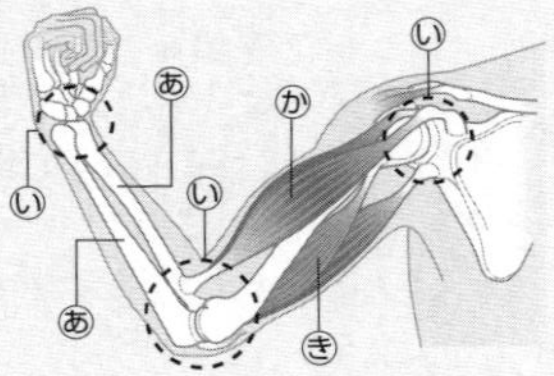

あ
い
か
き

(1) あは、かたくてじょうぶであり、いで2つのあがつながっています。あといを、それぞれ何といいますか。

あ(ほね)　い(関節)

(2) かやきは、外からさわると、あとくらべてやわらかくなっています。かやきのことを何といいますか。

(きん肉)

(3) 図のようにうでを曲げたときは、うでをのばしたときとくらべて、かときはゆるんでいますか。それともちぢんでいますか。それぞれかきましょう。

か(ちぢんでいる。)
き(ゆるんでいる。)

4 秋の生き物のようすを調べました。

1つ4点(8点)

あ

午前10時　晴れ　気温16℃　プールの横
えだから緑色の葉がたくさん出ていた。近づいてよく見ると、折りたたまれたような葉があった。

い
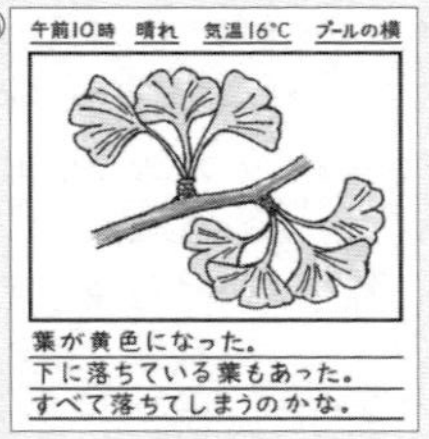

午前10時　晴れ　気温16℃　プールの横
葉が黄色になった。
下に落ちている葉もあった。
すべて落ちてしまうのかな。

(1) あ、いの記録カードのうち、秋のイチョウのようすを観察したものはどちらですか。(い)

(2) 夏から秋になって、動物の活動はどうなりますか。正しいほうに○をつけましょう。

①(　　)活発に活動している。
②(○)活動がにぶくなる。

うらにも問題があります。

冬のチャレンジテスト　おもて　てびき

1 (1)記録《きろく》カードにえがかれた月の形は満月《まんげつ》です。

(2)月の位置《いち》は、太陽と同じように、時こくとともに、東から南の空の高いところを通り、西へと変《か》わります。

(3)半月《はんげつ》や満月など、月の形はちがっても、動き方は同じです。

2 (1)とじこめた空気をおすと、体積《たいせき》が小さくなります。このとき、空気の体積が小さくなるほど、空気におし返される手ごたえが大きくなります。

(2)とじこめた水をおしても、体積は変わりません。

3 (1)(2)ヒトの体には、かたくてじょうぶなほね(あ)と、やわらかいきん肉(か、き)があります。ヒトの体には、たくさんのほねがあり、体をささえたり、守ったりしています。体の中には、曲がるところと曲がらないところがあります。曲がるところはどこもほねとほねのつなぎ目で、これを関節《かんせつ》(い)といいます。

(3)ヒトの体は、いろいろなきん肉がちぢんだりゆるんだりすることで、動かすことができます。うでを曲げるときは、内側《うちがわ》のきん肉(か)はちぢみ、外側《そとがわ》のきん肉(き)はゆるみます。

4 (1)イチョウなどの木は、夏になると緑色の葉がふえ、大きく成《せい》長《ちょう》します(あ)。秋になると、葉の色が黄色くなります(い)。

(2)動物は、夏には活発に活動します(①)。秋になると、活動がにぶくなったり(②)、すがたがあまり見られなくなったりします。

5 図のように水を入れた丸底《まるそこ》フラスコを、あたためたり、冷《ひ》やしたりしました。

(1)、(2)は1つ4点、(3)は全部できて4点(12点)

(1) 水をあたためたときの水面の位置は、あ、いのどちらですか。

(あ)

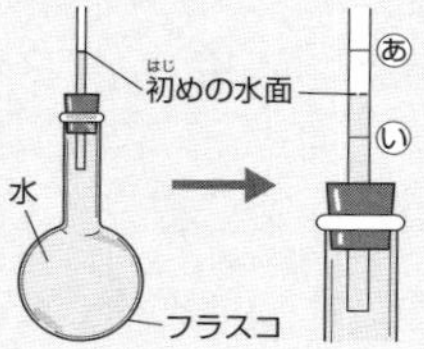

(2) 水を冷やしたときの水面の位置は、あ、いのどちらですか。

(い)

(3) 水の温度と体積について、正しいもの2つに○をつけましょう。

①(○)あたためると、体積は大きくなる。
②( )あたためると、体積は小さくなる。
③( )冷やすと、体積は大きくなる。
④(○)冷やすと、体積は小さくなる。

思考・判断・表現

6 午後8時と午後10時に、カシオペヤ座《ざ》を観察しました。

(1)は4点、(2)は全部できて10点(14点)

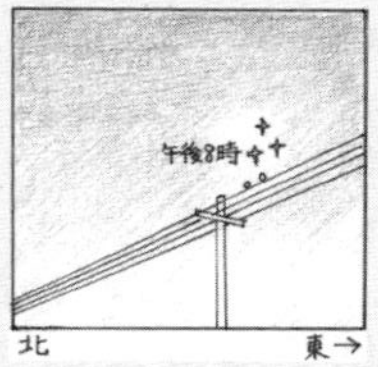

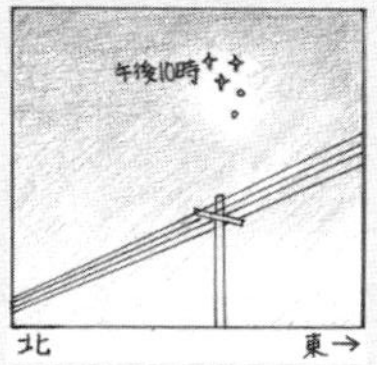

(1) 方位《ほうい》を調べるために、写真の器具《ぐ》を使いました。この器具の名前をかきましょう。

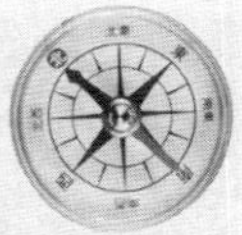

(方位じしん)

(2) カシオペヤ座を観察した結果《けっか》から、星の位置やならび方について、どのようなことがいえますか。( )にあてはまる言葉をかきましょう。

時こくとともに、
星の見える位置は(変わる)。
星のならび方は (変わらない)。

7 ちゅうしゃ器に、空気と水を半分ずつ入れて、ピストンをおしました。

1つ4点(8点)

(1) ピストンをおしたとき、空気や水の体積はどうなりますか。正しいものに○をつけましょう。

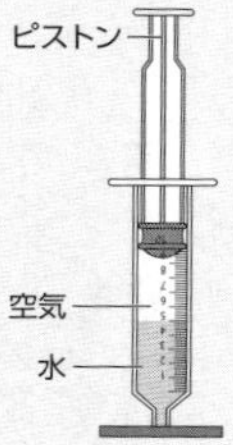

①( )どちらも体積が変わる。
②(○)空気の体積だけが変わる。
③( )水の体積だけが変わる。
④( )どちらの体積も変わらない。

(2) ピストンをより強くおすと、手ごたえはどうなりますか。正しいものに○をつけましょう。

①(○)強くおすと、手ごたえは大きくなる。
②( )強くおすと、手ごたえは小さくなる。
③( )強くおしても、手ごたえは変わらない。

8 金ぞくの玉が金ぞくの輪《わ》をぎりぎり通りぬけることをたしかめてから、玉を熱《ねつ》したところ、輪を通りぬけなくなりました。

(1)、(3)は1つ4点、(2)は10点(18点)

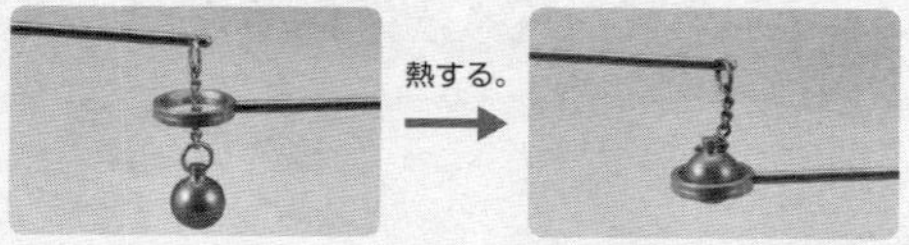

(1) 金ぞくの玉を熱するのに、写真の加熱《かねつ》器具を使いました。この器具の名前をかきましょう。

(実験用ガスコンロ)

(2) 記述 金ぞくの玉が金ぞくの輪を通りぬけなくなったのはなぜですか。その理由をかきましょう。

(金ぞくの玉を熱して(温度が高くなり)、体積が大きくなったため。)

(3) 金ぞくの玉が金ぞくの輪を通りぬけることをたしかめてから、金ぞくの玉を氷水につけて冷やしました。金ぞくの玉は金ぞくの輪を通りぬけますか、通りぬけませんか。

(通りぬける。)

冬のチャレンジテスト　うら　てびき

5 水は、あたためると体積《たいせき》が大きくなり((3)①)、冷《ひ》やすと体積が小さくなります((3)④)。そのため、丸底《まるぞこ》フラスコに水を入れてガラス管《かん》つきゴムせんをして、丸底フラスコをあたためると水面は上がり((1)あ)、冷やすと水面は下がります((2)い)。

6 (1)方位《ほうい》じしんを使うと、方位を調べることができます。
(2)時こくとともに、星の見える位置《いち》は変《か》わりますが、星のならび方は変わりません。

7 (1)とじこめた空気をおすと、体積が小さくなりますが、とじこめた水をおしても、体積は変わりません。そのため、空気の体積だけが変わります。
(2)ピストンをおして、空気の体積が小さくなるほど、空気におし返される手ごたえが大きくなるので、強くおすと、手ごたえは大きくなります。

8 (1)実験用《じっけんよう》ガスコンロは、加熱《かねつ》するための器具《きぐ》です。加熱するための器具には、ほかにアルコールランプやガスバーナーがあります。
(2)金ぞくも、あたためると体積が大きくなり、冷やすと体積が小さくなります。ただし、その体積の変化は、見ただけではわからないほど小さいです。
(3)金ぞくの玉を冷やすと、体積が小さくなります。もともと金ぞくの輪《わ》を通りぬけることができたので、冷やしても金ぞくの輪を通りぬけることに変わりはありません。

春のチャレンジテスト

教科書 128〜187ページ

月　日

名前

時間 40分

知識・技能	思考・判断・表現	ごうかく80点
/60	/40	/100

答え46〜47ページ

知識・技能

1 冬の夜空を観察《かんさつ》しました。

1つ4点(8点)

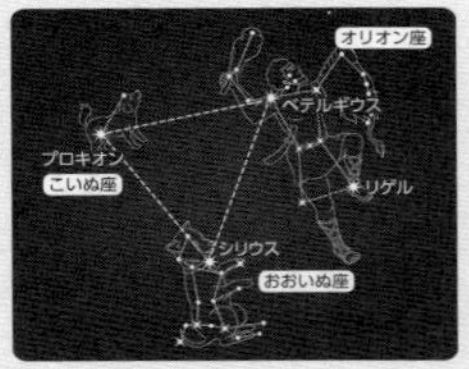

(1) 図に見られる、ベテルギウス、シリウス、プロキオンの3つの星をつないでできる三角形のことを何といいますか。

（ 冬の大三角 ）

(2) 2時間後、同じ場所から夜空を観察しました。星の位置《いち》と、ならび方はどうなっていましたか。正しいものに○をつけましょう。

①(　)星の位置もならび方も変《か》わっていた。
②(○)星の位置だけが変わっていた。
③(　)星のならび方だけが変わっていた。
④(　)星の位置もならび方も変わっていなかった。

2 冬の生き物のようすを観察しました。

1つ4点(16点)

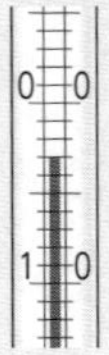

(1) 気温をはかったところ、温度計の目もりが図のようになりました。このときの気温は何℃ですか。

（ −3℃ ）

(2) 春、夏、秋、冬のうちで、いちばん気温が高い季節《きせつ》はいつですか。

（ 夏 ）

(3) 気温の変化《へんか》と植物の育ちについて、(　)にあてはまる言葉をかきましょう。

植物は、あたたかくなると、(葉)をしげらせ、くきをのばし、大きく成長《せいちょう》する。寒くなると、たねを残《のこ》してかれたり、サクラのようにえだに(芽)をつけたりして、冬をこす。

3 丸底《まるぞこ》フラスコに水を入れて、熱《ねつ》しました。

1つ4点(24点)

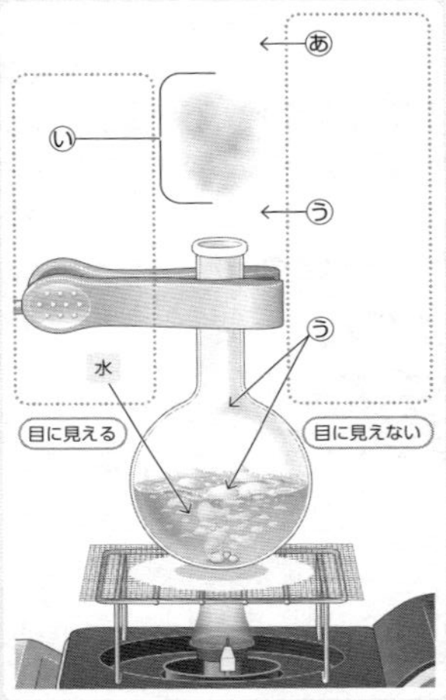

(1) 丸底フラスコに入った水を熱してしばらくすると、水の中からさかんにあわが出て、わき立ちました。

①このあわを出してわき立つことを何といいますか。

（ ふっとう ）

②水がわき立つ温度は、およそ何℃ですか。

（ 100℃ ）

(2) 水があわを出してわき立っている間、水の温度はどうなりますか。正しいものに○をつけましょう。

①(　)水の温度の上がり方は大きくなった。
②(　)水の温度の上がり方は小さくなった。
③(○)水の温度は変わらなかった。

(3) あ〜うはそれぞれ、水と水じょう気のどちらですか。

あ(水じょう気)
い(水)
う(水じょう気)

うらにも問題があります。

春のチャレンジテスト　おもて　てびき

1 (1)冬の大三角をつくるベテルギウス、シリウス、プロキオンは、どれも1等星です。

(2)時こくとともに、星の見える位置《いち》は変《か》わりますが、星のならび方は変わりません。

2 (1)この場合、「れい下3度」(または「マイナス3度」)と読み、「−3℃」とかきます。

(2)春、夏、秋、冬のうち、いちばん気温が高い季節《きせつ》は夏で、いちばん気温が低《ひく》い季節は冬です。

(3)サクラやイチョウなどは、えだやみきはかれずに、えだに芽《め》をつけて冬をこします。

3 (1)熱《ねつ》せられた水が100℃近くで、さかんにあわを出しながらわき立つことを、ふっとうといいます。

(2)熱し続《つづ》けても、ふっとうしている間、水の温度は変わりません。

(3)水の中から出ているあわ(う)は、水じょう気(気体)です。水じょう気が空気中で冷《ひ》やされて、目に見える水のつぶになったものが湯気《ゆげ》(い)です。湯気は空気中でふたたび水じょう気となり(あ)、見えなくなります。

4 氷水を入れたガラスのコップを置《お》いておいたところ、コップに水てきがつきました。

(1)、(2)は1つ4点、(3)は全部できて4点(12点)

(1) このように、空気中の水じょう気が冷《ひ》やされて、水てきがつくことを何といいますか。

(結ろ)

(2) 水を冷やすと、0℃でこおり始めます。氷になると、体積《たいせき》はどうなりますか。正しいものに○をつけましょう。

①(○)大きくなる。

②(　)小さくなる。

③(　)変わらない。

(3) ものは、固体《こたい》、えき体、気体とすがたを変えます。水じょう気や氷は、それぞれどれですか。

水じょう気(気体)

氷(固体)

思考・判断・表現

5 2つの金ぞくの板あ、いに示温《しおん》シールをはり、×印《じるし》のところを熱《ねつ》しました。

(1)、(2)はそれぞれ全部できて4点、(3)、(4)は1つ4点(16点)

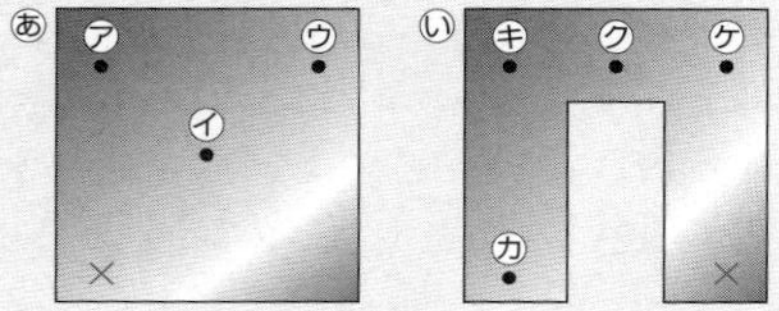

(1) あの金ぞくの板は、どのようにあたたまっていきますか。熱《ねつ》が伝《つた》わる順《じゅん》に、ア〜ウをならべましょう。

(イ)→(ア)→(ウ)

(2) いの金ぞくの板は、どのようにあたたまっていきますか。熱が伝わる順に、カ〜ケをならべましょう。

(ケ)→(ク)→(キ)→(カ)

(3) 金ぞくのあたたまり方は、水のあたたまり方と同じですか、ちがいますか。

(ちがう。)

(4) 空気のあたたまり方は、水のあたたまり方と同じですか、ちがいますか。

(同じ。)

6 試験管《しけんかん》に入れた水を冷やして、何℃になるとこおるのか調べました。 (1)、(3)は1つ4点、(2)は6点(14点)

(1) 試験管に入れた水は、グラフのように温度が変化《へんか》しました。水が全部氷に変わったのは、約《やく》何分後ですか。正しいものに○をつけましょう。

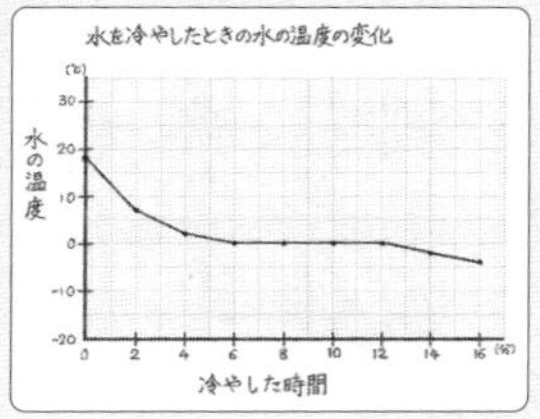

①(　)約4分後　②(　)約8分後

③(○)約12分後　④(　)約16分後

(2) 記述 (1)のように答えた理由をかきましょう。

(水がこおり始めてから、全部氷になるまで、温度は0℃から変わらないから。)

(3) 水は何℃で氷になりますか。

(0℃)

7 2つのコップに同じ量《りょう》の水を入れ、1つのコップにはラップシートでふたをしました。これらの2つのコップを日なたに置いておきました。

1つ5点(10点)

(1) 記述 2日後、ふたをしていないほうのコップの水がへっていることがわかりました。水がへったのはなぜですか。理由をかきましょう。

(水はじょう発して、空気中に出ていったから。(水は水じょう気に変わって、空気中に出ていったから。))

(2) 記述 2日後、ふたをしているほうのコップを見ると、ふたの内側《うちがわ》に水てきがついていました。これはなぜですか。理由をかきましょう。

(じょう発した水じょう気が、ふたたび水に変わって(ふたの内側に)ついたから。)

春のチャレンジテスト　うら　てびき

4 (1)空気中の水じょう気が冷《ひ》やされて、水てきがつくことを結《けつ》ろといいます。

(2)水は、氷に変《か》わると、体積《たいせき》が大きくなります。

(3)水じょう気は、目に見えず、自由に形を変えられます。このようなすがたを気体といいます。

氷は、かたまりになっていて、自由に形を変えられません。このようなすがたを固体《こたい》といいます。

5 (1)(2)金ぞくは、熱《ねつ》した部分から順《じゅん》にあたたまっていきます。よって、どちらの板も、×印《じるし》から近い順にあたたまっていくことになります。

(3)(4)空気や水は、あたためられた部分が上へ動き、全体があたたまっていきます。このあたたまり方は、金ぞくとちがいます。

6 水は、0℃になるとこおり始めますが、全部氷になるまで、温度は0℃から変わりません。グラフから、温度が0℃より下がっている時間を読み取ると、約《やく》12分後に、水は全部氷に変わったと考えられます。

7 (1)水はふっとうしなくてもじょう発し、水じょう気に変わって空気中に出ていきます。そのため、ふたをしていないほうのコップの水はへります。

(2)空気中に出ていった水が、ふたの内側《うちがわ》で水(えき体)に変わって、水てきがつきます。

4年 理科のまとめ

学力しんだんテスト

月　日
名前

時間 40分

ごうかく80点　／100

答え48〜49ページ

1 モーターを使って、電気のはたらきを調べました。

1つ4点(12点)

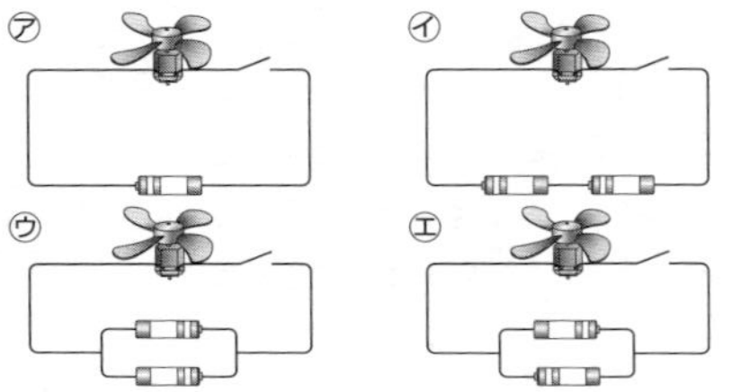

(1) ㋑、㋒のようなかん電池のつなぎ方を、それぞれ何といいますか。

㋑(**直列つなぎ**) ㋒(**へい列つなぎ**)

(2) スイッチを入れたとき、モーターがいちばん速く回るものは、㋐〜㋓のどれですか。　(**㋑**)

2 ある１日の気温の変化《へんか》を調べました。

1つ4点(16点)

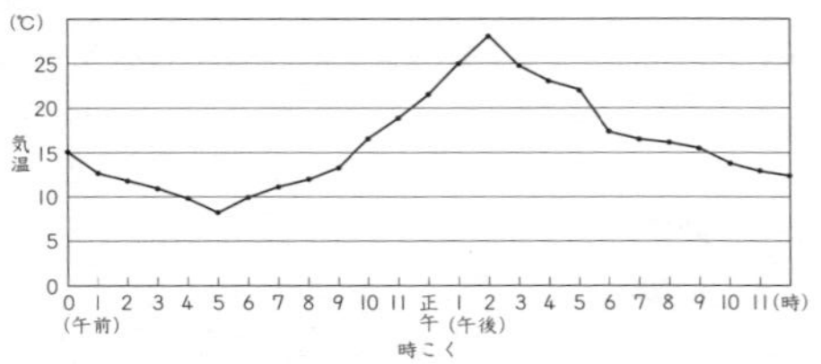

(1) この日にいちばん気温が高くなったのは何時ですか。

(**午後2時**)

(2) この日の気温がいちばん高いときと低《ひく》いときの気温の差《さ》は、何℃ぐらいですか。正しいほうに○をつけましょう。

①(　　) 10℃ぐらい　②(○) 20℃ぐらい

(3) この日の天気は、①と②のどちらですか。正しいほうに○をつけましょう。

①(○)晴れ　②(　　)雨

(4) 上の(3)のように答えたのはなぜですか。

(**１日の気温の変化が大きいから。**)
(**(１日の気温の変化が大きく、昼過ぎの気温が高いから。)**)

3 ある日の夜、はくちょう座《ざ》を午後８時と午後10時に観察《かんさつ》し、記録《きろく》しました。

1つ4点(8点)

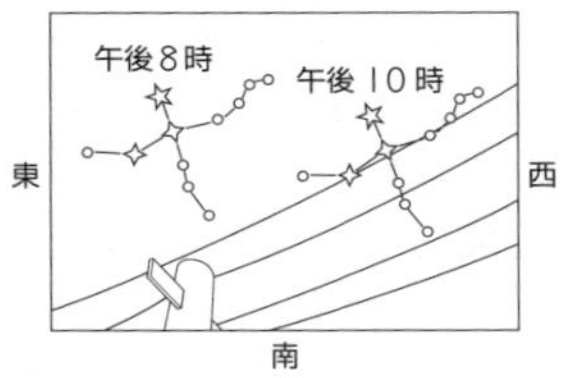

(1) さそり座のアンタレスは赤っぽい色の星です。はくちょう座のデネブは何色の星ですか。

(**白っぽい星**)
(**白い星、白色の星**)

(2) 時こくとともに、星座《せいざ》の中の星のならび方は変わりますか、変わりませんか。

(**変わらない。**)

4 ちゅうしゃ器《き》の先にせんをして、ピストンをおしました。

1つ4点(8点)

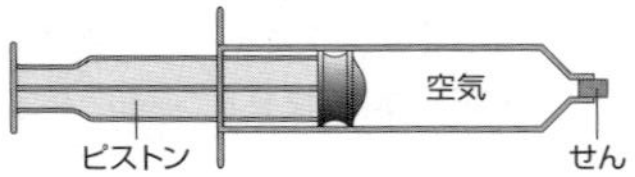

(1) ちゅうしゃ器のピストンをおすと、空気の体積《たいせき》はどうなりますか。

(**小さくなる。**)

(2) ちゅうしゃ器のピストンを強くおすと、手ごたえはどうなりますか。正しいほうに○をつけましょう。

①(○)大きくなる。　②(　　)小さくなる。

5 うでのきん肉やほねのようすを調べました。

1つ4点(8点)

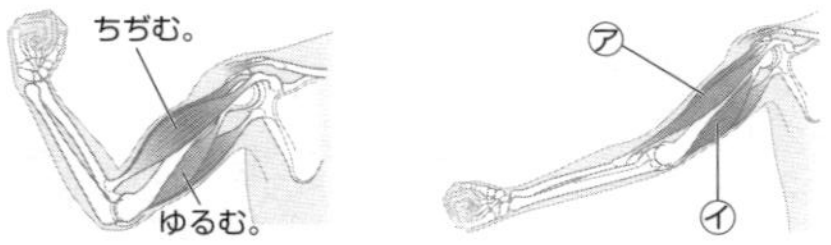

(1) うでをのばしたとき、きん肉がちぢむのは、㋐、㋑のどちらですか。　(**㋑**)

(2) ほねとほねのつなぎ目を何といいますか。

(**関節**)

学力診断テスト(表)

●うらにも問題があります。

学力しんだんテスト　おもて　てびき

1 (1)㋓もへい列つなぎに見えますが、２つのかん電池が「わ」になっているので、へい列つなぎではありません。かん電池やどう線が熱《あつ》くなるので、このつなぎ方をしてはいけません。
(2)直列つなぎにすると、かん電池１このときより回路に流れる電流が大きくなり、モーターが速く回ります。へい列つなぎにしても、モーターの回る速さは、かん電池１このときと変《か》わりません。

2 (1)(2)グラフから、いちばん気温が高いのは午後２時で28℃ぐらい、いちばん気温が低《ひく》いのは午前５時で８℃ぐらいと読み取ることができます。
(3)(4)晴れの日は１日の気温の変化《へんか》が大きく、くもりや雨の日は１日の気温の変化が小さいです。グラフから、気温の変化を読み取ると、この日の天気は晴れと考えられます。

3 (1)アンタレスもデネブも１等星ですが、アンタレスは赤っぽい色の星、デネブは白っぽい色の星です。
(2)時こくとともに、星の見える位置《いち》は変わりますが、星のならび方は変わりません。

4 (1)とじこめた空気をおすと、体積《たいせき》は小さくなります。
(2)ピストンを強くおすと、空気はさらにおしちぢめられ、空気におし返される手ごたえは大きくなります。

5 (1)うでをのばすと、内側《うちがわ》のきん肉(㋐)はゆるみ、外側《そとがわ》のきん肉(㋑)はちぢみます。
(2)体は、関節《かんせつ》があるところで曲がります。

6 ものをあたためたときの体積の変化を調べました。

1つ4点(12点)

(1) 水を入れたフラスコをあたためたときの水面を表しているのは、㋐、㋑のどちらですか。

(㋐)

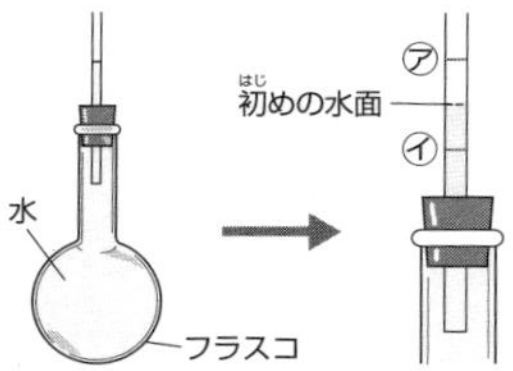

(2) 空気の入ったフラスコの口にせっけん水でまくを作りました。湯につけると、せっけん水のまくはどうなりますか。正しいものに○をつけましょう。

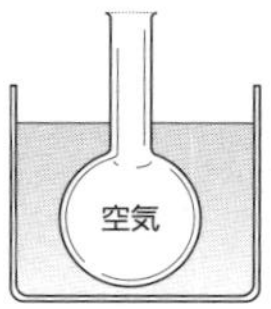

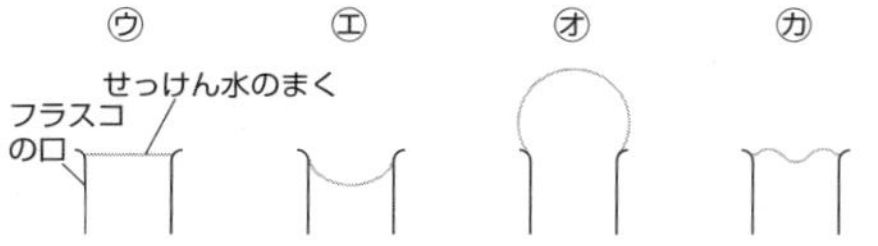

(　　) (　　) (○) (　　)

(3) 金ぞくをあたためたとき、体積はどのように変化しますか。正しいほうに○をつけましょう。

①(○)大きくなる。 ②(　　)小さくなる。

7 もののあたたまり方を調べました。

1つ4点(12点)

(1) 右の図のように、試験管《しけんかん》に水を入れて熱《ねっ》し、㋐があたたかくなったので熱するのをやめました。5分後にいちばん温度が高いのは、㋐～㋒のどれですか。 (㋐)

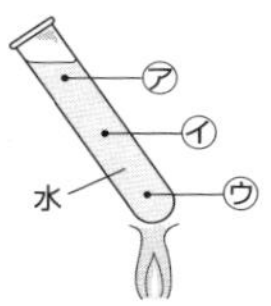

(2) 下の図のように、金ぞくのぼうにろうをぬり、とける順《じゅん》であたたまり方を調べました。ぼうの真ん中を熱したとき、ろうがとけるのがいちばんおそい部分は、㋓～㋖のどれですか。 (㋓)

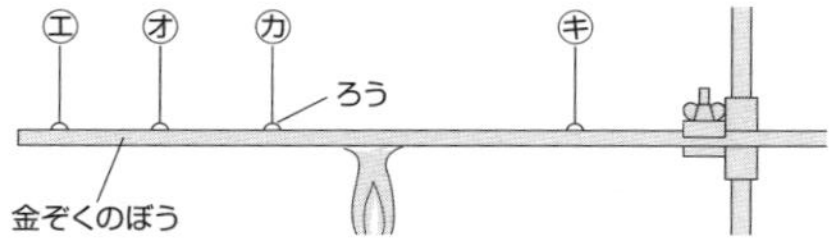

(3) 水と金ぞくのあたたまり方は、同じですか、ちがいますか。 **(ちがう。)**

活用力をみる

8 自然《しぜん》の中をめぐる水を調べました。

1つ4点(16点)

㋐ せんたく物がかわく。

㋑ まどガラスの内側《うちがわ》に水のつぶがつく。

(1) ㋐、㋑は、どのような水の変化ですか。あてはまる言葉を(　)にかきましょう。

㋐水から(**水じょう気**)への変化

㋑(**水じょう気**)から(　**水**　)への変化

(2) 雨がふって、地面に水が流れていました。地面を流れる水はどのように流れますか。正しいほうに○をつけましょう。

①(○)高いところから低いところに流れる。

②(　　)低いところから高いところに流れる。

9 身の回りの生き物の一年間のようすを観察しました。

1つ4点(8点)

(1) ㋐～㋓のサクラの育つようすを、春、夏、秋、冬の順にならべましょう。

(㋑ → ㋒ → ㋐ → ㋓)

(2) オオカマキリが右のころのとき、サクラはどのようなようすですか。㋐～㋓から選《えら》び、記号で答えましょう。

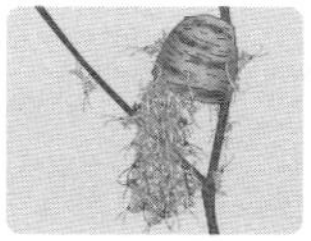

(㋑)

学力しんだんテスト　うら　てびき

6 (1)水をあたためると、体積《たいせき》は大きくなるので、初《はじ》めの位置《いち》より水面は上がります。

(2)空気をあたためると、体積は大きくなるので、せっけん水のまくもふくらみます。

(3)金ぞくも、あたためると体積が大きくなります。

7 (1)水を熱《ねっ》すると、あたためられた部分が上へ動き、全体があたたまります。そのため、試験管《しけんかん》に入れた水の底《そこ》のほうを熱しても、上のほうからあたたまります。

(2)ろうはあたたまるととけるせいしつがあります。金ぞくは、熱した部分から順《じゅん》に熱《ねつ》が伝《つた》わってあたたまっていきます。そのため、熱している部分に近いところからろうがとけていきます。熱が伝わってろうがとけるのがいちばんおそいのは、熱している部分からいちばん遠い㋓になります。

(3)金ぞくのあたたまり方と、空気や水のあたたまり方はちがいます。

8 (1)㋐せんたく物にふくまれていた水(えき体)が水じょう気(気体)になります。㋑空気中の水じょう気(気体)がまどガラスで冷《ひ》やされて(結《けつ》ろして)、水(えき体)になります。

(2)地面を流れる水は、高いところから低《ひく》いところに向かって流れます。

9 (1)㋐は葉がかれて落ちてきている秋、㋑は花がさく春、㋒は葉がしげる夏、㋓は葉が落ちた冬です。

(2)オオカマキリのたまごからよう虫がうまれるのは春(㋑)です。

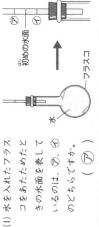

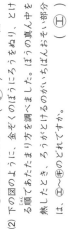

メモ

メモ

付録 取りはずしてお使いください。

理科 スタートアップドリル

4年

このドリルを使って
3年生で学習した
ことをふり返ろう。

年　　組

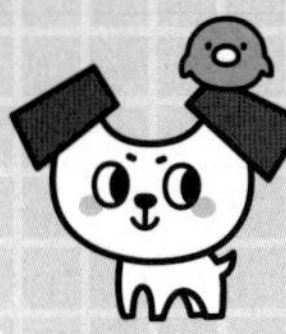

1 植物のつくりと育ち①

1 植物のたねをまいて、育ちをしらべました。

(1) 図を見て、(　　)にあてはまる言葉を、あとの[　　]からえらんで書きましょう。

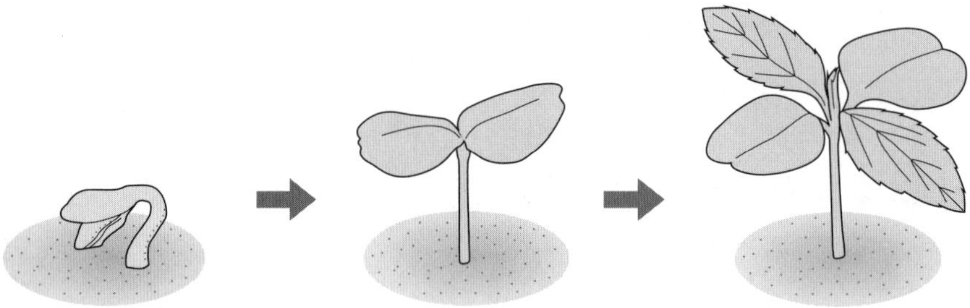

①植物のたねをまくと、たねから(　　　　　)が出て、やがて葉が出てくる。
　はじめに出てくる葉を(　　　　　)という。

②植物の草たけ(高さ)が高くなると、(　　　　　)の数もふえていく。

め　子葉　葉　花　実　数　長さ

(2) 植物の育ちについてまとめました。
(　　)にあてはまるものは、
①～③のどれですか。

①2cm
②5cm
③10cm

日にち	草たけ(高さ)
4月15日	―――
4月23日	1cm
4月27日	3cm
5月　8日	(　　　　)
5月15日	7cm

(　　　)

2 植物の体のつくりをしらべました。

(1) ㋐～㋓は何ですか。
名前を答えましょう。

㋐(　　　　　)
㋑(　　　　　)
㋒(　　　　　)
㋓(　　　　　)

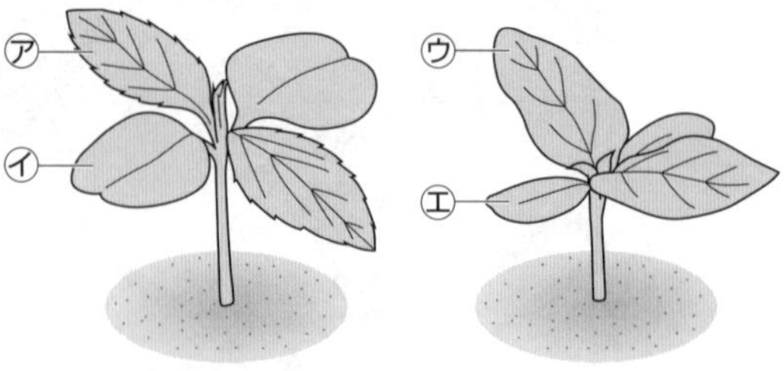

(2) ㋐と㋑で、先に出てくるのはどちらですか。

(　　　)

(3) ㋒と㋓で、先に出てくるのはどちらですか。

(　　　)

2 植物のつくりと育ち②

1 植物の体のつくりをしらべました。

(1) (　　)にあてはまる言葉を書きましょう。

○植物は、色や形、大きさはちがっても、つくりは同じで、(　　　　　　)、(　　　　　　)、(　　　　　　)からできている。

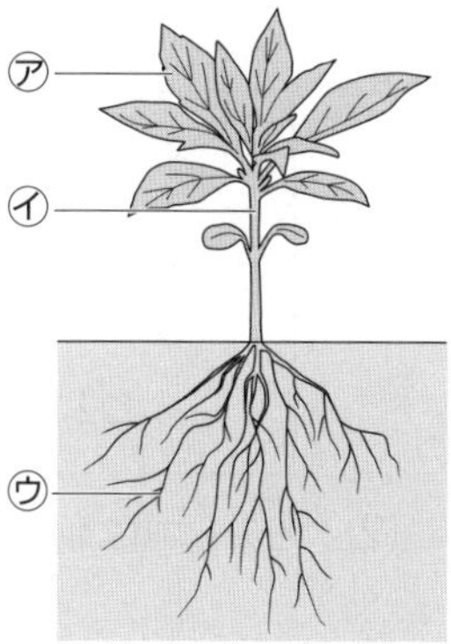

(2) ㋐～㋒は何ですか。名前を答えましょう。

㋐(　　　　　　)
㋑(　　　　　　)
㋒(　　　　　　)

(3) ①～③は、㋐～㋒のどれのことか、記号で答えましょう。

①くきについていて、育つにつれて数がふえる。
(　　　　)

②土の中にのびて、広がっている。
(　　　　)

③葉や花がついている。
(　　　　)

2 植物の一生について、まとめました。

(　　)にあてはまる言葉を書きましょう。

①植物は、たねをまいたあと、はじめに(　　　　　　)が出る。
②草たけ(高さ)が高くなり、葉の数はふえ、くきが太くなり、やがてつぼみができて、(　　　　　　)がさく。
③(　　　　　　)がさいた後、(　　　　　　)ができて、かれる。
④実の中には、(　　　　　　)ができている。

3 こん虫のつくりと育ち①

1 チョウの体のつくりをしらべました。

(1) （　　）にあてはまる言葉を書きましょう。

○チョウのせい虫の体は（　　　　）、（　　　　）、（　　　　）の3つの部分からできていて、むねに6本の（　　　　）がある。

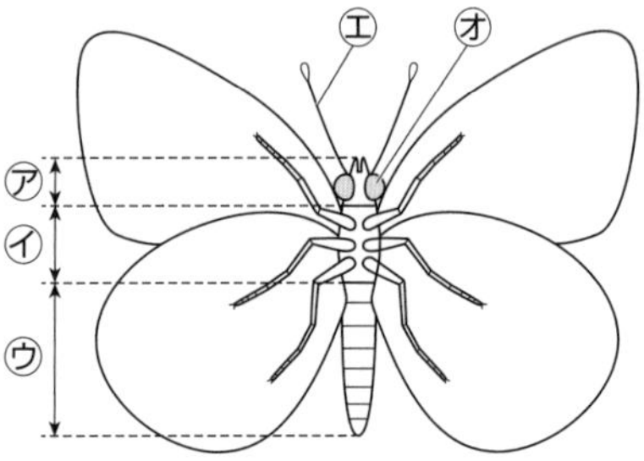

(2) ㋐～㋔は何ですか。名前を答えましょう。

㋐（　　　　　　）
㋑（　　　　　　）
㋒（　　　　　　）
㋓（　　　　　　）
㋔（　　　　　　）

(3) ①～②は、㋐～㋒のどれのことか、記号で答えましょう。

①あしやはねがついている。

（　　　）

②ふしがあって、まげることができる。

（　　　）

2 モンシロチョウの育ちについて、まとめました。

(1) ㋐～㋓を、育ちのじゅんにならべましょう。

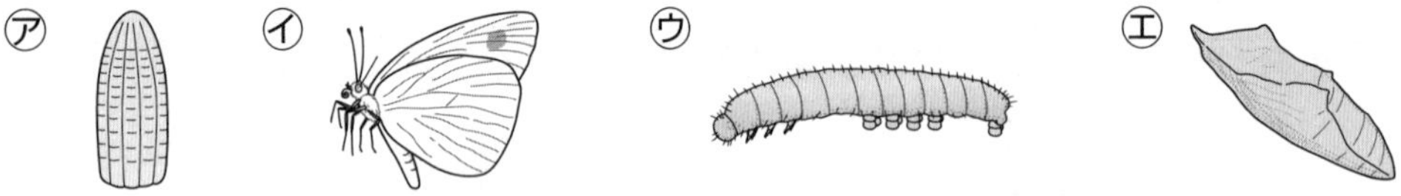

（　㋐　→　　　→　　　→　　　）

(2) ㋑はせい虫といいます。㋐、㋒、㋓は何ですか。名前を答えましょう。

㋐（　　　　　　）
㋒（　　　　　　）
㋓（　　　　　　）

(3) 何も食べないのは、㋐～㋓のどれですか。すべて答えましょう。

（　　　　　　）

4 こん虫のつくりと育ち②

1 こん虫の体のつくりをしらべました。

(1) （　　）にあてはまる言葉を書きましょう。

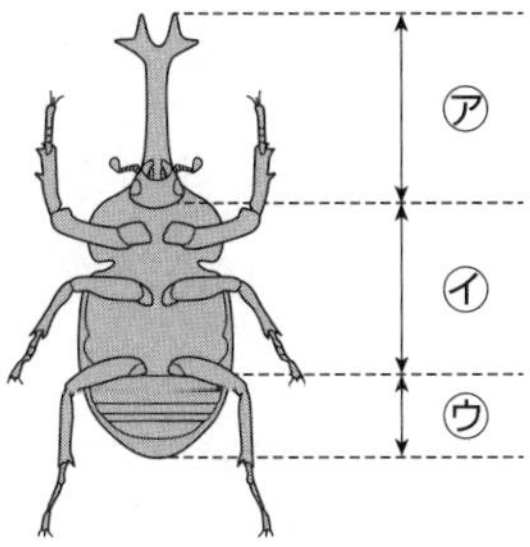

①こん虫は、色や形、大きさはちがってもつくりは同じで、（　　　　）、（　　　　）、（　　　　）の３つの部分からできている。

②こん虫の（　　　　）には、目や口、しょっ角があり、（　　　　）には６本のあしがある。

(2) 図の㋐～㋒は何ですか。名前を答えましょう。

㋐（　　　　）
㋑（　　　　）
㋒（　　　　）

2 こん虫の育ちについて、まとめました。

（　　）にあてはまる言葉を書きましょう。

①チョウやカブトムシは、
たまご→（　　　　）→（　　　　）→せい虫
のじゅんに育つ。

②バッタやトンボは、
たまご→（　　　　）→せい虫
のじゅんに育つ。

③チョウやカブトムシは（　　　　）になるが、
バッタやトンボはならない。

3 こん虫のすみかと食べ物について、しらべました。

（　　）にあてはまる言葉を、あとの□からえらんで書きましょう。

○こん虫は、（　　　　）や（　　　　）場所があるところをすみかにしている。

遊ぶ	池	かくれる	木	食べ物

5 風やゴムの力のはたらき

1 風の力のはたらきについて、しらべました。

(1) （　　）にあてはまる言葉をえらんで、○でかこみましょう。

> ①風の力で、ものを動かすことが（　できる　・　できない　）。
> ②風を強くすると、風がものを動かすはたらきは
> （　大きく　・　小さく　）なる。

(2) 「ほ」が風を受けて走る車に当てる風の強さを変えました。
弱い風を当てたときのようすを表しているのは、①、②のどちらですか。

①
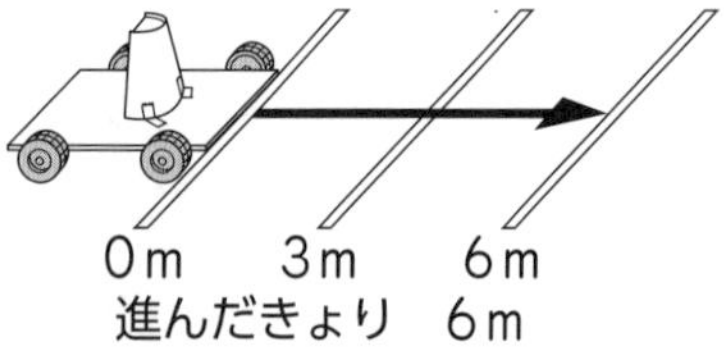
0m　3m　6m
進んだきょり　6m

②
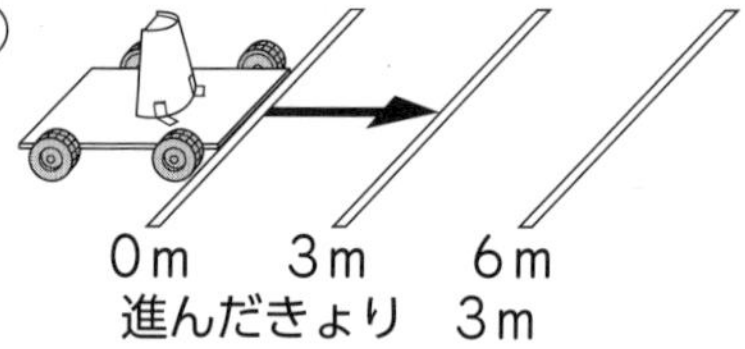
0m　3m　6m
進んだきょり　3m

（　　　）

2 ゴムの力のはたらきについて、しらべました。

(1) （　　）にあてはまる言葉をえらんで、○でかこみましょう。

> ①ゴムの力で、ものを動かすことが（　できる　・　できない　）。
> ②ゴムを長くのばすほど、ゴムがものを動かすはたらきは
> （　大きく　・　小さく　）なる。

(2) ゴムの力で動く車を走らせました。わゴムを5cmのばして手をはなしたとき、車の動いたきょりは3m 60cmでした。
わゴムを10cmのばして手をはなしたときにはどうなると考えられますか。
正しいと思われるものに○をつけましょう。

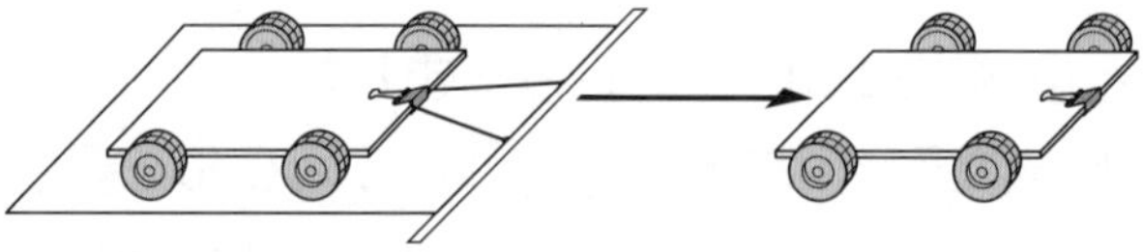

①（　　　）5cmのばしたときと、車が動くきょりはかわらない。
②（　　　）5cmのばしたときとくらべて、車がうごくきょりは長くなる。
③（　　　）5cmのばしたときとくらべて、車がうごくきょりはみじかくなる。

6 かげのでき方と太陽の光

1 かげのでき方と太陽の動きやいちをしらべました。

(1)　(　　)にあてはまる言葉を書きましょう。

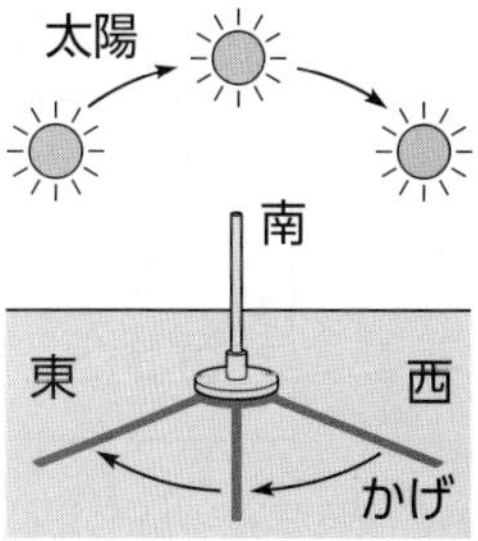

①太陽の光のことを(　　　　　)という。
②かげは、太陽の光をさえぎるものがあると、
太陽の(　　　　　　)がわにできる。
③太陽のいちが(　　　　　)から南の空の高い
ところを通って(　　　　　)へとかわるにつれて、
かげの向きは(　　　　　)から(　　　　　)へと
かわる。

(2)　午前９時ごろ、木のかげが西のほうにできていました。

①このとき、太陽はどちらのほうにありますか。

(　　　　)

②午後５時ごろになると、木のかげはどちらのほうにできますか。

(　　　　)

2 表は、日なたと日かげのちがいについて、しらべたけっかです。

(　　)にあてはまる言葉を、あとの［　　］からえらんで書きましょう。

	日なた	日かげ
明るさ	日なたの地面は(　　　　　)。	日かげの地面は(　　　　　)。
しめりぐあい	(　　　　　　)いる。	(　　　　　　)いる。
午前９時の地面の温度	14℃	(　　　　　)
正午の地面の温度	(　　　　　)	16℃

明るい	かわいて	暗い	しめって	13℃	16℃	20℃

7 光のせいしつ

1 かがみを使って日光をはね返して、光のせいしつをしらべました。

(1) （　）にあてはまる言葉を書きましょう。

> ①（　　　　）ではね返した日光をものに当てると、
> 当たったものは（　　　　）なり、あたたかくなる。
> ②かがみではね返した日光は、（　　　　）進む。

(2) 3まいのかがみを使って、日光をはね返してかべに当てて、はね返した日光を重ねたときのようすをしらべました。

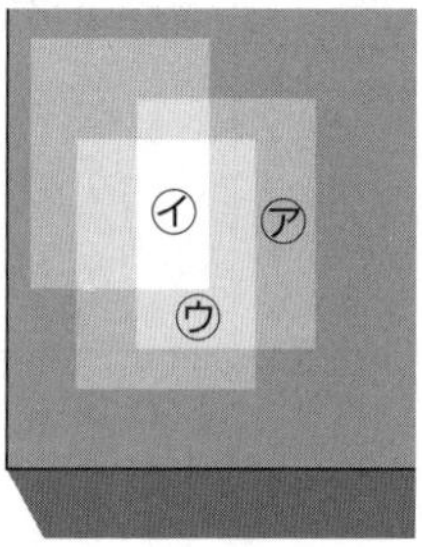

①㋐～㋒で、2まいのかがみではね返した日光が重なっているのはどこですか。

（　　　）

②㋐～㋒を、明るいじゅんにならべましょう。

（　　　→　　　→　　　）

③㋐～㋒のうち、いちばんあたたかいのはどこですか。

（　　　）

2 虫めがねで日光を集めて、紙に当てました。

(1) 集めた日光を当てた部分の明るさとあたたかさについて、正しいものに○をつけましょう。

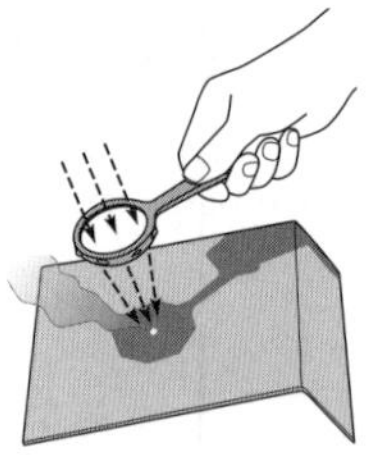

①（　　）明るい部分を大きくしたほうがあつくなる。
②（　　）明るい部分を小さくしたほうがあつくなる。
③（　　）明るい部分の大きさとあたたかさは、かんけいがない。

(2) （　）にあてはまる言葉をえらんで、○でかこみましょう。

> ①虫めがねを使うと、日光を集めることが（　できる　・　できない　）。
> ②虫めがねを使って、日光を（　小さな　・　大きな　）部分に
> 集めると、とても明るく、あつくなる。

8 音のせいしつ

1 音のせいしつについて、しらべました。

(1) （　　）にあてはまる言葉を書きましょう。

①ものから音が出ているとき、ものは（　　　　　　）いる。
②ふるえを止めると、音は（　　　　　）。
③（　　　　　）音はふるえが大きく、
（　　　　　）音はふるえが小さい。

(2) 紙コップと糸を使って作った糸電話を使って、
音がつたわるときのようすをしらべました。

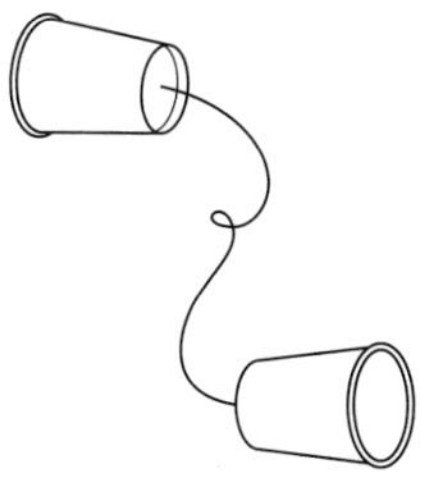

①糸電話で話すとき、ピンとはっている糸を指でつまむと、
どうなりますか。正しいものに○をつけましょう。
㋐（　　）糸をつまむ前と、音の聞こえ方はかわらない。
㋑（　　）糸をつまむ前より、音が大きくなる。
㋒（　　）糸をつまむ前に聞こえていた音が、聞こえなくなる。

②糸電話で話すとき、糸をたるませるとどうなりますか。
正しいものに○をつけましょう。
㋐（　　）ピンとはっているときと、音の聞こえ方はかわらない。
㋑（　　）ピンとはっているときより、音が大きくなる。
㋒（　　）ピンとはっているときに聞こえていた音が、聞こえなくなる。

(3) たいこをたたいて、音を出しました。
①大きな音を出すには、強くたたきますか、弱くたたきますか。
（　　　　　　）

②たいこの音が２回聞こえました。２回目の音のほうが１回目の音より
小さかったとき、より強くたいこをたたいたのは１回目ですか、
２回目ですか。
（　　　　）

9 電気の通り道

1 豆電球とかん電池を使って、明かりがつくつなぎ方をしらべました。

(1) 図は、明かりをつけるための道具です。

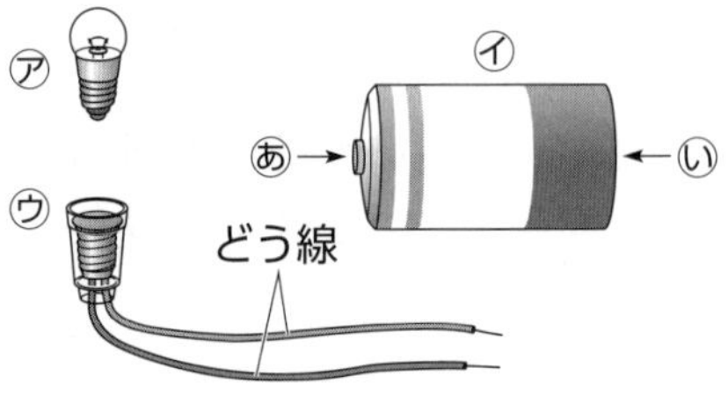

①ア～ウは何ですか。名前を書きましょう。

ア（　　　　　）
イ（　　　　　）
ウ（　　　　　）

②イについて、あ、いは何きょくか書きましょう。

あ（　　　　　）
い（　　　　　）

(2) （　　）にあてはまる言葉を書きましょう。

○豆電球と、かん電池の（　　　　　）と（　　　　　）が
どう線で「わ」のようにつながって、（　　　　）の通り道が
できているとき、豆電球の明かりがつく。
この電気の通り道を（　　　　）という。

(2) ①～③で、明かりがつくつなぎ方はどれですか。すべて答えましょう。

① ② ③

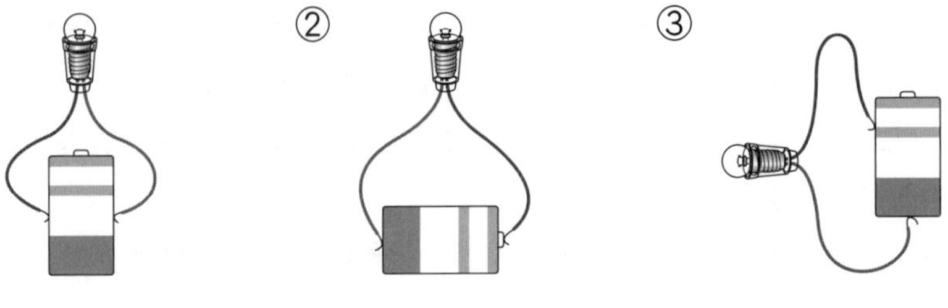

（　　　　）

2 電気を通すものと通さないものをしらべました。

（　　）にあてはまる言葉を書きましょう。

○鉄や銅などの（　　　　　）は、電気を通す。
プラスチックや紙、木、ゴムは、電気を（　　　　　）。

10 じしゃくのせいしつ

1 **じしゃくのせいしつについて、しらべました。**
（　　）にあてはまる言葉を書きましょう。

①ものには、じしゃくにつくものとつかないものがある。
（　　　　　）でできたものは、じしゃくにつく。
②じしゃくの力は、はなれていてもはたらく。
その力は、じしゃくに（　　　　　）ほど強くはたらく。
③じしゃくの（　　　　　）きょくどうしを近づけるとしりぞけ合う。
また、（　　　　　）きょくどうしを近づけると引き合う。

2 **じしゃくのきょくについて、しらべました。**

(1) じしゃくには、2つのきょくがあります。何きょくと何きょくですか。

（　　　　　）と（　　　　　）

(2) たくさんのゼムクリップが入った箱の中にぼうじしゃくを入れて、ゆっくりと取り出しました。このときのようすで正しいものは、①～③のどれですか。

①
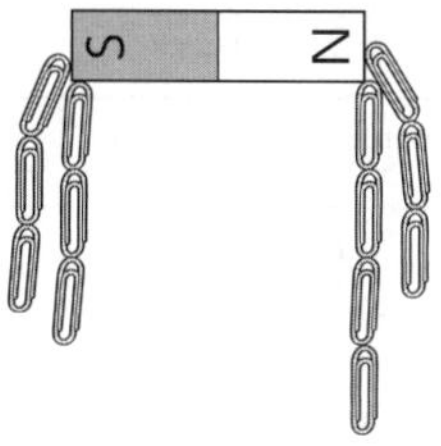

②
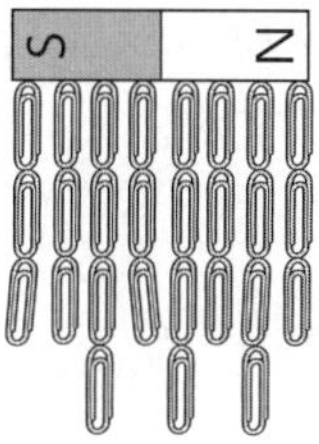

③
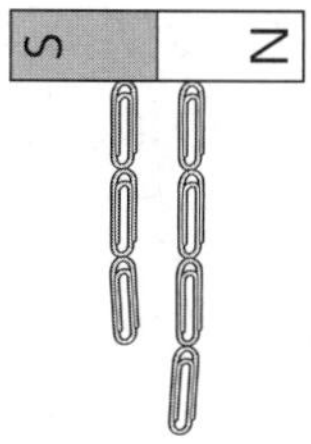

（　　　）

3 **①～⑥から、電気を通すもの、じしゃくにつくものをえらんで、（　　）にすべて書きましょう。**

① 空きかん(鉄)

② スプーン(鉄)

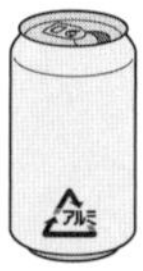

③ 空きかん(アルミニウム)

④ スプーン(プラスチック)

⑤ コップ(ガラス)

電気を通すもの（　　　　　　　　）
じしゃくにつくもの（　　　　　　　　）

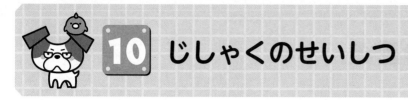

11 ものの重さ

1 ものの形やしゅるいと重さについて、しらべました。
(　　)にあてはまる言葉を書きましょう。

①ものは、(　　　　　)をかえても、重さはかわらない。
②同じ体積のものでも、もののしゅるいがちがうと
重さは(　　　　　)。

2 ねんどの形をかえて、重さをはかりました。

(1) はじめ丸い形をしていたねんどを、平らな形にしました。
重さはかわりますか。かわりませんか。

(　　　　　　　)

(2) はじめ丸い形をしていたねんどを、細かく分けてから
全部の重さをはかったところ、150gでした。
はじめに丸い形をしていたとき、ねんどの重さは何gですか。

(　　　　　)

3 同じ体積の木、アルミニウム、鉄のおもりの重さをしらべました。

(1) いちばん重いのは、どのおもりですか。

(　　　　　　　)

(2) いちばん軽いのは、どのおもりですか。

(　　　　　　　)

(3) もののしゅるいがちがっても、同じ体積
ならば、重さも同じといえますか。
いえませんか。

(　　　　　　　)

もののしゅるい	重さ(g)
木	18
アルミニウム	107
鉄	312

答え

1 植物のつくりと育ち①

1 ⑴①め、子葉
②葉
⑵②
★草たけ(高さ)は高くなっていきます。4月27日が3cm、5月15日が7cmなので、5月8日は3cmと7cmの間になります。

2 ⑴㋐葉　㋑子葉　㋒葉　㋓子葉
⑵㋑
⑶㋓

2 植物のつくりと育ち②

1 ⑴根、くき、葉
⑵㋐葉　㋑くき　㋒根
⑶①㋐　②㋒　③㋑

2 ①子葉
②花
③花、実
④たね

3 こん虫のつくりと育ち①

1 ⑴頭、むね、はら、あし
⑵㋐頭　㋑むね　㋒はら　㋓しょっ角　㋔目
⑶①㋑　②㋒

2 ⑴㋐→㋒→㋓→㋑
⑵㋐たまご　㋒よう虫　㋓さなぎ
⑶㋐、㋓

4 こん虫のつくりと育ち②

1 ⑴①頭、むね、はら
②頭、むね
⑵㋐頭　㋑むね　㋒はら

2 ①よう虫、さなぎ
②よう虫
③さなぎ

3 食べ物、かくれる

5 風やゴムの力のはたらき

1 ⑴①できる
②大きく
⑵②
★風が強いほうが、車が動くきょりが長いので、①が強い風、②が弱い風を当てたときのようすになります。

2 ⑴①できる
②大きく
⑵②
★わゴムをのばす長さが5cmから10cmへと長くなるので、車が動くきょりも長くなります。

6 かげのでき方と太陽の光

1 ⑴①日光
②反対
③東、西、西、東
⑵①東
②東

2

日なた	日かげ
日なたの地面は(　明るい　)。	日かげの地面は(　暗い　)。
(　かわいて　)いる。	(　しめって　)いる。
14℃	(　13℃　)
(　20℃　)	16℃

★地面の温度は、日かげより日なたのほうが高いこと、午前9時より正午のほうが高いことから、答えをえらびます。

7 光のせいしつ

1 (1)①かがみ、明るく
②まっすぐに
(2)①㋒　②㋑→㋒→㋐　③㋑
★はね返した日光の数が多いほど、明るく、あたたかくなります。

2 (1)②
(2)①できる　②小さな

8 音のせいしつ

1 (1)①ふるえて
②止まる(つたわらない)
③大きい、小さい
(2)①㋒　②㋒
★糸をふるえがつたわらなくなるので、音も聞こえなくなります。
(3)①強くたたく。　②１回目

9 電気の通り道

1 (1)①㋐豆電球　㋑かん電池　㋒ソケット
②(あ)＋きょく　(い)−きょく
(2)＋きょく、−きょく、電気、回路
(3)②
★かん電池の＋きょくから豆電球を通って、−きょくにつながっているのは、②だけです。

2 金ぞく、通さない

10 じしゃくのせいしつ

1 ①鉄
②近い
③同じ、ちがう

2 (1)Nきょく・Sきょく
(2)①
★きょくはもっとも強く鉄を引きつけます。ぼうじしゃくのきょくは、両はしにあるので、そこにゼムクリップがたくさんつきます。

3 電気を通すもの①、②、③
じしゃくにつくもの①、②
★金ぞくは電気を通します。金ぞくのうち、鉄だけがじしゃくにつきます。

11 ものの重さ

1 ①形
②ちがう

2 (1)かわらない。
(2)150 g
★ものの形をかえても、重さがかわらないように、細かく分けても、全部の重さはかわりません。

3 (1)鉄(のおもり)
(2)木(のおもり)
(3)いえない。